동물보건응급간호학

강민희·박수진·손부용·정수연·최한솔·한세명

창지사

머리말

『동물보건응급간호학』은 동물보건사 교육의 현장에서 꼭 필요한 응급 및 중환자 간호 지식과 기술을 체계적으로 정리하고, 현장감 있는 사례와 최신 지견을 통해 학습자 중심의 실용적인 교재를 제공하고자 기획되었습니다. 이 책은 수의사와 동물보건사가 함께 협력하여 반려동물의 생명을 지키는 응급 현장에서, 동물보건사의 전문성과 역할을 구체적으로 이해하고 실천할 수 있도록 돕는 것을 목표로 하고 있습니다.

국내 동물보건사 제도는 아직 제도적 정착기이며, 이에 따른 교육과정 역시 다양한 시도와 발전이 요구되고 있습니다. 특히 응급 및 중환자 간호 분야는 환자의 생명과 직결되는 중대한 분야임에도 불구하고, 그간 교육 자료의 부족으로 인해 학습과 교육에 어려움을 겪는 경우가 많았습니다. 본 교재는 이러한 현실을 반영하여, 국내 실정에 맞는 동물보건 응급간호의 이론과 실무를 균형 있게 담고자 노력하였습니다.

책의 구성은 실제 임상에서 마주하는 다양한 응급 상황을 중심으로, 초기 활력 징후 평가와 심폐소생술, 쇼크 환자 안정화, 중환자 모니터링, 수혈과 수술 간호, 응급 장비 관리, 팀워크 및 문서화 기술, 약물 투약과 통증 조절, 상황별 응급 처치 등으로 구성되어 있습니다. 이를 통해 체계적인 환자 평가 능력과 응급 처치의 기본 원칙을 익히고, 중환자 간호의 핵심 기술을 실제 임상에 적용할 수 있도록 하였습니다. 또한, 수의사의 지시에 따라 수행되는 업무의 이해뿐만 아니라, 동물의 상태를 신속히 파악하고 대응할 수 있는 임상적 사고력과 판단력 향상에 초점을 두었습니다. 이는 국내 동물보건 교육에서 점차 강조되어야 할 중요한 영역입니다.

아직 많은 부분에서 제도적 · 교육적 기반이 확립 중에 있는 현실이지만, 『동물보건응급간호학』이 그 틀을 마련하는 데 작은 디딤돌이 되기를 바랍니다. 향후 이 교재가 전국의 동물보건사 양성기관에서 널리 활용되어, 응급 및 중환자 간호 분야의 전문 인력 양성과 환자 중심의 의료 환경 조성에 기여할 수 있기를 기대합니다.

끝으로 이 책이 발간되기까지 도움을 주신 동물보건 교육자 여러분께 깊은 감사를 드립니다. 『동물보건응급간호학』은 앞으로도 꾸준히 보완되고 진화해 나갈 것이며, 그 중심에는 언제나 환자와 함께하는 동물보건사가 있을 것입니다.

2025년 6월

대표저자 강민희

차례

제1부

응급 동물 환자의 초기 평가 및 심폐소생술

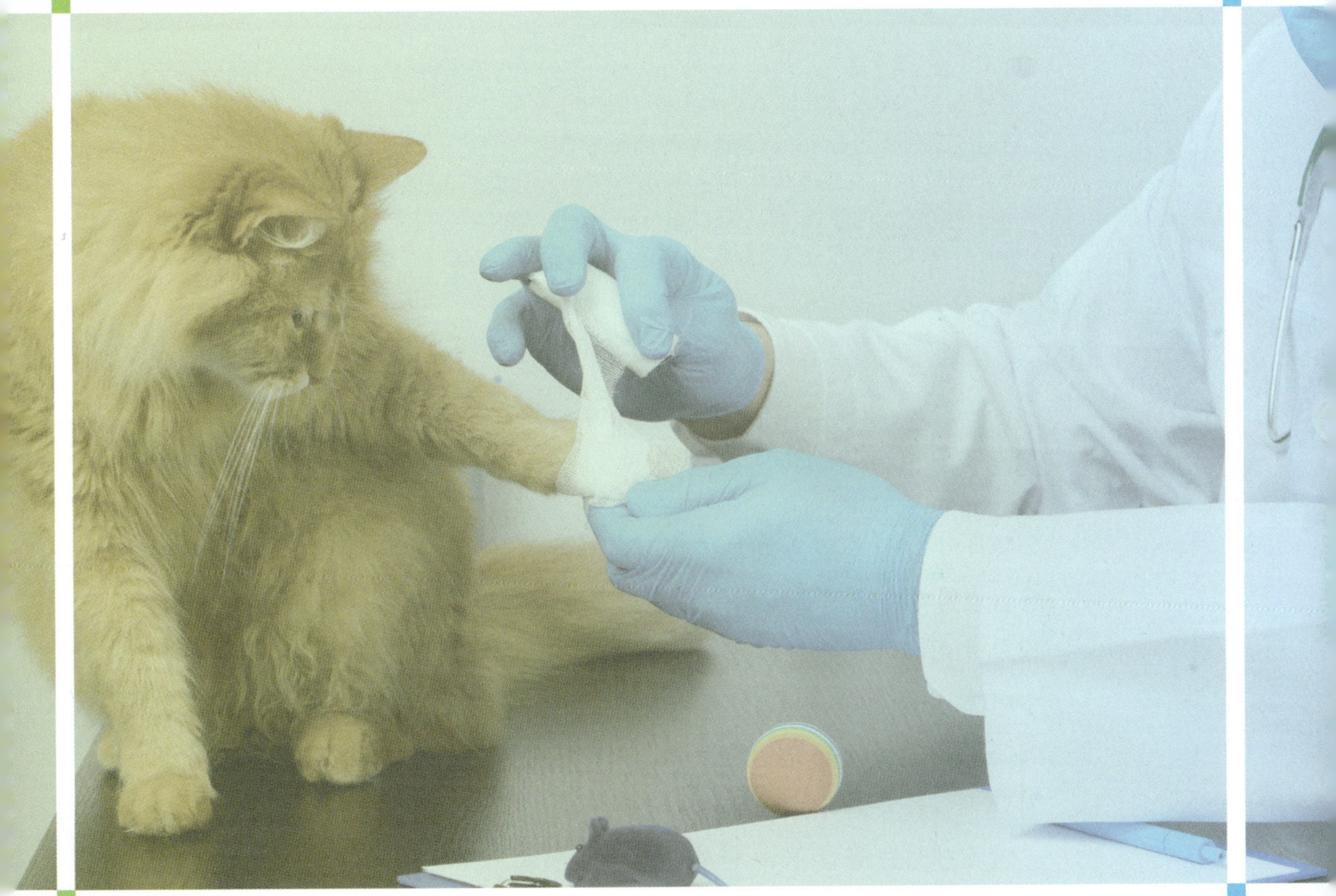

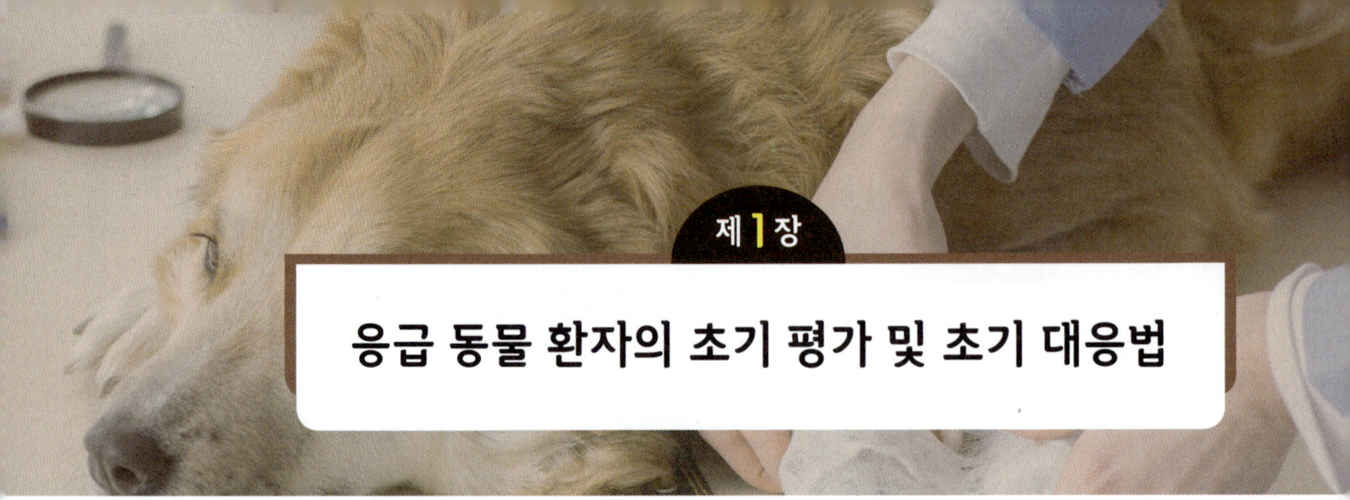

제 1 장

응급 동물 환자의 초기 평가 및 초기 대응법

학 · 습 · 목 · 표

- 응급 동물 환자의 정의와 주요 특징을 이해한다.
- 응급 상황에서 신속하고 적절한 초기 대응 방법을 익힌다.
- 주요 활력 징후(호흡, 심박수, 체온 등)를 평가하는 방법을 습득한다.
- 응급 환자의 상태를 체계적으로 기록하는 기술을 익힌다.
- 보호자 및 의료진과 효과적으로 소통하는 방법을 학습한다.

1. 응급 동물 환자의 정의

동물의 응급 상황은 대부분 예상하지 못한 순간에 발생하며, 이에 대비하면 동물병원에서의 진료가 더욱 원활하게 이루어질 수 있다. 응급 환자의 유형을 정확히 이해하고 적절한 평가 방법을 숙지하는 것은 효과적인 처치를 위해 필수이다. 응급 환자 평가는 1차 평가와 2차 평가로 나뉘며, 1차 평가는 생명 유지에 필수적인 요소를 점검하는 과정이고, 2차 평가는 보다 정밀한 진단과 추가 치료 계획을 수립하는 단계이다.

이 장에서는 응급 동물 환자의 정의와 주요 유형을 설명하고, 체계적인 응급 환자 평가 방법을 다룬다.

1) 응급 동물 환자의 정의

(1) 정의

응급 동물 환자는 생체 기능이 급격히 저하되거나 생명 유지에 필수적인 장기(심장, 폐, 뇌 등)의 손상이 발생하여 즉각적인 처치가 필요한 급성 상태에 있는 동물을 의미한다. 이는 갑작스러운 사고, 중독, 급성 질환 등으로 인해 신속한 의료 개입이 필요한 상태이다.

응급 동물 환자의 증상은 갑작스럽게 나타날 수 있고, 빠르게 악화하는 등 예측 불가능한 특징이 있다. 신속한 응급 처치가 환자의 생존율에 직접적인 영향을 미치기 때문에, 정확한 판단을 통한 신속한 진단과 치료 결정이 요구된다.

(2) 응급 환자의 유형

❶ 심혈관계 응급(Cardiovascular Emergency)

심혈관계 응급은 생명 유지에 필수적인 심장 및 혈관계의 기능 장애로 인해 발생하며, 신속한 응급 처치가 요구된다. 특히 동물 환자는 증상을 명확히 표현하지 못하므로, 주의 깊은 관찰과 신속한 대처가 필요하다.

종류	원인	증상
심정지 (Cardiac arrest)	급성 심근경색, 전해질 불균형(고칼륨혈증 등), 전기 쇼크, 심장 독성 약물(디곡신 중독 등)	청색증, 무맥박, 무호흡, 의식 소실 등
급성 심부전 (Acute heart failure)	확장성 심근병증, 이첨판 폐쇄부전증, 폐동맥 고혈압 등	급성 호흡 곤란, 청색증, 복수, 저혈압 등
부정맥 (Arrhythmia)	전해질 불균형(저칼륨혈증, 고칼륨혈증), 심근병증, 약물 부작용(항부정맥제, 디곡신 등)	실신, 청색증, 저혈압, 심계항진, 어지러움 등
쇼크 (Shock)	저혈량성 쇼크(출혈, 탈수), 심인성 쇼크, 패혈성 쇼크, 알레르기성 쇼크	저혈압, 빠르고 약한 맥박, 청색증, 의식 저하 등

❷ 호흡기계 응급(Respiratory Emergency)

호흡기계 응급은 산소 공급이 차단되거나 호흡 기능이 급격히 저하되는 상태를 말한다. 즉각적인 기도 개방 및 산소 공급이 생명 유지에 필수적이다.

종류	원인	증상
기도 폐쇄 (Airway obstruction)	이물질 흡입, 후두부종(알레르기 반응, 감염 등), 기관지 협착, 종양, 후두마비	청색증, 무호흡, 흡기 시 가래 끓는 소리, 호흡 곤란 등
폐부종 (Pulmonary edema)	급성 심부전, 흡인성 폐렴, 급성 폐 손상 등	급성 호흡 곤란, 청색증, 수포음, 기침 등
호흡정지 (Respiratory arrest)	약물 과다 복용, 신경학적 손상, 중증 기도 폐쇄	무호흡, 청색증, 의식 소실 등

❸ 신경계 응급(Neurological Emergency)

신경계 응급은 뇌, 척수, 말초신경계 이상으로 인해 의식 소실, 마비, 발작 등이 발생하는 상태이다.

종류	원인	증상
발작 (Seizure)	뇌종양, 뇌염, 저혈당증, 전해질 불균형, 독극물 중독	경련, 침 흘림, 의식 소실, 근육 강직, 무의식적 배변/배뇨 등
두부 외상 (Head trauma)	교통사고, 낙상, 외부 충격	의식 저하, 동공 비대칭, 구토, 발작, 마비 등
척수 손상 (Spinal cord injury)	추락, 교통사고, 강한 외부 충격, 추간판 탈출증	마비, 통증, 감각 이상, 배변/배뇨 장애 등

❹ 중독 및 외상(Toxicological and Trauma Emergency)

중독 및 외상은 갑작스러운 외부 요인에 의해 발생하며, 즉각적인 해독 및 응급 처치가 필요하다.

종류	원인	증상
독극물 섭취 (Poisoning)	유독성 식물, 화학물질, 약물 중독	구토, 설사, 경련, 침 흘림, 혼수상태 등
교통사고 및 외상 (Trauma)	교통사고, 추락, 외부 물리적 충격, 물림	골절, 출혈, 쇼크, 탈구, 연조직 손상, 통증, 부종 등
출혈 (Hemorrhage)	외상, 내부 장기 손상, 종양 파열	혈압 저하, 창백, 쇼크, 출혈 부위 부종 등

응급 상황별 동물 환자의 처치에 관련된 내용은 이 책의 제4부에서 자세히 다루도록 한다.

2) 응급 환자 평가의 기본

응급 환자 평가는 환자의 생명 유지와 신속한 치료 결정을 위한 필수 단계이다. 신속하고 체계적인 평가를 통해 생명을 위협하는 문제를 빠르게 파악하고, 즉각적인 처치가 필요한 우선순위를 결정한다. 특히 동물 응급실에서는 다양한 종(species)과 상태의 환자를 다루기 때문에 표준화된 평가 절차를 통해 혼란을 최소화하고 효과적인 대응을 할 수 있다.

(1) 1차 평가(Primary Assessment)

1차 평가는 생명 유지에 필수적인 요소를 신속하게 확인하고, 긴급한 치료가 필요한 상태를 즉시 파악하기 위해 시행한다. 이를 위해 ABCDE 접근법을 사용하며, 순서에 따라 빠르고 정확하게 평가한다.

❶ A - Airway(기도)

기도 폐쇄 여부를 확인하고, 기도 폐쇄 시 즉각적인 개방 조치를 실시한다.

가. 평가 방법

① 입과 인후부에서 이물질, 분비물, 종양 등의 유무를 확인한다.

② 호흡 소리를 청취하여, 천명음, 수포음 등 비정상 소리를 확인한다.

나. 대응 방법

기도 폐쇄 시 그 원인을 즉시 제거하고, 기도 유지 기구를 사용한다. 기도 개방을 위해서는 머리 젖히기, 턱 들어올리기, 기관 삽관 등을 이용한다.

❷ B - Breathing(호흡)

호흡이 정상적으로 이루어지고 있는지 확인하고, 호흡 부전 여부를 평가한다.

가. 평가 방법

① 분당 호흡수를 측정하여 빈호흡, 느린 호흡 및 무호흡 등을 확인한다.

② 호흡 패턴 및 깊이를 평가하여 얕은 호흡, 불규칙 호흡, 과호흡 등이 있는지 확인한다.

③ 청진을 통하여 이상 폐음(천명음, 수포음, 무호흡음)을 확인한다.

나. 대응 방법

비정상적 호흡이 확인되면 산소 공급을 시도하고, 필요시 인공호흡기를 사용한다.

❸ C - Circulation(순환)

심박수, 혈압, 말초 순환 상태를 평가하여 쇼크 및 심정지 여부를 확인한다.

가. 평가 방법

① 심박수 및 맥박의 강도, 규칙성, 속도를 확인한다.

② 점막 색깔, 모세혈관 재충만 시간(CRT)을 평가해 말초 순환을 확인한다.

③ 혈압 측정을 통하여 저혈압이나 고혈압 발생 여부를 확인한다.

나. 대응 방법

쇼크 상태 시 수액 요법을 이용하며, 심정지 시 CPR(심폐소생술)을 실시한다.

❹ D - Disability(신경학적 기능)

의식 상태 및 신경학적 반응을 평가하여 중추신경계 이상 여부를 확인한다.

가. 평가 방법

① 환자를 부르거나 손으로 자극을 주어, 정상 의식(alert)인지, 음성 자극에 반응하는지, 통증 자극에 반응하는지 여부를 확인한다.

② 동공반응 검사를 통하여 동공의 크기와 빛에 대한 동공 수축 여부를 확인한다.

③ 마비, 경련 또는 비정상적인 사지의 변형은 없는지 확인한다.

나. 대응 방법

의식 저하가 확인되면 기도 유지 및 산소를 공급하고, 신경학적 반응을 지속 모니터링한다.

❺ E - Exposure(외부 요인)

신체 전반의 외상, 출혈, 체온 변화를 확인하여 잠재적 위험 요인을 파악한다.

가. 평가 방법

① 전반적인 신체검사를 통하여 상처, 출혈, 부종, 탈구, 골절 등을 확인한다.

② 체온 측정을 통하여 저체온증이나 고열 여부를 확인한다.

③ 발적, 부종, 고름 등 감염 징후가 있는지 확인한다.

나. 대응 방법

확인된 외부 요인에 따라 적절한 조치를 실시한다. 외상 시 지혈을 시행하며, 골절 시 신체 고정, 체온 이상 시 보온 또는 냉각 조치 등을 실시한다.

〈표 1-1〉 ABCDE 접근법 요약

단계	의미	간략 평가 내용
A (Airway, 기도)	기도가 막히지 않았는지 확인	기도 개방 여부 확인, 이물질 유무 점검, 흡인 위험 평가
B (Breathing, 호흡)	호흡이 정상적으로 이루어지고 있는지 호흡 패턴과 호흡수 확인	호흡수, 호흡 패턴, 호흡 깊이, 폐음(천명음, 수포음 등) 확인

단계	의미	간략 평가 내용
C (Circulation, 순환)	심박수, 혈압, 맥박, 말초 순환 상태 확인	심박수, 혈압, 맥박 강도 및 규칙성, 말초 순환(점막 색, CRT) 확인
D (Disability, 신경학적 기능)	의식 상태와 신경학적 반응(반사) 평가	의식 수준 평가, 동공 반사, 사지 반응 확인
E (Exposure, 외부 요인)	외상, 출혈, 체온 변화 확인	외상, 출혈 부위 확인, 체온 측정, 감염 징후 확인

응급 상황별 동물 환자의 구체적인 처치에 관련된 내용은 이 책의 제4부에서 자세히 다루도록 한다.

(2) 2차 평가(Secondary Assessment)

1차 평가 후 환자의 상태가 안정되면 2차 평가를 통해 보다 상세한 진단을 진행한다. 이 단계에서는 병력 청취, 정밀한 신체검사, 혈액 검사, 영상 진단 검사 등을 포함하여 종합적인 상태 평가를 한다. 2차 평가의 주요 내용은 아래와 같다.

❶ 병력 청취(History Taking)

① 발병 시기, 증상 진행 경과, 이전 진단 및 치료 이력 등 과거 병력 및 현재 증상을 구체적으로 확인한다.

② 현재 복용 중인 약물, 알레르기 유무, 예방 접종 이력을 확인하여 치료에 영향을 미칠 수 있는 요소를 파악한다.

③ 최근 음식물 섭취, 독성 물질 또는 이물질 섭취 여부를 확인하여 중독 가능성을 평가한다.

④ 최근 환경 변화, 활동 내용, 새로운 반려동물 접촉 여부 등 생활환경을 조사하여 질병 전파 경로와 관련성을 분석한다.

⑤ 유전적 요인이나 동일 가정 내 유사한 증상이 발생한 경우를 확인하여 유전성 질환 또는 전염성 질환 가능성을 검토한다.

❷ 신체검사(Physical Examination)

① 두부와 목 부위를 검사하여 외상, 부종, 출혈 여부를 확인하고, 동공 반응 및 눈과 귀의 감염 여부를 관찰한다.

② 구강 내 이물질 유무와 점막 색을 확인하여 기도 폐쇄 여부와 빈혈, 청색증 가능성을 평가한다.

③ 흉부 청진을 통해 호흡음(수포음, 천명음 등)과 심음(잡음, 부정맥)을 확인하여 호흡기 및 순환기 상태를 평가한다.

④ 복부 촉진과 타진을 통해 장기 비대, 종양, 복수, 통증 유발 부위를 확인하여 소화기 및 비뇨기계 상태를 진단한다.

⑤ 사지 및 근골격계 검진에서는 골절, 탈구, 부종, 근육 긴장도 및 관절 가동 범위를 확인하고, 걸음걸이 분석과 운동 장애 유무를 관찰하여 신경계 및 근골격계 문제를 평가한다.

⑥ 피부와 점막 상태를 확인하여 탈수 여부를 평가하며, 점막 색깔 변화를 통해 빈혈(창백), 저산소증(청색증), 간 문제(황달) 여부를 확인한다.

⑦ 그 외 발진, 농포 등 피부 병변을 통해 감염 여부 및 알레르기 반응을 확인한다.

❸ 추가 진단 검사(Diagnostic Tests)

① 혈액 검사에서는 전혈구 검사(CBC)를 통해 빈혈, 백혈구 증가증, 혈소판 감소증 등을 확인한다.

② 혈청 화학 검사로 간 기능(AST, ALT), 신장 기능(BUN, 크레아티닌), 전해질 상태를 분석하고, 혈당 검사를 통해 저혈당증 및 고혈당증 여부를 확인하여 대사성 질환 가능성을 평가한다.

③ 소변 및 대변 검사로 요로 감염, 신장 질환, 기생충 감염 여부를 진단한다.

④ 혈압 검사를 통해 고혈압 및 저혈압 상태를 평가한다.

⑤ 영상 진단에서는 X-ray로 골절, 폐부종, 복수, 종양 여부를 확인하고, 초음파 검사로 내부 장기(간, 신장, 비장, 방광 등)의 상태를 평가한다.

⑥ 부정맥 및 심장 전도 이상 여부를 확인하고자 하는 경우, 심전도(ECG) 검사를 진행한다.

⑦ 심장 초음파(Echocardiography)를 통해 심부전, 판막 질환, 심근 이상 등을 평가하여 심혈관계 상태를 정밀하게 분석한다.

⑧ 필요시 CT 및 MRI 검사를 통해 신경계 이상, 종양, 뇌출혈 등 정밀 진단을 수행한다.

응급 동물 환자는 생명에 직결되는 급성 상태를 겪는 환자를 의미하며, 신속하고 정확한 초기 대응이 필요하다. 응급 환자의 정의를 명확히 이해하고 유형별 특징과 증상을 파악함으로써 보다 효과적인 응급 처치와 생명 유지가 가능하다. 이를 바탕으로 다음 장에서는 초기 평가 방법과 대응법에 대해 다룬다.

2. 응급 동물 환자의 초기 대응 방법

동물보건사는 응급 상황에서 신속한 평가와 적절한 초기 대응을 통해 환자의 생명을 보호하고 상태 악화를 방지하는 중요한 역할을 수행한다. 이를 위해 응급 환자의 상태를 정확히 분류하고, 상황에 맞는 우선순위를 설정하여 신속하고 체계적인 처치를 제공해야 한다. 동물보건사가 응급 대응을 효과적으로 수행하기 위해서는 기본 원칙과 준비 사항을 철저히 숙지하고, 절차와 주의점을 정확히 이해해야 한다. 또한 수의사의 지도 아래 응급 처치와 모니터링, 응급 장비 준비 및 지원을 담당하며, 팀 내 원활한 의사소통과 협력으로 응급 상황을 효율적으로 관리해야 한다.

이 장에서는 응급 동물 환자의 초기 대응 방법에 대한 기본 개념과 원칙을 설명하고, 단계별 절차와 실무에서 유의해야 할 사항을 구체적으로 다룬다.

1) 응급 상황에서 동물보건사의 역할

(1) 응급 환자의 평가 및 초기 대응

① 환자의 상태를 신속하게 평가하여 응급 치료의 우선순위 결정을 돕는다.

② 주요 활력 징후(심박수, 호흡수, 체온, 혈압 등)를 측정하고 기록한다.

③ 쇼크, 호흡 곤란, 출혈 등 긴급한 상태를 식별하고, 수의사의 지시에 따라 즉각적인 대응을 수행한다.

④ 응급 처치가 필요한 환자에게 산소 공급, 수액 요법, 상처 보호 등의 초기 대응을 실시한다.

(2) 진단 및 검사 보조

① 혈액, 소변, 조직 샘플 채취를 보조하여 진단을 위한 기초 자료를 제공한다.

② 방사선 촬영, 초음파 검사 등 진단 검사를 보조하여 내부 손상이나 질병을 확인한다.

③ 수의사의 신체검사를 보조하며, 환자의 안전을 유지하는 역할을 수행한다.

(3) 응급 수술 지원

① 수술 전 환자의 상태를 점검하고 마취 전 처치를 준비한다.

② 멸균된 수술 도구를 준비하고, 수술실 환경을 정리하여 원활한 진행을 돕는다.

③ 수술 중 마취 상태를 모니터링하고 활력 징후를 지속적으로 관찰한다.

④ 수술 후 환자의 회복을 돕기 위해 체온 유지, 통증 관리, 감염 예방 등의 처치를 수행한다.

(4) 응급 환자의 지속적인 모니터링 및 관리

① 치료 중이거나 회복 중인 환자의 상태를 주기적으로 확인하고 변화를 기

록한다.

② 급성 통증, 호흡 곤란, 쇼크 등의 징후가 나타나면 즉각적인 대응을 수행한다.

③ 산소 공급, 약물 투여 등의 지속적인 치료를 보조한다.

(5) 보호자와의 소통 및 응급 교육 지원

① 응급 상황에서 보호자에게 환자의 상태와 필요한 치료 과정을 설명한다.

② 보호자가 응급 처치 방법이나 후속 치료 계획을 이해할 수 있도록 안내한다.

③ 응급 치료 후 환자의 관리 방법과 주의 사항을 설명하여 재발 방지를 돕는다.

〈표 1-2〉 응급 상황에서 동물보건사의 주요 역할 요약

역할	세부 내용
신속한 평가와 초기 안정화	활력 징후 모니터링, 초기 안정화
진단 지원	검체 채취, 진단 검사 수행, 검사 보조
수술 보조	수술 준비, 마취 관리, 수술 후 관리
지속적인 모니터링 및 관리	상태 관찰, 응급 상황 대응, 치료 보조
보호자와의 소통 및 교육	상태 설명, 교육 제공

동물보건사는 응급 상황에서 신속한 대응과 정확한 판단을 통해 환자의 생존율을 높이는 중요한 역할을 담당한다. 수의 진료팀과 협력하여 원활한 치료를 지원하며, 보호자와의 효과적인 소통을 통해 응급 대응의 전반적인 과정을 조율하는 역할을 수행한다.

2) 응급 환자의 분류 및 평가

응급 상황에서 환자의 분류를 의미하는 '트리아지(Triage)'는 프랑스어 'trier'(선별하다)에서 유래한 용어로, 1790년대 프랑스 혁명 전쟁 당시 전장에 투입된

부상자 치료의 우선순위를 결정하기 위해 사용되었다. 당시에는 생존 가능성이 높은 환자를 우선적으로 치료하여 전체적인 생존율을 향상시키는 것이 목적이었지만, 오늘날 병원에서의 트리아지는 환자의 중증도를 평가하고, 한정된 의료 자원을 효율적으로 배분하는 역할을 한다.

동물병원에서의 트리아지는 응급 환자를 평가하여 즉각적인 치료가 필요한 경우와 대기할 수 있는 경우를 구분하는 데 사용한다. 또한 비교적 안정적이지만 대기 중 추가적인 문제를 일으킬 수 있는 환자도 식별하여 적절히 관리해야 한다. 즉, 응급 상황에서 환자의 분류는 제한된 자원을 효율적으로 사용하여 최대한 많은 생명을 구하기 위한 중요한 과정이다.

(1) 트리아지(triage)의 주요 목표

① 즉각적인 생명 위협 요소를 신속하게 식별한다.
② 치료의 우선순위를 결정하여 자원의 효율적인 사용을 보장한다.
③ 환자의 상태 변화를 지속적으로 모니터링하여 필요에 따라 우선순위를 재조정한다.

(2) 우선순위 결정

응급 상황에서는 환자의 상태를 신속히 평가하여 다음 세 가지 카테고리로 분류한다.

① 즉각적 치료 필요(Immediate): 즉각적인 치료가 없으면 생명이 위태로운 상태의 환자
② 지연 치료 가능(Delayed): 즉시 치료가 필요하지 않지만, 지속적인 관찰과 치료가 필요한 상태의 환자
③ 비응급(Routine): 응급 상황은 아니지만, 정기적인 검진이나 치료가 필요한 상태의 환자

(3) 응급 환자 접수 및 초기 평가

❶ 전화 응대하기

응급 상황은 병원 내 방문뿐 아니라 전화 상담에서도 발생할 수 있다. 환자가 병원에 도착하기 전, 전화로 상태를 파악하여 응급 여부를 판단한다. 이 단계에서 응급 상황을 판단하기 위해서는 질문을 통하여 다음 상황에 대하여 확인해야 한다.

- 최근 행동 변화나 외상 경험
- 의식 변화 여부
- 호흡 곤란 여부
- 출혈 여부
- 배뇨 및 배변 상태 이상

전화 상담 시 응급 상황이 의심되면 상태의 심각성을 설명하며, 즉시 병원 방문을 권유한다. 이때 보호자가 당황하지 않도록 환자 상태에 대하여 차분히 설명하고, 병원 방문 시 준비할 사항을 안내한다.

❷ 현장 응대하기

응급 환자가 병원에 도착하면 접수 단계에서부터 신속하고 체계적인 분류가 필요하다. 이를 위해서 접수 시 1차 평가를 실시하고, 시각적 관찰을 통해 응급도를 신속히 평가한다. 동물 환자의 상태에 따라, 응급 등급은 다음의 4단계로 분류할 수 있다.

① 응급(Critical/심각): 즉각적인 치료가 필요한 환자(예: 호흡 정지, 심정지, 대량 출혈 등)

② 긴급(Emergent/고위험): 심각한 상태이지만 즉각적인 생명의 위험은 없는 상태로, 30분 이내 치료 필요 환자(예: 호흡 곤란, 청색증, 고열, 심한 통증 등)

③ 보통(Urgent/중등도): 1～2시간 내 치료 필요 환자(예: 경미한 외상, 경미한 호흡 곤란, 발열 등)

④ 비응급(Non-urgent/경미): 치료가 지연될 수 있는 경우로, 계획적 진료 가능 환자(예: 만성 질환 증상 악화 등)

이후 주요 증상, 발현 시점, 이전 병력, 투약 기록, 알레르기 여부를 신속히 파악한다. 이때 병력 청취는 5분 이내로 완료하며, 응급 치료 후 추가 병력을 확인한다.

응급 치료에 필요한 예상 비용을 범위로 안내하고, 보호자의 동의를 받는다. 이때, 심폐소생술(CPR) 여부 및 시행 범위를 사전에 확인하여, 긴급 상황에서 보호자와의 의사소통 지연을 방지한다.

❸ 환자 안정화 및 치료 계획 세우기

응급 환자에 대한 접수 및 1차 평가에 따른 분류 후에는 신속히 안정화 조치를 시행한다.

① 호흡 관리: 산소 공급, 기도 확보(필요시 기관 삽관)
② 순환 관리: 혈압과 심박수 모니터링, 정맥로 확보 및 수액 요법 실시 보조
③ 통증 관리: 동물의 불안을 최소화하고 통증을 조절하기 위한 진통제 투여 보조
④ 환자 상태가 안정화되면, 이를 수의사에게 보고하고 추가 검사를 통한 진단과 치료 계획 수립을 도움

3. 주요 활력 징후(Vital sign) 평가

응급 및 중환자 관리에서 동물의 활력 징후를 신속하고 정확하게 평가하는 것은 필수이다. 기본적인 활력 징후에는 체온(Temperature), 맥박(Pulse), 호흡수(Respiration, RR)가 포함되며, 이는 환자의 전반적인 상태를 평가하고 응급성을 판단하는 데 중요한 역할을 한다. 동물보건사는 주요 활력 징후를 평가할 줄 알

아야 하며, 각 항목의 정상 범위를 이해하고, 이상 징후를 조기에 감지할 수 있어야 한다.

TPR(체온, 맥박, 호흡수) 평가에서 이상 소견이 발견되면 즉각적으로 수의사에게 보고하여 신속한 추가 평가가 필요하며, 초기 대응이 환자의 예후를 크게 좌우할 수 있다.

1) 체온(Temperature)

체온은 동물의 신진대사와 혈류 상태를 반영하는 중요한 지표로, 일반적으로 직장 온도계를 이용하여 측정한다. 이도 내 측정도 가능하지만 정확도가 낮아 보조적 방법으로 사용된다.

- 정상 범위: 개: 37.2~39.2°C / 고양이: 37.2~39.2°C
- 이상 소견

① 고체온(39.5°C 이상): 감염, 염증, 종양, 중독, 열사병, 스트레스, 통증 등의 원인이 있을 수 있다. 체온이 40.5°C 이상이면 응급 상황으로 간주된다.

② 저체온(36.7°C 이하): 쇼크, 마취 및 진정제 사용, 내분비 질환(부신기능저하증 등), 저혈당증, 심각한 저체온증 등이 원인일 수 있다. 체온이 35°C 이하이면 응급 상황이다.

2) 맥박(Pulse)

맥박은 심박수와 혈류 역학을 반영하는 중요한 활력 징후이다. 대퇴동맥(femoral artery)이나 발등동맥(dorsal pedal artery) 등을 촉진하여 평가한다.

- 정상 범위: 개: 60~140 bpm(품종 및 크기에 따라 다름)/고양이: 170~220 bpm
- 이상 소견

① 빈맥(정상보다 빠른 맥박): 스트레스, 통증, 발열, 탈수, 저산소증, 심장

질환, 쇼크 초기 단계에서 나타날 수 있다.

② 서맥(정상보다 느린 맥박): 저체온증, 심장 전도 장애, 고칼륨혈증, 마취제 영향 등이 원인이 될 수 있다.

③ 불규칙한 맥박: 심장 부정맥, 전해질 이상, 심장 질환을 의심할 수 있으며, 청진을 통해 자세한 평가가 필요하다.

④ 약한 맥박: 저혈압, 저혈량 쇼크, 심부전 등을 의심할 수 있다.

⑤ 강한 맥박: 고혈압, 보상성 쇼크 상태(초기 쇼크 단계)에서 관찰될 수 있다.

3) 호흡수(Respiration, RR)

호흡수와 호흡의 질은 환자의 산소 공급 상태 및 호흡기계 이상을 평가하는 중요한 지표이다. 환자가 편안한 상태일 때 호흡수를 측정하는 것이 중요하며, 가슴 움직임을 관찰하거나 청진기를 이용해 확인할 수 있다.

- 정상 범위: 개: 20~40 bpm / 고양이: 20~40 bpm
- 이상 소견

① 빈호흡(정상보다 빠른 호흡): 통증, 스트레스, 발열, 저산소증, 심부전, 폐 질환(폐수종, 폐렴 등), 대사성 산증 등의 가능성이 있다.

② 호흡 저하(정상보다 느린 호흡): 중추신경계 억제(두부 외상, 약물 영향), 심각한 저산소증, 대사성 알칼리증이 원인이 될 수 있다.

③ 비정상적인 호흡 패턴

- 얕고 빠른 호흡 → 흉막 삼출, 기흉 의심
- 깊고 느린 호흡 → 대사성 산증 보상 반응
- 들숨 시 어려움 → 상부 기도 폐쇄(후두마비, 기관 협착 등)
- 날숨 시 어려움 → 기관지 질환(천식, 기관지염 등)
- 가쁜 호흡 → 호흡 부전 의심

4. 환자의 상태 기록 및 소통

응급 상황에서 환자의 상태를 정확히 기록하고, 보호자 및 의료진과 원활하게 소통하는 것은 환자의 치료 과정에서 중요한 역할을 한다. 응급 대응 중 이루어지는 모든 기록과 소통은 신속하고 명확해야 하며, 환자의 상태 변화에 따른 즉각적인 조치가 가능하도록 체계적으로 이루어져야 한다. 보호자와 의료진 간 효과적인 커뮤니케이션은 치료의 원활한 진행뿐만 아니라 신뢰 형성과도 직결된다. 이 장에서는 응급 상황에서 보호자와의 의사소통 방법, 의료진 간의 협력, 환자의 상태 기록 및 보고 체계에 대해 알아본다.

1) 응급 상황 시 보호자와의 커뮤니케이션

응급 상황에서는 보호자가 불안해하고 감정적으로 동요할 가능성이 크기 때문에, 보호자의 감정을 고려하면서도 환자의 상태와 치료 계획을 명확하고 침착하게 전달하는 것이 중요하다. 보호자와의 소통이 원활하지 않으면 불필요한 오해나 혼란이 발생할 수 있으며, 이는 응급 대응 속도를 저하시킬 수 있다.

(1) 보호자 응대 원칙

① 보호자에게 응급 상황을 간결하고 명확하게 설명하며, 치료 공간으로 이동하는 이유를 알린다.

② 보호자가 이해하기 쉬운 용어를 사용하여 환자의 상태와 필요 조치를 설명한다.

③ 응급 처치 진행 전에 보호자의 동의를 구하고, 예상되는 치료 계획과 비용을 미리 안내한다.

④ 보호자가 지나치게 불안해할 경우, “최선을 다해 환자를 돌보고 있으며, 필요한 상황은 즉시 알려드리겠습니다.”와 같은 표현을 사용하여 안심시킨다.

⑤ CPR(심폐소생술) 시행 여부와 같은 중요한 의료적 결정을 보호자와 사전에 논의하고, 동의를 확보한다.

(2) 의료진 간의 소통 및 팀워크

응급 상황에서는 의료진 간의 원활한 소통이 신속한 치료와 환자 안전에 직결된다. 특히 팀원 간 명확한 역할 분담과 정보 공유는 혼선을 방지하고 응급 대응의 효율성을 높인다.

❶ 효과적인 의료진 간 커뮤니케이션 전략

① 응급 상황 발생 시 명확하고 짧은 지시를 사용하여 혼선을 방지한다.

② 환자의 상태 변화를 빠르게 공유하여 팀원 모두가 최신 정보를 알 수 있도록 한다.

③ 응급 처치 중에는 필요한 정보만을 신속하게 전달하며, 치료 후 상세한 논의를 진행한다.

④ 응급 대응이 끝난 후 사후 회의를 통해 개선점을 논의하고 팀워크를 강화한다.

❷ 응급 대응 중 역할 분담

역할	주요 업무
팀 리더	응급 상황을 총괄하여 수의사와 소통하며, 신속한 의사 결정을 내림
응급 담당자	수의사의 CPR, 산소 공급, 기도 확보 등의 응급 처치를 보조
기록 담당자	환자의 상태 변화 및 처치 과정을 실시간 기록
보호자 대응 담당자	보호자에게 환자 상태 및 진행 과정을 설명
약물 담당자	응급 약물 준비 및 투여 관리

❸ 사후 회의(Debriefing)의 필요성

응급 상황 종료 후 팀원들과 함께 사후 회의를 진행하여 대응 과정에서의 문제점과 성공 사례를 분석한다. 이를 통해 향후 유사한 응급 상황에서 더욱 효과적으로 대처할 수 있도록 개선점을 도출한다. 주요 논의 사항은 다음과 같다.

① 응급 대응 과정에서 효과적이었던 점과 개선이 필요한 부분 분석
② 팀원 간 역할 수행의 적절성 검토
③ 의료 장비 및 응급 물품 사용의 적절성 평가
④ 보호자와의 의사소통 과정 피드백

(3) 환자의 상태 기록 및 보고 체계

응급 대응 과정에서 환자의 상태를 정확하게 기록하는 것은 환자의 치료 과정뿐만 아니라 법적 보호 및 연구적 가치에서도 중요하다. 기록이 정확하지 않으면 치료 과정의 누락이나 오해가 발생할 수 있으며, 향후 진료 계획 수립에 어려움을 초래할 수 있다.

❶ 응급 환자 기록의 기본 원칙

① 기록은 객관적 · 구체적으로 작성해야 하며, 주관적인 의견은 배제한다.
② 치료 과정 중 시간별 상태 변화를 기록하여 환자의 반응을 추적할 수 있도록 한다.
③ 응급 처치 및 약물 투여 내용, 용량, 반응 여부를 상세히 기록한다.
④ 응급 상황이 종료된 후에도 지속적인 경과 기록을 작성하고, 필요시 추가 검사 결과를 반영한다.
⑤ 응급 환자 기록은 의료 차트 작성 방식인 SOAP 방식을 따른다.

❷ 환자 기록의 필수 항목

기록 항목	세부 내용
응급 발생 시간	응급 상황이 발생한 시간과 병원 도착 시간 기록
초기 상태 평가	ABCDE 평가(기도, 호흡, 순환, 신경학적 상태, 외상 여부) 내용 기록
주요 증상 및 진단	보호자가 설명한 주요 증상 및 수의사의 응급 진단명 기록
처치 내용	수의사의 응급 처치 내용(CPR, 수액 치료, 산소 공급, 약물 투여 등) 기록
상태 변화	환자의 반응, 생체 징후 변화, 치료 후 호전 여부 기록
보호자 소통 내용	보호자에게 전달한 정보 및 동의 여부 기록
최종 경과 및 계획	응급 처치 후 입원 여부, 추가 검사 필요성 기록

응급 상황에서의 원활한 소통과 정확한 기록은 환자의 치료 과정에 필수 요소이다. 보호자에게 명확하고 침착하게 설명함으로써 신뢰를 형성하고, 의료진 간 협력을 통해 신속한 대응이 가능하도록 해야 한다. 또한 환자의 상태를 체계적으로 기록하고 보고하여 치료의 연속성을 유지하고 향후 개선점을 도출할 수 있도록 해야 한다. 체계적인 커뮤니케이션과 기록 관리가 이루어질 때, 응급 의료의 질이 향상되며 환자의 생존율 또한 높일 수 있다.

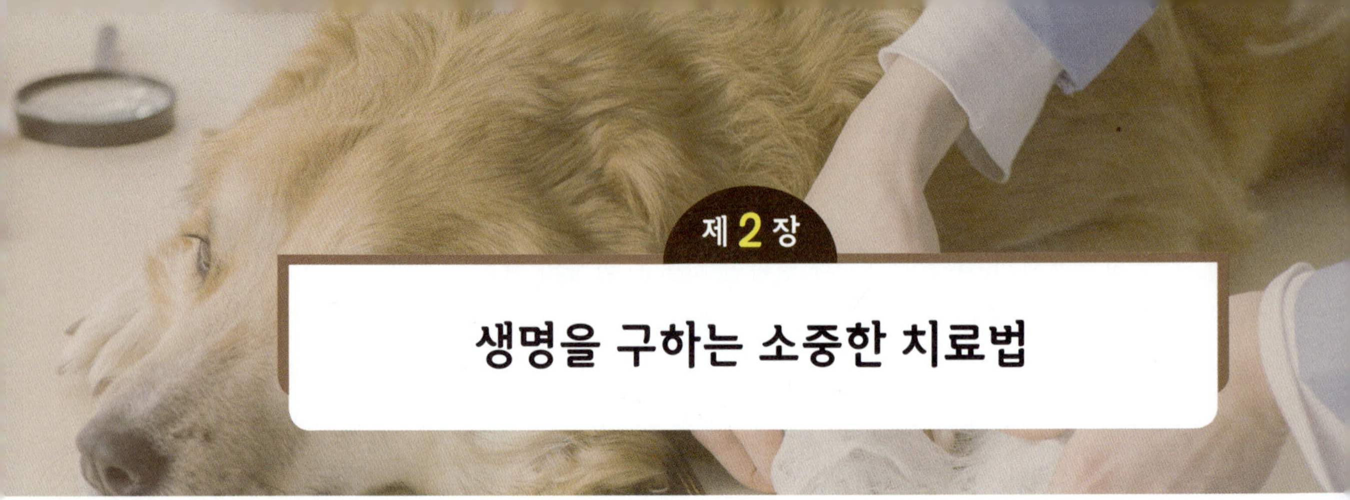

제 2 장

생명을 구하는 소중한 치료법

학·습·목·표

* 심정지에 대한 정확한 이해 및 필요한 기본 지식을 학습한다.
* 심폐소생술의 단계에 대해 학습하고 임상에 적용할 수 있다.
* 소생술 이후 환자 관리에 대해 학습하고 임상에 적용할 수 있다.
* 개와 고양이 심폐소생술 시 알아두면 좋을 점에 대해 알아보고 임상에 적용할 수 있다.

1. 심정지의 정의와 인식

1) 심정지의 정의

심정지(Cardiac arrest) 또는 심폐정지(Cardiopulmonary arrest, CPA)는 심장이 효율적으로 수축하는 데 실패하여 혈액의 일반적인 순환계가 멈추는 현상으로, 혈액 공급이 완전히 멎은 상태를 의미한다. 심장 발작이 원인이 되어 심장 근육의 혈류에 문제가 될 수 있지만, 심장 발작과는 다른 의미이다.

심정지의 대표적인 원인으로는 외부 충격, 심장 질환(심장사상충, 종양, 부정맥, 울혈성 심부전 등), 약물 중독, 대사 질환(신장 부전, 간부전, 케톤산증 등), 호흡기 질환, 감전, 저체온증, 저산소증, 패혈증 등이 있다. 심정지가 일어난 경우, 뇌에도 혈액 공급이 중단되어 뇌사 상태로 진행되며, 전신 혈류도 멈추게 되므로 조직과 세포에 산소가 부족해지고, 이로 인해 다발성 장기 부전이 발생하게 된다.

심정지는 개와 고양이에서 가장 심각한 종류의 응급 상황으로, 품종, 연령, 성별과 관계없이 발생할 수 있으며, 수의학에서 다시 소생 후 회복하여 집으로 가는 비율은 연구에 따라 개의 경우 5~7 %, 고양이의 경우 1~19 % 정도로 알려져 있다. 사람을 대상으로 하는 연구에서는 심정지에서 소생 후 퇴원한 환자 중 다수는 심각하고 지속적인 신경 결손을 가지고 있음이 알려져 있다. 하지만 이러한 부작용을 고려하더라도 심정지 상태에서 회복하지 못하는 경우는 죽음을 의미하므로 적절한 소생술 시행은 환자에게 생존에 대한 기회를 제공하여 삶과 죽음의 큰 차이를 만들어 낼 수 있다.

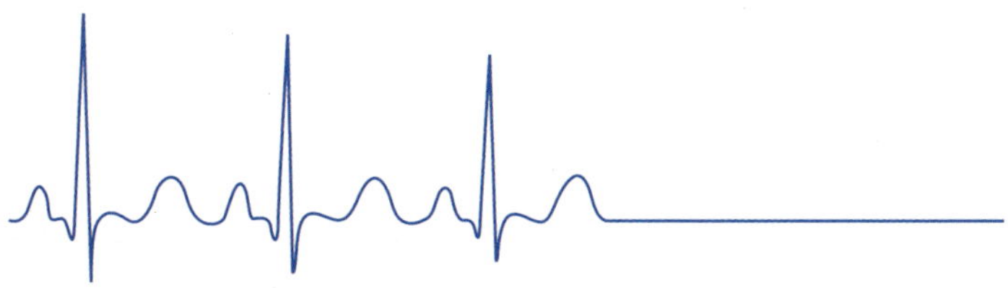

[그림 2-1] 심정지(Cardiac arrest)

2) 심정지의 인식 및 심폐소생술의 적용

(1) 응급 환자의 분류

동물병원은 인력과 시간의 한계를 가지고 있다. 모든 응급 환자는 심각성과 위험도가 다르므로 응급 환자는 중증도에 따라 다르게 대응해야 한다. 즉, 병원 도착 순서가 아닌, 의학적 우선순위를 결정하여 응급 상황에 대비하여야 한다. 이것을 응급 환자 분류, 트리아쥬(triage)라고 한다. 트리아쥬는 '정렬하다'라는 의미인 프랑스어에서 유래되었으며, 이러한 트리아쥬(응급 환자 분류)를 통해 가장 심각하고 시급한 의료적 개입이 필요한 환자를 우선 대응할 수 있다.

응급 환자를 분류할 때에는 진단하거나 치료하기 위한 목적이 아닌, 의학적 치료 우선순위를 결정하는 것으로 최대한 빠르고, 간략한 검사를 통해 평가하는 것이 필수적이다. 응급실에 내원한 환자의 보호자에게 "무슨 일이 있었는가?"라는 짧은 문진을 통해 응급실에 오게 된 이유와 이전 병력 및 현재 약물과 같은 반려동물에 대한 간단한 정보를 확인한다. 하지만 내원 당시 환자의 상태가 정상적이지 않다면, 이러한 질문은 생략하고 환자에게 우선 응급 처치를 진행하는 것이 더 추천된다. 병원 내 의료진이 충분하다면 환자의 확인과 문진이 동시에 이루어지는 것이 이상적이다.

응급 환자는 다음과 같은 기준으로 분류한다. 가장 기본적인 의식 소실 여부, 생체 징후(체온, 심박수, 호흡수, 혈압 등)의 정상 범위 여부, 정상적인 호흡 상태인지 확인 등의 신체검사를 통해 분류할 수 있으며, 추가 정보가 필요한 경우, 병원 내 검사 결과(혈액 검사, 방사선 검사, 초음파 검사)를 활용하여 응급 환자 분류에 활용할 수 있다.

아래 분류에 따라 생명을 위협하여 즉각적인 의료 개입이 필요한 레벨 1의 경우 대기 중인 환자 여부와 관계없이 즉시 처치대로 이동하여, 산소 처치, 심폐소생술 등의 처치를 진행하며, 이외 레벨 2~3단계에 해당하는 경우에는 순서에 따라 응급 처치를 진행하는 것이 추천된다.

〈표 2-1〉 응급 환자의 단계별 분류 및 질병 예시

응급 환자 분류 단계	상태 평가	질병 예시
레벨 1 (Critical)	생명을 위협하는 단계로 즉각적인 의료 개입이 필요한 단계	질식이나 정상적인 호흡의 부재, 의식 소실, 심정지, 배뇨를 할 수 없는 상태, 개방성 골절, 교통사고, 독성 물질에 의한 중독, 심한 알레르기 반응, 열사병 또는 저체온증, 진행 중인 경련, 과도한 출혈 등
레벨 2 (Urgent)	의료적 개입은 필요하나 즉각적인 생명의 위험에 직면하지는 않은 상태	심한 구토 또는 설사, 폐쇄성 골절, 혈뇨, 체중을 전혀 견디지 못하는 파행(절뚝거림), 심한 기침 등
레벨 3 (Stable)	질병이나 부상 상태가 안정적으로 합병증의 위험 없이 치료를 받기 위해 대기할 수 있는 상태	일반적인 피부 병변, 체중 부하를 견딜 수 있는 파행(절뚝거림), 경미한 상처, 재채기 또는 콧물, 만성 질환, 장내 기생충 등

(2) 심폐 소생술 여부 사전 확인

심정지 상태에 즉각 대응하기 위해 사전 분류할 때, 심정지 환자는 심폐소생술 여부를 꼭 확인해야 한다. 심정지가 발생한 모든 환자에게 심폐소생술이 추천되는 것은 아님을 인지해야 한다. 심폐소생술을 원하는 환자는 차트에 CPR(Cardio Pulmonary Resuscitation)로 기록하며, 심폐소생술을 진행하지 않는 경우 DNR(Do Not Resuscitation)로 기록하여 분류한다. 상태가 위독한 환자의 경우, 종이 차트나 전자 차트에 기록해 둘 뿐만 아니라 진료진 모두가 빠르게 인지하고 확인할 수 있는 장소(입원장 유리 등)에 심폐소생술 여부를 CPR 또는 DNR로 구분해 두는 것이 빠른 판단과 처치를 위해 도움이 된다.

소생 가능성이 희박하거나, 이미 전신 장기가 손상되어 소생 후에도 정상적인 생활이 불가능한 환자는 심폐소생술로 인해 이차적인 불필요한 고통을 줄 수 있다. 대개 환자의 나이가 어리며, 회복 이후 치료가 가능하거나 삶의 질이 유지되는 경우 심폐소생술이 추천되는 것이 일반적이다. 하지만 심폐소생술 여부는 의사 결정 권한을 지닌 보호자의 의견이 가장 중요하므로, 환자 상태 및 예후 등에 대한 객관적 설명을 토대로 의료진과 보호자의 충분한 상의가 필요하다는 것을 명심해야 한다.

(3) 사전 동의서 작성

심정지 가능성이 있는 기저 질환을 가지고 있는 경우 또는 병원에 입원한 환자의 경우 미리 보호자에게 심정지 상황이 왔을 때, 심폐소생을 할 것인지(CPR), 하지 않을 것인지(DNR)에 대해 동의를 얻고 서면 동의서 작성을 진행해야 한다. 동의서 작성 시에는 현재 환자의 상태뿐만 아니라 예후, 소생술의 방법, 소생술로 인해 야기되는 늑골 골절 등의 위험성과 부작용, 소생 가능 확률 등에 대해 미리 사전 고지를 포함한다.

(4) 심정지에 대한 판단

동물보건사는 심정지와 같은 응급 상황을 빠르게 판단할 수 있어야 한다. 그러기 위해서는 심폐정지가 발생할 위험이 있는 환자에 대해 집중적인 간호 및 관리가 중요하다. 심정지의 판단 근거로는 환자 의식의 감소, 동공 확장 등 반응 소실, 호흡수의 깊이나 빈도의 변화, 맥박이 뛰지 않거나 비정상적인 변화, 심장 리듬 또는 강도의 변화, 혈압이나 산소포화도 저하로 인한 잇몸 창백, 체온의 저하, ECG의 비정상적인 변화 등이 없는지 지속적으로 관찰해야 한다. 심정지 직전 환자의 호흡 양상은 갑자기 숨을 멈추다가 과호흡이 반복되는 양상을 띠며, 이러한 이상호흡과 무호흡의 반복된 패턴의 호흡은 혈액의 이산화탄소 농도에 대한 감수성 저하가 원인으로, '체인-스톡스호흡'이라고 한다.

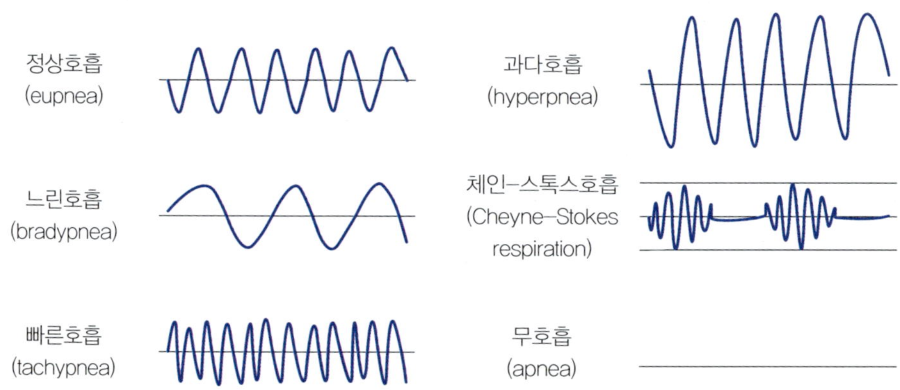

[그림 2-2] 다양한 호흡 양상(respiration patterns)

(5) 심정지 사전 예방 및 대처

동물의 상태가 변화 또는 악화되기 시작하는 경우, 즉시 의료적 개입이 필요하다. 심정지를 예방하는 것이 심정지 상황에서 다시 소생시키는 것보다 더 쉬우며, 심정지가 시작되었다면 얼마나 빠르게 의료적 접근이 이루어지는지에 따라 소생 확률과 후유증에서 큰 차이를 보일 수 있다. 따라서 환자의 호흡 양상이 변하거나, 의식 소실 등 전조 증상을 보이는 경우에는 즉시 의료적 개입이 진행되어야 한다. 축 늘어지고 호흡과 심장이 멈춘 심폐정지 상황으로 추정되는 경우, 지체하지 말고 즉시 심폐소생술(CPR)을 실시해야 한다.

2. 심폐소생술(CPR)의 단계

1) 자발 호흡 여부와 심장 박동 확인

환자의 자극에 대한 반응과 호흡 여부가 가장 중요하다. 심정지가 추정되는 경우, 우선 환자의 몸을 흔들고 소리를 내어 자극에 대한 반응을 확인해야 한다. 이와 함께 동공에 강한 빛을 비춰 동공 수축 반응이 있는지, 흉벽에 손을 대어 심장이 뛰고 있는지, 흉벽의 위, 아래 움직임은 없는지, 코에 바람이 나오는지, 의식이 있는지 등 환자 반응을 확인한다. 입안 점막의 창백함 여부 및 사지에 힘이 없고 처져 있는지도 심정지 응급 상황을 판단하는 데 도움을 줄 수 있다. 자발 호흡이 확인되지 않으며, 심장 박동이 확인되지 않거나 불분명하여 이상이 있다고 판단된다면, 즉시 주변 사람들에게 "도와주세요!"라고 크게 외쳐 도움을 요청하고 응급 처치가 가능한 장소로 옮겨 다음 단계로 진행한다.

환자의 의식이 없이 이동할 때, 머리의 정면이 하늘을 보거나 머리를 몸보다 높게 들어 이동할 경우, 토사물이나 침 등으로 인해 기도를 막아 상태가 악화될 수 있다. 이러한 경우를 방지하기 위해 반드시 입을 아래 방향으로 하고, 머리는 몸보다 아래로 위치하여 이동할 수 있도록 해야 한다.

2) 기도 확보

호흡을 하지 못하는 이유로 목이 구부러져 있지 않은지 확인하고, 구강 내에 이물이 있다면 즉시 제거해 준다. 기도가 펴질 수 있도록 몸의 측면이 바닥에 닿게 눕힌 후 목을 자연스럽게 펴 줌으로써 기도를 확보한다.

기도 확보 자세에서, 반드시 머리를 몸보다 같거나 아래에 두어야 한다. 머리를 몸보다 높게 하게 되면, 토사물이나 타액 등이 중력 방향인 아래쪽을 향해 입안에서 기도로 섞여 들어가면서 기도를 막을 수 있기 때문에 주의한다.

3) 흉부 압박

고양이, 소형견의 경우 한 손으로 가슴을 쥐고 압박하거나, 크기가 비교적 큰 환자인 경우, 한 손의 손바닥 아랫부분을 심장 바로 위에 두고, 다른 손을 위로 포개어 팔을 쭉 편 후 어깨를 손 위에 직선으로 두고 체중을 실을 수 있도록 자세를 잡고, 흉부 압박을 진행하는 것이 추천된다.

[그림 2-3] 개의 심폐소생술

[그림 2-4] 고양이의 심폐소생술

어깨에서부터 손바닥까지 직선으로 편 상태로, 분당 100~120회의 압박 속도로 강하게 밀어 심폐소생술을 하는 개나 고양이의 가슴너비 33~50 %(1/3에서 1/2)까지 압박한다.

가슴이 깊은 대형견은 흉벽 주변에 조직이 많아 심장을 직접 압박하기 어렵다. 이러한 경우에는 가슴의 가장 넓은 부분을 압박하는 것을 목표로 한다. 측면으로 누운 상태로 두면 가장 쉽게 가슴의 넓은 부위를 확인할 수 있다. 충분한 흉부 압박을 위해 사람의 CPR 방식과 동일하게 진행한다. 즉, 손의 바닥 아랫부분을 가슴의 가장 넓은 부위에 놓고 다른 손을 첫 번째 손 바로 위에 포개어 팔을 쭉 편 후 흉부 압박을 진행한다.

불도그와 같이 둥근 형태의 가슴을 가진 개의 경우, 개를 등을 대고 정면이 위를 보도록 눕혀 자세를 잡는다. 한 손을 흉골의 가장 넓은 부분 위에 놓고 다른 손은 첫 번째 손 바로 위에 포개어 팔을 쭉 편 후 흉부 압박을 진행한다. 이렇게 정면을 보고 누운 자세를 압박할 때에는 흉부 압박의 깊이를 25 % 정도만 진행하여, 일반적인 33~50 %보다 적게 압박해야 한다.

가슴을 압박하기 전에 다시 정상적으로 돌아왔는지 확인 후 다시 압박을 진행한다.

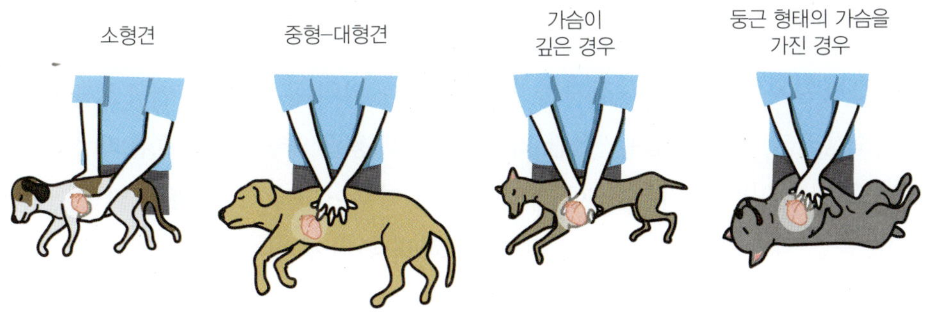

[그림 2-5] 개의 체형별 흉부 압박 자세

4) 인공호흡

① 인공호흡을 할 때에는 목을 자연스럽게 펴 주어 공기가 기도로 잘 흘러갈 수 있도록 한다.

② 개와 고양이의 코 및 입을 나의 입으로 가리고 가슴이 올라오는 것을 볼 수 있도록 숨이 배출된 것을 확인 후 인공호흡을 진행한다.

5) 심폐소생술 지속 및 호흡과 심장 박동 주기적 확인

① 30회의 흉부 압박과 2회의 인공호흡을 한 세트로 반복하여 최소 20분 이상 지속적으로 진행한다.

② 심폐소생술을 실시하면서 2분마다 자발 호흡과 심장 박동이 있는지 확인한다.

③ 2분이 지나면 다음 교대자가 흉부 압박을 이어 실시하며, 순환하여 진행한다.

④ 자발 호흡 및 심박이 확인되지 않으면 최소 20분 이상 또는 동물병원에 도착할 때까지 지속적으로 심폐소생술을 진행한다.

6) 추가 사항

동물병원에서 환자의 심정지가 발생할 경우, 위의 흉부 압박, 인공호흡 등의 심폐소생술과 동시에 삽관, 혈관 라인 확보 및 응급 약물 준비, 호흡과 산소포화도 등을 확인하기 위한 ECG 패드 장착이 이루어져야 한다. 흉부 압박, 인공호흡, 응급 약물 처치 등을 함께 진행하더라도 환자가 심박이 돌아오지 않는다면 최후의 수단으로 자동 심장 제세동기(AED)를 함께 사용할 수 있다.

혈관 카테터가 장착되어 있는 환자의 경우, 일반적인 서맥이나 심정지 상태가 되면 교감신경을 활성화시켜 혈관 수축을 통한 혈압 상승과 심박수 증가 작용을 하는 응급 약물(에피네프린, 노르에피네프린, 아트로핀, 글리코피롤레이트 등)을 체중에 맞춰 준비한다. 비선택적 아드레날린 작용제인 에피네프린은 혈류의 순환을 돕고, 혈압을 유지하는 데 도움을 준다. 이외에도 환자의 상태에 따라 심실의 빈맥이나 부정맥을 치료하기 위해서는 응급 약물로 항부정맥제(아미오다론, 리도카인)를 사용할 수 있으며, 마취제로 유발된 심정지의 경우에는 마취제의 효과를 역전시키기 위해 길항제(날록손, 플루마제닐, 아티파메졸) 등을 선택적으로 사용할 수 있다.

〈표 2-2〉 심폐소생술에서 사용되는 대표적인 응급 약물

응급 약물 종류	약물 용량	비고
Epinephrine(저용량)	0.01 mg/kg	비선택적 아드레날린 작용제
Epinephrine(고용량)	0.1 mg/kg	비선택적 아드레날린 작용제
Atropine	0.05 mg/kg	미주신경 차단제(혈압 상승)
Amiodarone	5 mg/kg	항부정맥제
Lidocaine	2～8 mg/kg	항부정맥제
Naloxone	0.04 mg/kg	Opioid(Morphine, fentanyl, Oxycodone) 길항제
Flumazenil	0.01 mg/kg	Midazolam, Lorazepam, Diazepam 길항제
Atipamezole	50 µg/kg	dexmedetomidine, medetomidine 길항제

기도가 확보되지 않는 경우, 흉부 압박 전, 기관 삽관을 위한 기관 내 삽관 튜브(흉부 방사선 외측상 기관 직경의 70 %, endotracheal tube), 후두경, 헤드랜턴 등을 준비하여 기관 삽관을 실시한다. 개와 고양이 모두 기관 삽관은 후두경으로 안쪽을 눌러 후두덮개를 열어 삽관을 실시해야 식도가 아닌 기도로 삽관할 수 있다. 삽관 이후에는 기도에 잘 장착되었는지, 기관의 직경은 적정한지 등을 판단하기 위해 바람을 불어넣은 후 바람이 새어 나오지 않는지 확인한다. 인후두 부위가 너무 부어 있거나, 다른 원인으로 인해 기관 삽관이 불가능한 경우, 구강을 통하지 않고 외부의 목 부분 피부를 절개하여 기관에 직접 관을 삽입하는 기관 절개술(tracheostomy)도 고려해 볼 수 있다.

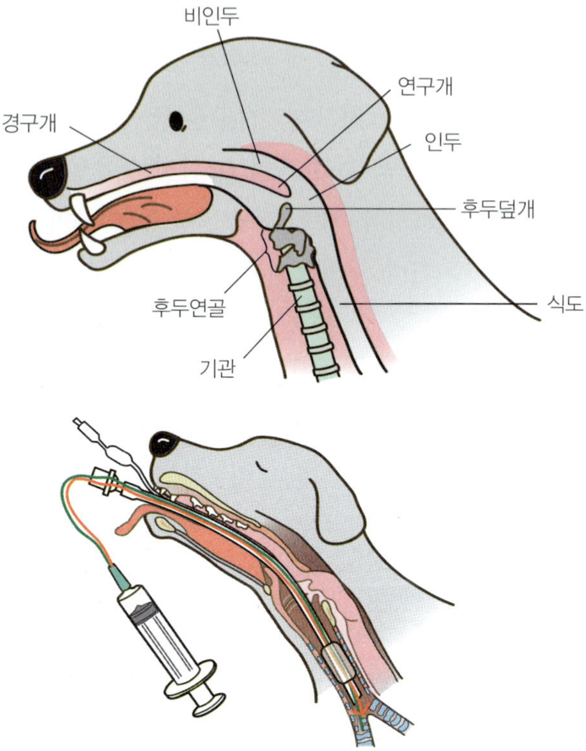

[그림 2-6] 개의 구강-인후두-기관의 해부학적 구조 및 기관 삽관 튜브 장착 예시

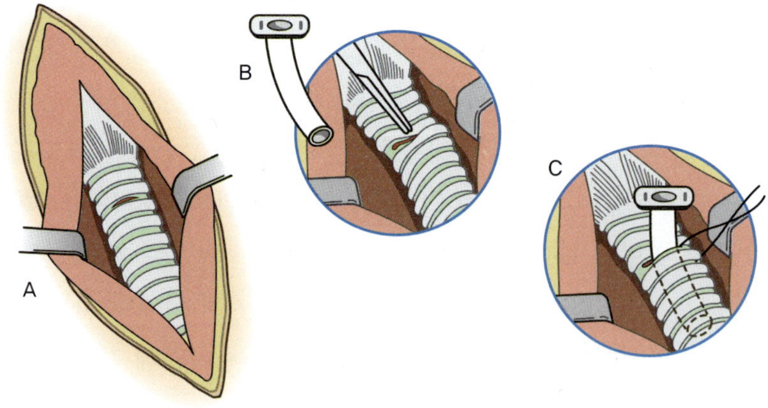

[그림 2-7] 기관 절개술

발바닥에 ECG 패드를 장착 또는 겨드랑이 부위에 집게를 장착하여 심전도 모니터에 연결함으로써 실시간으로 환자의 심장 박동, 호흡, 산소포화도 등의 상태를 확인한다.

심장 전기충격기는 사용에 대비하여 미리 스위치를 켜고 수용성 젤도 준비해 둔다.

7) 소생 후 관리

심폐소생술 결과 심박과 호흡을 스스로 하며 소생하는 경우, 흉부 압박 및 인공호흡을 멈추고 지속적인 심장 박동 및 자발 호흡이 유지되는지 확인한다.

심장 박동과 자발 호흡이 유지되며 환자의 의식이 돌아오면 삽관 튜브를 제거하고 응급 처치대에서 환자 상태에 대한 모니터링이 필요하다. 이후 생체 징후(체온, 심박수, 호흡수, 혈압 등)가 지속적으로 안정적이게 유지된다면 중환자실의 집중 모니터링이 가능한 산소 발생 케이지(ICU)에 옮겨 한 명 이상의 의료진이 집중적으로 환자의 상태를 면밀히 모니터링하면서 여러 생체 징후(혈압, 심박, 호흡수, 체온 등)를 지속적으로 관리한다.

〈표 2-3〉 개와 고양이 생체 징후의 정상 범위

정상 범위	개	고양이
체온	37.5～39.2(℃)	37.5～39.2(℃)
심박수	소형견 : 80～120(회/분)	140～220(회/분)
	대형견 : 60～100(회/분)	
호흡수	18～30(회/분)	24～36(회/분)
수축기 혈압	90～140(mmHg)	80～140(mmHg)

8) 심폐소생술(CPR) 성공률 향상을 위한 팁

기관 삽관이 어려운 환자에게는 응급 상황에서 사람의 입이 직접적으로 동물의 입과 접촉하게 될 수 있으며, 이로 인해 인수공통전염병이 전파될 가능성이 존재한다. 이러한 상황에서는 감염 위험을 줄이기 위해 사람의 입과 환자의 구강이 직접 닿지 않도록 수동 인공호흡기 백이나 안면 마스크 같은 보조 장비를 활용하는 것이 바람직하다.

환자의 흉부 압박 시 체형에 따라서 옆으로 누운 자세에서는 등 쪽으로 계속 움직이는 문제가 발생할 수 있다. 옆으로 누운 자세에서 등 쪽 부분을 무릎 또는 다른 방법으로 지지한 후 흉부 압박을 실시하면 오랫동안 환자의 위치가 이동하지 않고 흉부 압박을 실시할 수 있다.

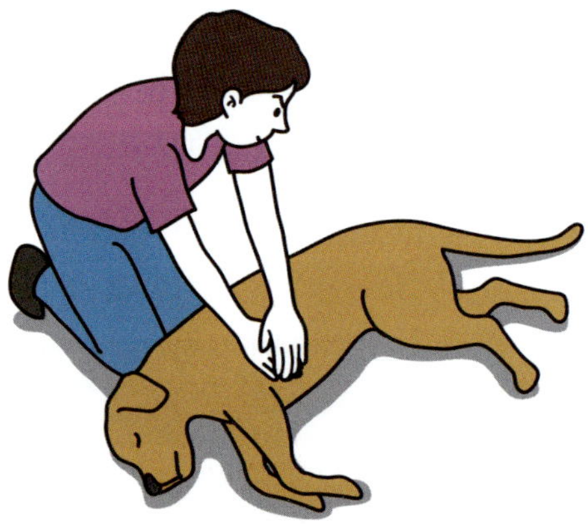

[그림 2-8] 환자가 움직일 경우, 등 쪽 부분을 무릎으로 지지하여 흉부 압박하는 자세

심폐소생술의 경우, 동시에 여러 가지 처치(흉부 압박, 혈관 카테터 장착, ECG 모니터링, 응급 약물 준비 등)가 이루어져야 한다. 따라서 심정지 상황 발생 시, 혼자서 모든 처치를 함께 수행하기 힘들므로 최대한 주변 사람들에게 빨리 알려 도움을 요청하는 것이 가장 중요하다. 혼자서 빠르게 심폐소생술을 진행하는 것보다 여러 명이 동시에 함께 진행하는 것이 도움이 된다. 앞에서는 응

급 상황에 대한 의료적 대응만을 기술하였으나, 보호자에게 즉시 상황에 대해 알려 주는 것이 무엇보다 중요하다. 보호자가 응급 상황 발생 자체를 모르는 경우, 의료진 중 1명이 응급 상황 발생에 대해 전화 또는 직접 응급 상황 발생 및 예후 등에 대해 설명할 수 있어야 한다. 보호자가 내원 가능한 경우에는 즉시 내원할 수 있도록 안내하는 것이 필요하다.

제 2 부

응급 처치의 기본 원리 및 모니터링

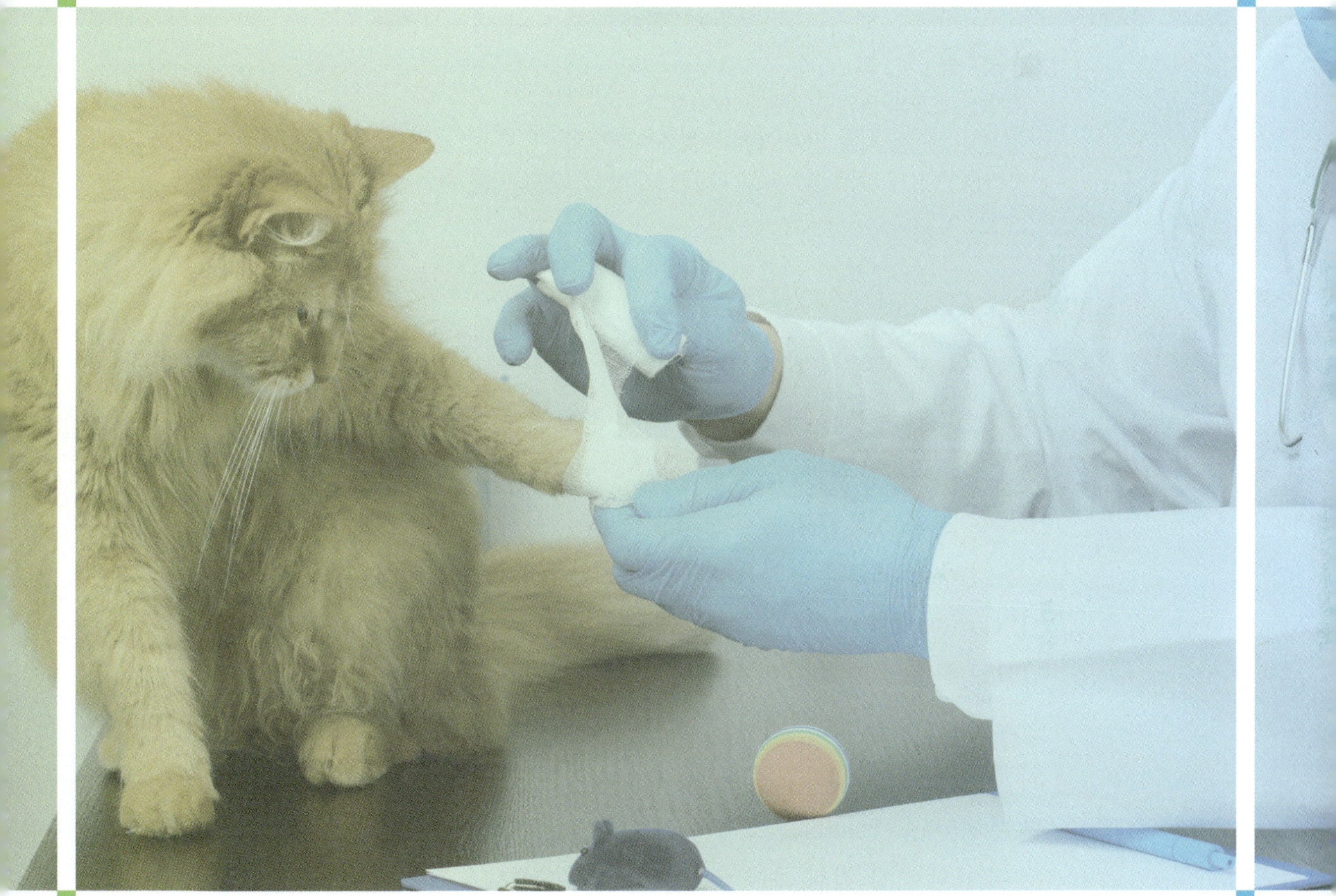

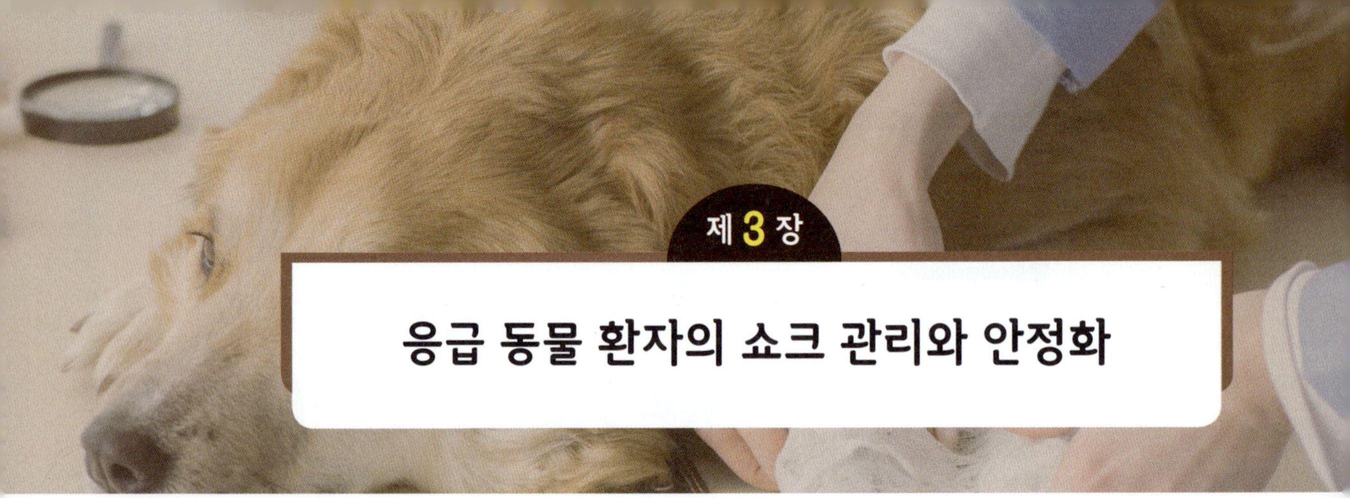

제 3 장

응급 동물 환자의 쇼크 관리와 안정화

학 · 습 · 목 · 표

* 유형별 쇼크의 원인과 기전을 학습한다.
* 쇼크의 원인에 따른 간호 처치 방법을 이해한다.
* 쇼크의 증상에 다른 혈역학적 지표를 이해하고 이에 따른 치료 보조 방법을 학습한다.

1. 쇼크의 정의

쇼크(shock)란, 조직이 필요로 하는 산소와 영양소를 적절히 공급받지 못하거나, 조직에서 소비하는 산소 소비량이 공급되는 산소량을 초과하여 조직에 필요로 하는 혈액 순환이 원활하지 않은 상태를 말한다. 이는 각 기관에 필요한 산소 공급이 부족해지면서 세포 대사에 심각한 영향을 미치며, 이로 인해 다수의 생리적 기능이 저하된다. 따라서 쇼크는 적절한 치료 없이 방치할 경우, 기관 부전(organ failure)을 초래하고, 심한 경우 사망에 이를 수 있다. 쇼크 발생 가능 원인은 심장 질환, 패혈증, 중독, 아나필락시스 등과 같이 다양하나 원인이 무엇이듯 가장 최우선은 산소 전달을 최적화하는 것이 궁극적 목표이다. 이 장에서는 쇼크를 유형별로 분류하고, 이에 따른 병리학적 기전 이해와 처치 방법에 대하여 알아보고자 한다.

2. 쇼크의 유형별 특징

쇼크는 발생 원인에 따라 대표적으로 6가지 유형으로 분류할 수 있다. 주요 유형으로는 저혈량성 쇼크(Hypovolemic shock), 심장성 쇼크(Cardiogenic shock), 분포성 쇼크(Distributive shock), 폐쇄성 쇼크(Obstructive shock), 저산소성 쇼크(Hypoxic shock), 대사성 쇼크(Metabolic shock)가 있다. 쇼크의 정확한 유형을 파악하는 것은 치료를 위한 첫 단계이므로 중요하다. 각 유형에 맞는 적절한 진단과 치료가 이루어져야만 환자의 생존 가능성을 높일 수 있다.

1) 저혈량성 쇼크(Hypovolemic shock)

저혈량성 쇼크는 체내의 혈액이나 체액 부족으로 인해 혈압이 급격히 저하되는 상태이다. 이는 체내 수분이나 혈액의 손실로 인해 혈관 내 용적이 줄어들어 발생한다. 이로 인해 심박출량(cardiac output)이 감소하고, 결과적으로 조직에 대한 혈류 공급이 저하된다. 구토(vomiting), 설사(diarrhea), 출혈(hemorrhage) 등이 주요 원인이 될 수 있다.

저혈량성 쇼크에서는 정상적인 혈류의 흐름을 유지하기 위하여 에피네프린(epinephrine)과 노르에피네프린(norepinephrine), 코티솔(cortisol)이 분비되면서 다양한 임상 증상이 나타난다. 특히 혈관 내 용적의 감소로 인하여 혈압이 떨어지면서, 부족한 혈액량 보충을 위하여 심박수가 증가하는 보상 작용이 일어난다. 또한 심장과 뇌와 같은 중요한 장기로 우선적으로 혈액이 공급되기 위하여 말초 혈관이 수축하며, 상대적으로 피부나 근육, 위장 및 신장으로의 관류는 저하되면서 피부가 창백해지며, 사지 냉감, 신장 및 위장 기능 저하를 보일 수 있다. 또한 체내 산소 부족을 보상하기 위한 호흡이 빨라질 수 있다.

저혈량성 쇼크를 진단하기 위해 수의사는 환자의 병력과 증상에 대한 세심한 평가를 시작한다. 혈압, 심박수, 호흡률, 체온 등을 함께 평가하면 혈액 검사에서 혈액량 감소와 함께 적혈구증가증(polycythemia)이 나탈 수 있는데, 실제로는 혈액량 감소로 인한 상대적인 다혈구증이 일어나는 것이다. 만약 저혈량성 쇼크의 원인이 외상성 출혈 등과 같은 원인으로 발생한 경우라면, 적혈구 손실로 빈혈이 나타날 수 있다. 이러한 경우, 혈액의 산소 운반 능력이 저하되면서 전반적인 조직의 산소 부족 상태가 더욱 악화될 수 있어 출혈의 경로와 정도를 빠르게 파악하는 것이 중요하다. 저혈량에 따른 심박출량 감소가 예상되므로 심전도(Echocardigraphy) 및 중심정맥압(central venous pressure, CVP) 모니터링이 유용할 수 있다.

2) 심장성 쇼크(Cardiogenic shock)

심장성 쇼크는 심장의 펌프 기능이 저하되어 혈액을 충분히 순환시키지 못하는 상태다. 심장의 수축기 및 이완기, 심장의 구조적 문제나 전방 혈류의 이상으로 발생할 수 있으며, 이는 주로 심근 경색(myocardial infarction), 심부전(congestive heart failure), 부정맥(arrhythmia) 등이 주요 원인이다. 이러한 원인은 심박출량의 감소를 초래하면서 조직 관류와 산소 전달이 어려울 수 있다.

심장의 배출 기능이 약해지면서 심박출량의 감소로 인한 혈압 저하 증상을 보일 수 있으며, 부정맥이나 빈맥(tachycardia) 증상은 심장의 수축성을 저하시키고 심장에 채워지는 혈액이 충분해지지 못하면서 심박출량 감소를 유발할 수 있다. 또한 심박출량 감소는 정맥 압력을 상승시키는데, 이는 폐부종(pulmonary edema)이나 말초 부종(peripheral edema)을 야기할 수 있다. 폐부종 등으로 폐에 혈액이 축적되면서 호흡 곤란이 나타나며, 혈액 순환의 부족으로 인해 피부가 창백해지고 사지 냉감이 나타날 수도 있다.

심장성 쇼크를 확인하기 위해서는 심전도(ECG)로 심장의 기능을 평가하고, 심장 초음파나 심장 혈관 촬영(coronary angiography)으로 심근 경색이나 다른 심장 질환 확인이 필요할 수 있다. 혈액 검사에서 심장 효소(troponin, CK-MB 등)의 상승이 나타날 수 있으며, 중심정맥압(CVP)을 측정하여 혈액 순환 상태를 모니터링한다. 또한 X-ray와 흉부 CT를 통해 폐부종 여부를 확인할 수 있다.

3) 분포성 쇼크(Distributive shock)

분포성 쇼크는 혈관의 과도한 확장으로 인해 혈액이 혈관 내에 제대로 분포되지 않으면서 확장된 혈관이 각 조직으로 충분한 혈액을 공급하지 못하는 상태를 말한다. 이는 총 혈액의 용적 감소는 없지만 혈관 탄력이 소실되면서 혈관 수축(vessel tone)이 정상적으로 유지되지 않아 발생한다. 주로 패혈증(sepsis), 아나필락시스(anaphylaxis), 신경성 쇼크(neurogenic shock) 등이 원인이다.

혈관의 확장으로 인하여 혈압이 급격히 저하되어 저혈압 증상을 보이며, 주요 장기로 혈액 공급이 제대로 되지 않는다. 또한 혈압 저하에 대한 보상으로 심박출량이 감소하면, 이를 보완하기 위해 심박수가 증가할 수 있다. 아나필락시스로 발생한 분포성 쇼크의 경우는 피부 발진이나 두드러기 증상을 보이기도 한다.

분포성 쇼크의 진단은 혈액 배양 검사와 같은 미생물학적 검사로 패혈증을 확인할 수 있으며, 알레르기 반응에 의한 아나필락시스인 경우, 혈액 검사에서 히스타민(histamine) 수치 상승을 확인할 수 있다. 또한 혈압 모니터링과 함께 중심정맥압(CVP) 및 혈액 산소포화도(SpO_2) 등을 측정하여 조직의 산소 공급 상태 확인이 필요하다.

4) 폐쇄성 쇼크(Obstructive shock)

폐쇄성 쇼크는 심혈관계의 혈류를 막는 물리적인 장애로 인해 발생한다. 폐색이 발생한 위치와 정도가 폐쇄성 쇼크의 중요한 원인이 될 수 있으며, 종종 폐색전증(pulmonary embolism), 심장사상충(heartworm disease), 심낭 삼출(pericardial effusion), 기흉(pneumothorax) 등에 의해 유발된다.

혈류가 차단되면서 심박출량이 감소하면 급격한 저혈압이 발생 가능하며, 기흉이나 폐색전증이 있을 경우에는 호흡 곤란, 흉통의 증상이 동반될 수 있다. 또한 폐색전증이나 심낭 삼출이 원인일 경우 중심 정맥 압력(central venous pressure)의 상승으로 말초 부종이 나타날 수 있다.

폐쇄성 쇼크를 진단하기 위해서는 흉부 X-ray, 심장 초음파 등을 통해 심장과 폐의 상태를 진단이 필요하다. 폐색전증이나 심낭 삼출이 의심되는 경우, CT 혈관 촬영(CT angiography)이나 초음파 검사를 통해 진단할 수 있다. 또한 심박 출량의 감소로 혈류 장애 시의 일시적인 저산소증으로 인해, 혈중 젖산(lactate) 수치가 상승하는 경향이 있다.

5) 저산소성 쇼크(Hypoxic shock)

저산소성 쇼크는 동맥혈에서의 산소 함량 감소로 인해 발생하는 쇼크로, 산소 운반 능력의 저하나 호흡기 질환으로 인해 산소 공급이 감소할 때 나타난다. 빈혈(anemia)로 산소 운반 능력이 저하되거나, 호흡기 질환(respiratory disease)으로 산소 공급이 감소하는 상황 등에서 발생한다.

산소가 조직에 충분히 공급되지 않으면서 산소 부족으로 각 조직의 세포 내 대사 기능이 저하될 수 있으며, 피부와 점막의 색이 푸르스름하게 변하는 청색증을 보일 수 있다. 산소 부족으로 호흡이 빨라지는 임상 증상을 볼 수도 있다.

저산소증 쇼크를 확인하기 위해서는 동맥혈가스(arterial blood gas, ABG) 검사로 산소 농도와 pH를 확인하는 것이 중요하다. 빈혈이 원인일 경우에는 혈액 검사로 헤모글로빈 농도를 확인할 수 있으며, 호흡기 질환이 원인인 경우에는 흉부 X-ray나 CT로 폐 상태를 점검한다.

6) 대사성 쇼크(Metabolic shock)

대사성 쇼크는 세포가 산소와 영양소를 적절히 사용하지 못할 때, 대사 장애나 독성 물질의 작용으로 발생할 수 있다. 예를 들어 시안화 독성(cyanide toxicity), 심한 저혈당(hypoglycemia) 등이 원인이 될 수 있다.

저혈당이 발생한 경우, 각 조직의 에너지원인 포도당(glucose)의 부족으로 뇌 의식 수준이 저하되고, 심하면 혼수, 경련 증상을 초래한다. 또한 체내에서 글루카곤(glucagon)과 에피네프린(epinephrine) 등의 호르몬 분비로 당 생성과 지방 분해를 촉진하나 이러한 반응은 심박수 증가, 혈압 상승, 혈관 수축 등을 유발하면서 결국 산소 공급이 더욱 부족해질 수 있다.

수의사는 진단을 위해 혈액 검사에서 혈당(glucose), 젖산, 독성 물질의 농도를 측정하며, 심전도(electrocardiograme, ECG)를 통해 심박수의 변화를 관찰하고 시안화 독성의 경우, 혈중 시안화 농도를 측정하여 진단할 수 있다.

〈표 3-1〉 쇼크 유형에 따른 원인과 주요 증상

쇼크 유형	가능한 원인	주요 증상
저혈량성 쇼크	출혈, 구토, 설사, 탈수 등	저혈압, 심박수 증가, 창백한 피부, 사지 냉감, 호흡 증가
심장성 쇼크	심근 경색, 심부전, 부정맥 등	저혈압, 빈맥, 부종, 폐부종, 호흡 곤란
분포성 쇼크	패혈증, 아나필락시스, 신경성 쇼크	저혈압, 심박수 증가, 피부 발진, 두드러기, 사지 냉감
폐쇄성 쇼크	폐색전증, 심장사상충, 기흉, 심낭 삼출	호흡 곤란, 흉통, 저혈압, 말초 부종, 사지 냉감
저산소성 쇼크	빈혈, 호흡기 질환 등	청색증, 호흡 증가
대사성 쇼크	저혈당, 시안화 독성 등	혼수, 경련, 심박수 증가, 혈압 상승, 산소 부족

3. 초기 대응 및 치료

1) 쇼크 환자에 대한 초기 대응

쇼크의 초기 치료는 생명을 구하고, 환자의 상태가 악화되는 것을 방지하는 데 매우 중요하다. 초기 안정화 단계에서는 쇼크의 원인에 상관없이 신속하게 환자의 순환을 회복하고, 주요 장기의 기능을 유지하는 데 중점을 둔다. 이를 위해 다양한 치료적 접근이 필요하며, 이 장에서는 초기 안정화를 위한 치료 단계에 대해 설명한다.

(1) 응급 처치

초기 치료는 일반 응급 환자에 대한 대처 방법과 유사하게 진행되므로 제1장의 '응급 환자에 대한 1차 평가'에 기술한 바와 같이 ABCDE 접근법을 기반으로 하여 진행된다. 이는 환자의 상태를 빠르게 평가하고, 필요한 치료를 신속하게 시작할 수 있게 돕는다. 이 중에서 쇼크 환자에게 가장 중점적으로 접근해야 하는 것은 산소 공급과 정맥 확보, 수액 공급, 약물 치료이다.

〈표 3-2〉 ABCDE 접근법

기도 확보 (Airway)
• 환자가 의식을 잃거나 호흡이 불규칙하면 가장 먼저 기도를 확보해야 한다. 기도 확보는 기도가 폐쇄되지 않도록 환자의 자세를 조정하거나, 필요한 경우 기도 삽관(intubation)을 시행할 수 있다.
호흡 지원 (Breathing)
• 환자의 호흡 상태를 확인하고, 산소 공급을 시작한다. 저산소증(hypoxia)이 의심되면 산소를 고농도로 제공한다. • 호흡기 계통이 손상되었거나 호흡이 불안정한 경우, 인공호흡을 통해 산소를 충분히 공급해야 한다. • 산소포화도(SpO_2)가 94% 이하로 떨어질 경우, 산소를 공급하여 정상 범위로 회복시킨다.
순환 회복 (Circulation)
• 쇼크의 가장 중요한 치료 목표는 혈액 순환의 회복이다. 이는 적절한 수액 보충을 통해 이루어진다. • 정맥을 통해 수액을 빠르게 투여하여 순환 혈액량을 늘리고, 혈압을 회복시킨다. 일반적으로 식염수(0.9% sodium chloride)나 Ringer's lactate 등의 등장성 수액을 주로 사용한다. • 출혈성 쇼크 환자에게는 혈액 및 혈액 성분(적혈구 수혈 등)을 투여하여 빠르게 순환 혈액량을 보충한다.
의식 수준 평가 및 신경학적 상태 점검 (Disability)
• 의식 상태를 평가하고, 뇌의 산소 공급이 부족한 경우 뇌 손상으로 이어질 수 있으므로, 의식 수준을 빠르게 평가할 필요가 있다. 의식 수준 평가는 정상(normal), 침울(depressed), 둔감(obtunded), 혼수(coma) 순으로 동물의 의식 상태를 평가하고, 이를 통해 치료의 우선순위를 정하는 데 중요한 역할을 한다.
온도 조절 및 노출 (Exposure)
• 쇼크 환자는 체온이 급격히 변할 수 있다. 적절한 체온 유지를 위해 담요 등으로 환자를 덮는 것이 필요하며, 저체온증(hypothermia)이 발생하지 않도록 주의한다. • 온도 관리가 중요한 이유는 저체온이 순환계에 추가적인 부담을 줄 수 있기 때문이다.

❶ 산소 공급(Oxygen delivery)

산소 공급은 쇼크 환자에게 가장 우선적인 치료다. 산소는 세포 대사의 기본 원료로서, 산소 부족은 조직 손상을 빠르게 유발할 수 있다. 따라서 산소를 흡입시키는 것이 가장 중요한 초기 치료다. 대부분의 환자가 저산소혈증으로 인하여 점막의 창백, 빈맥 등의 증상을 보이므로 산소를 공급하면서 이러한 임상 증상 개선 여부를 모니터링해야 한다. 환자의 산소 공급에 문제가 있는지 판단하기 위해서는 동맥혈가스 평가가 중요하며, 이를 모니터링하면서 산소 공급을 지속해야 한다.

❷ 정맥 접근(Venous access)

적절한 정맥 접근을 통해 수액을 투여하고 약물을 전달하는 것이 목적이다. 이를 위해 가장 큰 혈관에 카테터를 삽입하여, 빠르게 수액을 투여하고 혈압을 안정시켜야 한다. 혈관 접근 시 일반적으로 cephalic vein이나 saphenous vein이 가장 쉽게 접근 가능하지만 어떠한 혈관이든 카테터 장착이 가능하다. 혈관 확보가 어려운 소형견이나 어린 강아지에서는 골내(intraosseous) 카테터 장착을 시도하기도 한다. 투여하는 카테터는 가급적 큰 내경의 카테터를 사용하며, 18~22G의 사용을 권장하지만 동물의 크기나 접근 가능한 혈관 크기 등을 고려하여 결정해야 한다.

❸ 수액 요법(Fluid therapy)

수액 요법은 관류를 향상시킴으로써 심박출량을 높여 산소 전달을 개선하는 것이 가장 큰 목표이다. 환자의 상태에 따라 적절한 수액 종류가 다르므로, 동물보건사는 응급 시에 사용되는 수액의 종류를 파악하고 있어야 한다.

가. 결정질[크리스탈로이드(crystalloids)] 수액

결정질 수액은 크리스탈로이드(crystalloids) 수액이라고도 불리며, 전해질 성분과 같은 소형 분자 물질을 포함하기에 혈관 내 수액을 빠르게 보충한다. 이중 쇼크 시 관류의 목적으로는 등장성 크리스탈로이드 수액이 가장 많이 이용된다. 이는 혈관 외로 빠르게 분포되며 체액 균형 조절에 중요한 역할을 한다.

- 생리식염수(Normal saline, 0.9 % NaCl): 가장 널리 사용되는 등장성 수액으로, 나트륨(sodium)과 염화물(chloride)을 함유하고 있으며, 혈관 내 수액을 신속하게 보충할 수 있다. 산-염기 불균형을 일으킬 수 있는 가능성이 있기 때문에 장기적인 사용에는 주의가 필요하다. 특히 추가로 칼륨(potassium)을 보충해 주지 않으면 저칼륨혈증을 유발할 수 있으므로, 수액 치료를 하는 동안 전해질 농도를 점검하는 것이 중요하다.
- 하트만(Lactated Ringer's Solution): 칼슘과 칼륨, 염화나트륨을 포함하고 있어, 정상 식염수와 비교해 전해질 균형을 보다 잘 맞춰 준다. 또한 수액에 포함된 젖산은 간에서 대사되어 중탄산염(bicarbonate)으로 전환되어 혈액의 pH를 완충해 주므로, 대사성 산증(metabolic acidosis)으로의 진행을 예방하는 데 도움이 된다. 하지만 간 기능이 저하된 환자는 젖산 축적에 주의가 필요하므로 하트만 수액 투여를 조심해야 한다.
- 플라즈마라이트(Plasmalyte): 하이드록시화된 액상으로, 하트만 용액과 비슷한 전해질 농도를 가지고 있으며, 젖산 대신 아세테이트(acetate)가 포함되어 있어 간 기능이 저하된 환자에게도 투여할 수 있다.

고장성 결정질 수액(hypertonic crystalloides fluid)을 사용할 수도 있는데, 이 수액은 혈액보다 삼투압 농도가 높은 수액으로, 세포내에서 수분을 혈관으로 빠르게 이동시키는 효과를 가진다. 이 수액은 급성 저혈압 환자나 쇼크 환자에게 빠르게 혈액량을 증가시키는 장점이 있어, 혈관 확장 및 심박출량 개선을 목적으로 응급 처치 초기에 사용된다.

- 3 % 생리식염수(3 % NaCl): 저혈량성 쇼크와 같은 상황에서 점진적 수액 회복을 위해 적용되는 수액으로, 급성 저혈압, 저나트륨혈증(Hyponatremia), 탈수 등을 치료하는 데 사용된다. 주로 혈액량을 회복하고 혈압 상승에 도움을 준다. 짧은 시간 안에 수분을 빠르게 혈관 내로 끌어들이며, 체내 수분 부족을 빠르게 해결할 수 있다.
- 7.5 % 생리식염수(7.5 % NaCl): 심각한 저혈압이 있는 환자에게 수액을 신

속하게 투여하여 혈류량을 급격히 증가시키고 혈압을 빠르게 회복시키는 데 사용된다.

나. 콜로이드(colloid) 수액

콜로이드 수액은 큰 분자 물질을 포함하는 수액으로, 혈관 내 콜로이드 삼투압을 증가시켜 수분을 혈관 내로 끌어들이므로, 일반 결정질 수액보다 혈관 내에서 장시간 머무르며, 혈액량 확장에 더 큰 효과를 나타낸다. 혈관 내에서 유지되는 시간이 길기에 급성 쇼크에서 효과적으로 사용된다.

- 7 % 헤타스타치(Hetastarch): 합성 콜로이드로, 수액 보충과 혈류 회복에 효과적이다. 혈관 내에 오랫동안 머무르며, 혈압을 안정시키고, 심장 부담을 줄이는 데 유용하다. 그러나 과도한 사용 시, 신장 기능에 영향을 미칠 수 있으므로, 신장 질환 환자에게는 주의해서 사용해야 한다.
- 5 % 또는 25 % 알부민(Albumin): 체내에 자연적으로 존재하는 단백질로, 혈장단백질이 부족한 환자에게 효과적이다. 혈관 내로 수분을 끌어들이며, 심박출량을 증가시키고 혈압을 상승시킨다. 하지만 가격이 비싸고, 과민 반응을 일으킬 가능성이 있어 주의가 필요하다.

❹ 약물 치료(Pharmacological therapy)

앞에서의 수액 요법에 반응하지 않는 경우, 약물을 투여하게 된다. 약물 치료의 주요 목표는 혈압을 회복시키고, 심장의 펌프 기능을 개선하며, 혈액 순환을 정상화함으로써 산소가 조직에 잘 전달될 수 있도록 개선하는 것이다. 교감신경유사제(sympathomimetics)인 도파민(dopamine), 도부타민(dobutamine), 노르에피네프린(norepinephrine) 등을 사용하여 혈관을 수축시키고 심박출량을 증가시킬 수 있지만, 약물을 투여하는 동안 혈압 및 심전도 모니터링이 필요하다. 사용하는 약물과 용량과 기전, 기대 효과는 다음의 〈표 3-3〉과 같다.

〈표 3-3〉 쇼크 시 주로 적용하는 약물 용량 및 기대 효과

투여 약물	용량		약리 작용	기대 효과
	개	고양이		
도파민 (dopamine)	2~5 μg/kg/min	2~5 μg/kg/min	• 도파민 수용체(D1) 자극 → 신장 및 위장관의 혈류 증가	신장 혈류 증가, 배설 증가, 위장관 혈류 증가, 신장 보호, 급성 신부전 예방
	5~10 μg/kg/min	5 μg/kg/min	• β1 수용체 자극 → 심박수 및 심박출량 증가	심박출량 증가, 심박수 증가, 급성 심부전 및 저혈압 상태에서 혈액 공급 증가
	10~20 μg/kg/min	5~10 μg/kg/min	• α1 수용체 자극 → 혈관 수축 • β1 수용체 자극 → 심박수 및 심박출량 증가	혈압 상승, 혈관 수축을 통한 혈액 공급 증가, 급성 저혈압 및 쇼크에서 혈액량 회복, 심박출량 증가
노르에피네프린 (norepinephrine)	0.05~0.1 μg/kg/min	0.05~0.1 μg/kg/min	• α1 수용체 자극 → 혈관 수축 • β1 수용체 자극 → 심박수 및 심박출량 증가	혈압 상승, 혈관 수축을 통한 혈류량 증가, 급성 저혈압 및 쇼크에서 혈압을 안정시키고 심박출량 개선
도부타민 (dobutamine)	1~5 μg/kg/min	2~5 μg/kg/min	• β1 수용체 자극 → 심박수 및 심박출량 증가 • β2 수용체 자극 → 혈관 확장 (약간의 혈압 하락 가능)	심박출량 증가, 심근 수축력 개선, 심부전, 저혈압 및 쇼크에서 심장 기능 개선, 심장 수축력 증가

(2) 지속적인 모니터링

초기 응급 처치 후에도 환자의 상태는 지속적으로 모니터링해야 한다. 주로 중심정맥압(CVP), 심박출량(cardiac output), 산소포화도(SpO_2), 심전도(ECG), 혈압 등의 지속적인 체크가 필요하다. 이러한 데이터들은 앞으로의 치료 방침을 결정하는 데 중요한 정보를 제공한다. 중심정맥압은 심장 우심방의 압력으로, 심장의 전부하를 측정하는 지표로 사용된다. 이는 수액과 혈액 순환을 평가하는 중요한 지표다. 환자의 경피를 통한 산소포화도 측정과 동맥혈가스(ABG) 분석을 통해 산소 공급 상태를 검사하고, 결과에 따라 저산소증을 보상하는 산소 공급을 진행한다. 이후 환자의 상태가 안정되면 중증 환자에 준한 활력 징후를 모니터링하며, 이는 제4장에서 조금 더 상세히 다루도록 하겠다.

2) 원인에 따른 추가 치료

쇼크의 초기 안정화가 이루어진 후, 쇼크의 발생 원인을 파악하고 치료하는 것이 매우 중요하다. 각 쇼크의 원인에 따라 구체적인 치료가 필요하며, 이를 통해 근본적인 문제를 해결하고 회복을 촉진할 수 있다.

출혈성 쇼크의 경우, 출혈 원인을 신속히 제어하는 것이 우선적이다. 출혈이 외상으로 인한 경우, 수술적 치료가 필요할 수 있으며, 출혈을 멈추기 위해 지혈을 시행하고, 필요에 따라 적혈구 농축액, 혈장 등의 수혈이 필요할 수 있다.

패혈성 쇼크에서는 감염의 원인을 치료하는 것이 핵심이다. 감염을 유발하는 병원균을 빠르게 확인하고, 병원균에 대한 적절한 항생제를 투여하여 감염 치료를 시작한다. 또한 면역 조절을 통해 과도한 염증 반응을 억제하고, 필요시 수액 요법과 함께 항염증제나 스테로이드를 사용하여 회복을 돕는다.

심장성 쇼크에서는 심장 질환에 대한 문제 해결이 필요하다. 심근 경색이 원인일 경우, 혈전 제거술이나 심장 우회 수술과 같은 심혈관 치료가 필요할 수 있다. 부정맥이 원인인 경우, 항부정맥제나 전기 충격을 사용하여 심박수를 정상화하고, 심장 기능을 회복시킨다.

알레르기성 쇼크, 특히 아나필락시스의 경우에는 에피네프린을 신속하게 투여하여 알레르기 반응을 억제하고 호흡기 및 혈압을 안정시킨다. 추가로 항히스타민제나 스테로이드를 사용하여 염증 반응을 조절할 수 있다.

4. 산소 공급 및 환기

쇼크 환자에게 산소 공급은 필수적인 치료의 일부로, 산소 부족을 해결하고 세포와 장기의 기능 회복을 돕는 데 중요한 역할을 한다. 쇼크의 원인에 따라 산소 요법을 다르게 적용할 수 있으며, 산소 치료는 산소 농도를 조절하여 조직의 산소화를 개선하는 데 유용하다. 또한 환기(ventilation)는 호흡과 산소 전달

기능을 지원하여 신체가 적절히 산소를 사용할 수 있도록 도와준다. 고유량 산소 치료(High-Flow Oxygen Therapy, HFOT)는 심한 호흡 곤란을 겪는 환자에게 산소를 고압력으로 공급하여 호흡기 효율을 개선하고, 호흡을 촉진시킨다. HFOT는 특히 산소포화도가 낮은 환자에게 빠르게 산소를 공급하여 조직의 산소 부족을 개선하고 심장과 신경계의 추가 손상 예방에 도움을 준다.

1) 산소 공급의 중요성

쇼크 상태에서는 여러 가지 이유로 조직과 장기가 충분한 산소를 공급받지 못할 수 있다. 저산소증(hypoxia)은 세포 대사를 방해하고, 장기의 기능 저하를 초래할 수 있다. 이로 인하여 미세 순환(microcirculation)과 조직 산소 공급에 문제가 발생하며, 이를 해결하기 위해 적절한 산소 공급이 반드시 필요하다.

산소는 혈액을 통해 체내 세포에 공급되어 세포 호흡을 지원하고 에너지 생성을 돕는 작용을 하므로, 특히 뇌, 심장, 신장 등 주요 장기의 기능을 유지하는 데 필수적이다. 따라서 저산소증(hypoxia)이 지속될 경우, 장기의 손상뿐만 아니라, 조직 괴사(tissue necrosis)와 같은 치명적인 결과가 초래될 수 있다.

2) 산소 공급의 방법

산소 공급 방법은 환자의 상태와 필요한 산소포화도에 따라 어떠한 경로로 공급할지 결정하게 된다. 각 방법은 환자의 상태와 쇼크의 원인에 맞춰 신속하게 선택되어야 한다.

산소 공급은 다양한 방법으로 이루어질 수 있으며, 가능한 한 환자에게 스트레스를 최소화하는 방법을 선택하는 것이 중요하다. 각 공급 방법은 필요한 만큼의 산소를 공급하는 능력이 필요하며, 산소 농도를 조절하여 공급하는 것이 중요하다. 대부분의 쇼크 환자는 저산소증 상태이므로 처음에는 고농도 산소를 제공할 수 있으며, 상태가 호전되면 점차 산소 농도를 낮추는 것이 바람직하다. 따라서 지속적으로 산소포화도(SpO_2)와 동맥혈가스(ABG)를 모니터링하면서 산소 농도를 조절하는 것이 필요하다.

〈표 3-4〉 산소 공급 기법에 따른 평균 FiO_2

산소 공급 기법 (Supplemental Oxygen Technique)	평균 달성 FiO_2(%) [Average FiO_2 Achieved(%)]
유량 산소(Flow-by oxygen)	25～40
안면 마스크(Facemask)	35～60
산소 후드(Oxygen hood)	30～50
산소 케이지(Oxygen cage)	21～60
편측 비강선(Unilateral nasal line)	30～50
양측 비강선(Bilateral nasal lines)	30～70
기관 내 삽관(마취 기기 사용) [Intubation(anesthesia machine)]	100
기관 내 삽관(기계적 환기 기기 사용) [Intubation (mechanical ventilator)]	21～100

(1) 유량 산소(Flow-by Oxygen)

산소가 흘러나오는 방향에 따라 공급하는 유량 산소 공급 방법은 산소 튜브를 동물의 얼굴이나 비강 근처에 놓아 산소를 공급하는 간단한 방법이다. 이 방법은 흡입산소농도(FiO_2)를 약간 증가시킬 수 있으며, 고농도의 유량 산소(2~3 L/min)를 사용할 경우, 약 40 %의 FiO_2를 제공할 수 있다. 그러나 환자가 불안하여 움직임이 많으면 제대로 공급되지 않을 수 있어 마취 유도 전 또는 수술 중처럼 짧은 시간 동안 사용하기에 적합해 쇼크 환자에게는 적합하지 않다.

(2) 페이스 마스크(Oxygen Facemask)

얼굴 마스크를 통한 산소 공급은 또 다른 간단한 방법으로, 마스크 밀착 정도와 산소 흐름 속도에 따라 공급되는 산소 농도가 달라질 수 있다. 2~5 L/min의 산소 흐름 속도를 사용하면 35~60 %의 FiO_2를 제공할 수 있다. 그러나 마스크가 너무 꽉 맞으면 이산화탄소 재호흡이 발생할 수 있기 때문에 주기적으로 마스크를 교체해 주는 것이 좋다. 얼굴 마스크는 수술 중이나 처치를 받는 동물에게 편리하게 사용될 수 있으며, 쇼크 환자도 응급 시 빠르게 적용할 수 있다.

(3) 산소 후드(Oxygen Hood)

산소 후드는 [그림 3-1]과 같이 상업적으로 판매되는 '4 Paws K-9 Oxygen Hoods'와 같은 제품을 구매하여 이용할 수도 있지만, 대부분의 동물병원에서는 넥 칼라의 앞쪽에 랩을 2/3 이상 덮는 방법으로 제작하여 사용한다. 환기가 필요한 작은 부분을 남겨 두고 산소 튜브를 연결하여 1 ~ 2 L/min의 산소 흐름 속도로 후드를 채운 후, 흐름을 0.5 ~ 1 L/min으로 줄여서 30 ~ 40 %의 FiO_2를 제공할 수 있다. 이 방법은 일반적으로 환자 협조가 좋을 경우 사용된다.

[그림 3-1] 4 Paws K-9 Oxygen Hoods 착용 모습

출처: http://www.4pawsaviation.com/products/oxygen-hoods.php

(4) 산소 케이지(Oxygen Cage)

산소 케이지는 작은 동물 환자에게 편리하고 효율적인 산소 공급 방법이다. 산소 케이지에는 케이지 내부의 온도, 습기, 환기 조절이 가능해야 한다. 진료진으로부터 환자를 분리할 수 있으므로 케이지 안에서 환자가 불안감을 덜 느낀다는 장점이 있지만, 다소 소음이 심하고 빈번한 환자 평가가 필요한 경우에 산소 농도가 급격히 떨어질 수 있다. 비용이 많이 드는 편이며, 산소 케이지의 크기에 따라 환자 크기에 제한이 있어 큰 동물에게 공급하기 어려울 수 있다.

(5) 비강 산소(Nasal Oxygen)

큰 개의 경우, 산소 케이지는 너무 좁을 수 있어 비강 산소 라인을 통한 공급이 더 편리할 수 있다. 비강 튜브는 비강 내에 삽입되어 산소를 공급하며, 5~8Fr(프렌치)의 붉은 고무 카테터를 이용해 쉽게 배치할 수 있다. 비강 산소는 단일 라인으로 충분히 산소를 보충할 수 있으며, 두 개의 라인을 사용하면 산소 흐름 속도가 줄어들어 환자의 불편감을 줄일 수 있다. 보통 50~150 mL/kg/min의 흐름 속도로, 30~70 %의 FiO_2를 달성할 수 있다.

(6) 비인두 산소(Nasotracheal Oxygen)

단두종 품종에서는 비강을 통한 산소 공급이 제한적일 수 있는데, 이 경우 비인두 산소를 사용하여 회복을 지원할 수 있다. 붉은 고무 카테터를 비강을 통해 트라키아로 삽입하고, 기관 내 삽관 후 제거할 때 사용된다. 이 방법은 상기도 폐쇄가 있는 환자에게 효율적인 산소 공급을 제공한다.

(7) 기관 내 삽관(Intubation Without Positive-Pressure Ventilation)

상기도 폐쇄가 심한 경우, 100 % 산소를 통한 기관 내 삽관이 필요할 수 있다. 이 방법은 상기도의 문제가 기관 내 삽관으로 해결될 수 있는 경우에 사용되며, 빠른 마취 유도가 필요하다. 근본적인 문제에 따라 적절한 마취제 사용과 함께 산소 보충이 이루어진다.

(8) 기관 내 삽관과 양압환기(Intubation With Positive-Pressure Ventilation)

저산소혈증이 표준 치료에 반응하지 않거나, 폐 기능 부전이 의심되는 경우, 호흡기 피로가 진행되거나, 심한 심폐 질환이 있는 경우, 심폐소생술을 성공적으로 마친 후의 심혈관 불안정성이 있을 경우에는 양압환기와 함께 기관 내 삽관을 고려해야 한다. 이 방법은 기계적 환기를 통해 산소 공급을 조절하고, 폐 기능 개선을 도울 수 있다.

3) 환기 관리의 중요성

환기 관리는 호흡을 돕는 치료로, 폐에 산소를 공급하고 이산화탄소를 배출하는 데 중요한 역할을 한다. 환기 부전(ventilatory failure)은 저산소증을 악화시키며, 이는 쇼크 상태에서 더욱 심각한 영향을 미친다.

환기 관리에는 자발적 환기와 기계적 환기의 두 가지 주요 방법이 있다.

(1) 자발적 환기(voluntary ventilation)

환자가 스스로 호흡을 할 수 있는 경우, 산소 공급과 함께 적절한 호흡을 유지할 수 있도록 관리한다.

(2) 기계적 환기(mechanical ventilation)

환자가 자발적으로 호흡할 수 없는 경우, 기계적 환기를 통해 인공호흡을 제공한다. 기계적 환기는 양압환기(positive pressure ventilation) 방식으로 이루어지며, 이를 통해 폐에 적절한 산소를 공급하고, 체내 이산화탄소를 배출한다. 심한 호흡기 문제를 가진 환자에게는 기관 내 삽관(endotracheal intubation)을 고려하며, 이후 기계적 환기를 통해 산소를 공급하고 호흡을 지원한다.

4) 산소 공급과 환기 관리의 통합적 접근

쇼크 상태에서는 산소 공급과 환기 관리가 밀접하게 연관되어 있으며, 두 가지 치료적 접근이 동시에 이루어져야 한다. 이는 각 환자의 상태에 따라 적절히 조정될 필요가 있다.

(1) 혈류 및 산소 전달 최적화

산소 공급과 순환은 밀접하게 연관되어 있다. 산소 전달은 심박출량과 산소 포화도에 의해 결정되며, 이를 동시에 관리해야 한다. 따라서 수액 치료, 혈압 조절, 기계적 환기 등을 통해 혈류와 산소 전달을 최적화하는 것이 핵심이다.

(2) 호흡기 및 순환기 지원의 병행

심폐소생술(CPR)이나 기계적 환기는 심장 및 호흡을 보조하기 위한 치료로, 산소 공급이 동시에 이루어져야 한다. 산소 공급과 환기 관리는 쇼크 환자의 상태에 따라 지속적으로 조절되며, 장기의 기능을 지키기 위한 첫 번째 단계로서 중요한 역할을 한다.

5. 쇼크 환자 모니터링 및 평가

산소 공급과 환기 관리를 통해 효과적인 치료가 이루어졌는지 평가하는 것은 매우 중요하다. 환자의 상태는 산소포화도(SpO_2), 동맥혈가스(ABG) 분석, 호흡수 및 심박수 등을 통해 모니터링해야 한다. 환자가 호흡기 치료와 산소 공급에 반응하는지 평가하고, 이를 통해 치료 방침을 결정한다.

1) 산소포화도(SpO_2) 모니터링

정상적인 산소포화도는 94~98 % 범위이다. 쇼크 환자에서 SpO_2를 94 % 이상으로 유지하는 것이 목표가 된다.

2) 동맥혈가스(ABG) 분석

동맥혈가스 분석을 통해 혈액 내 산소 및 이산화탄소 농도를 측정하고, 호흡과 산소 공급 상태를 정밀하게 평가한다.

6. 쇼크 환자 관리를 위한 동물보건사의 역할

쇼크의 유형에 맞는 정확한 진단과 치료는 매우 중요하며, 초기 대응에서부터 원인 치료에 이르기까지 각 단계에서 빠르고 체계적인 접근이 환자의 생존 가능성을 크게 향상시킨다. 특히 쇼크 환자는 초기 상태가 악화되기 전에 빠르게 대처하는 것이 중요하다. 환자의 생명과 직결되는 문제를 신속하게 해결하는 것이 중요하며, 환자의 상태를 평가하는 동안 즉시 필요한 응급 처치를 동시에 시행하는 것이 중요하다. 이 과정에서 산소 공급과 순환 회복은 쇼크 환자의 생명 유지에 필수적인 요소로, 환자의 상태를 지속적으로 모니터링하고 그에 맞춰 치료를 조정하는 능력이 중요하다. 쇼크 환자를 진단하고 치료하기 위하여 다양한 방법을 적용하는 것은 수의사에게 중요한 역할이지만, 이러한 일련의 과정을 숙달하고 이해하는 것은 동물보건사에게도 필수적인 지식이다. 산소 공급과 순환 회복을 최적화하는 동시에, 쇼크의 원인에 대한 추가 치료가 이루어져야 환자의 빠른 회복을 기대할 수 있으며, 동물보건사는 쇼크 상태를 모니터링하며 환자 상태의 변화를 빠르게 인지하여 적절한 대처가 가능하도록 해야 한다.

제 4 장

중증 환자의 활력 징후 모니터링

학·습·목·표

* 중증 환자에서의 생리적 지표를 이해하고 측정하는 방법을 이해하고 적용할 수 있다.
* 중환자 모니터링 장비(ECG, SpO_2, $ETCO_2$, 혈압 측정기 등)의 원리를 이해하고, 동물 환자에 바르게 적용할 수 있도록 학습한다.
* 중증 환자 기록지 작성의 중요성을 이해하고 기록지 작성 및 관리 능력 습득한다.

1. 생리적 지표 측정

생리적 지표 측정은 쇼크 환자의 치료 및 관리에 매우 중요한 역할을 한다. 이를 통해 환자의 전반적인 상태와 장기 기능을 평가할 수 있으며, 치료 효과를 실시간으로 모니터링할 수 있다. 생리적 지표를 적절히 측정하고 해석하는 것은 치료 방향을 설정하고, 환자의 예후를 개선하는 데 핵심 요소로 작용한다.

쇼크 상태에서는 혈역학적 이상 외에도 다양한 생리적 변화를 겪게 된다. 이 지표는 환자의 호흡, 심장 기능, 체온, 혈액 구성 등을 평가하는 데 사용되며, 이를 통해 환자의 상태를 종합적으로 파악할 수 있다. 생리적 지표는 쇼크의 종류와 원인, 치료의 효과를 판단하는 데 중요한 정보를 제공한다.

1) 중증 환자에서의 신체검사

중증 환자에 대한 신체검사는 환자의 전반적인 상태를 정확하게 파악하고, 이를 바탕으로 적절한 치료 방침을 결정하는 데 매우 중요한 역할을 한다. 환자의 호흡, 순환, 체온, 피부 상태, 의식 수준 등 다양한 항목을 세심하게 체크하는 것이 중요하다. 각 항목의 신체검사 방법을 정확히 숙지하고, 상황에 맞게 적용하는 것이 환자의 생존 가능성을 높이고 좋은 예후를 위해서 필수적이다.

(1) 호흡 상태 검사

호흡 상태를 평가하는 것은 중증 환자에게 매우 우선적인 항목이다. 먼저, 환자가 자발적으로 호흡을 할 수 있는지 확인해야 하며 흉곽의 움직임이나 청진을 통해 호흡수가 너무 빠르거나(tachypnea) 느리거나(bradypnea) 불규칙한지를 평가한다.

환자의 흉부를 살펴보며 분당 호흡 횟수를 측정하는 동시에 호흡의 깊이도 평가한다. 얕은 호흡은 호흡이 원활하지 않다는 신호로, 폐에 충분한 산소를 공급하지 못하는 상태일 수 있다.

호흡음 또한 매우 중요한 평가 항목이다. 청진기를 이용해 환자의 호흡음을 듣고, 비정상적인 소리가 있는지 확인한다. 예를 들어 음성 호흡음(decreased breath sounds)은 기도 폐쇄나 기흉(pneumothorax)을 의심하게 만들며, 천명음(wheezing)은 기관지염이나 천식을 나타낼 수 있다. 청진 중에는 양측 폐 모두를 검사하고, 숨 쉬는 깊이와 호흡음의 강도도 체크해야 한다. 또한 호흡 패턴을 점검하며 호흡 시 불규칙성이나 격렬한 호흡이 보이는지 관찰한다.

(2) 순환 상태 검사

순환 상태는 중증 환자의 상태를 평가하는 데 중요한 요소 중 하나이다. 먼저 맥박을 체크해야 한다. 맥박수는 환자의 심박출량과 밀접한 연관이 있으며, 동맥(radial pulse)에서 쉽게 확인할 수 있다. 중증 환자에서는 맥박의 빈도와 리듬을 점검한다. 맥박이 불규칙하거나 빠르거나 느리면 심장에 문제가 있음을 시사할 수 있다. 특히 맥박이 약해지거나 느려지는 경우, 심박수 증가와 함께 심부전의 징조일 수 있다. 중증 환자에서는 가슴 부위에서 심박수를 확인하는 것도 중요한데, 이때 심박출량을 평가할 수 있는 심전도(ECG)를 함께 사용하여 심장 상태를 정밀하게 평가할 수 있다.

혈압 측정도 필수 검사 항목이다. 혈압을 측정하기 전에 환자가 편안한 자세를 취하고, 2~3번 이상 혈압을 반복 측정하는 것이 좋다. 특히 중증 환자는 혈압이 급격히 떨어질 수 있기 때문에 정기적인 혈압 체크가 필요하며, 상태에 따라 신체검사 과정 동안 혈압을 빠르게 회복시키는 치료를 진행해야 한다. 동시에 말초 순환 체크도 필요한데, 손끝, 발끝, 귀 등의 말초 부위에서 혈류를 확인할 수 있다. 만약 창백한 피부, 냉한 손발, 출혈이 관찰된다면 말초 순환이 좋지 않다는 신호이며, 심각한 저혈압이나 순환 부전을 의심할 수 있다. 또한 피부의 색깔과 온도를 살펴보며, 팔다리의 부종도 체크해야 한다.

(3) 체온 측정

체온은 중증 환자의 대사 활동과 직접 연관이 있어 중요한 지표로 작용한다. 직장 체온계를 사용하여 체온을 측정하는 것이 가장 정확하다. 체온을 확인할 때는 체온 상승(hyperthermia)이나 체온 저하(hypothermia)가 발생하는 원인을 분석해야 한다. 체온 상승은 감염이나 염증으로 인한 패혈증, 또는 대사성 질환으로 인해 발생할 수 있다. 체온 저하는 순환계 문제가 있거나 저체온증이 발생할 때 나타날 수 있다. 중증 환자에게는 체온의 급격한 변화가 치료 계획을 바꾸는 중요한 신호일 수 있기 때문에 이를 면밀히 점검하는 것이 필요하다.

체온 측정 후 체온의 변동을 계속 추적하여 적절한 치료를 해야 한다. 체온이 상승한 경우에는 냉각 치료를 고려해야 하며, 저체온증의 경우에는 체온 유지를 위한 열 치료를 진행해야 한다. 이는 수액 요법이나 외부 온열기를 이용해 체온을 조절하는 방식으로 이루어질 수 있다.

(4) 피부색 및 점막 검사

피부와 점막의 색깔을 점검하는 것은 환자의 순환 상태와 산소화 상태를 파악하는 데 중요한 방법이다. 일반적으로 입안이나 결막 부위를 주로 선택하여 평가한다. 창백한 점막은 출혈성 쇼크나 빈혈을 의심할 수 있으며, 청색증(cyanosis)은 저산소증을 나타낼 수 있다. 피부 색깔이 창백하거나 차가운 경우, 저혈압이나 순환 부전을 나타내므로 빠른 대처가 필요하다.

피부 상태를 확인하기 위해서는 모세혈관 재충전 시간(CRT)을 측정한다. 이 방법은 동물 환자의 발톱 끝이나 잇몸을 살짝 눌러 일시적으로 핏기를 없앤 뒤 손을 떼고, 혈액이 다시 모세혈관을 통해 해당 부위로 되돌아오는 속도를 관찰하는 것이다. 이 과정을 '재충전'이라고 하며, 일반적으로 2초 이내로 재충전된다면 순환이 원활하다고 할 수 있다. 이 시간을 초과한다면 순환 부전을 의심할 수 있다.

(5) 의식 상태 평가

중증 환자는 처음 내원하는 상태에서부터 의식 수준을 평가하고 이후에도 지속적인 모니터링이 필요하다. 환자에 대한 의식 평가는 정상(normal), 침울(depressed), 둔감(Obtunded), 혼수(Coma)와 같은 네 가지 카테고리로 나뉘며, 각 상태는 환자의 신경학적 상태를 평가하는 중요한 지표가 된다.

정상(normal) 상태는 동물이 자극에 즉각적으로 반응하고 주변 환경에 적절하게 행동하는 상태를 의미한다. 반응이 빠르고 적절한 행동을 보이며, 자극에 대해 전반적으로 잘 반응한다. 정상적인 상태에서 동물은 자극에 대해 신속하고 적절한 반응을 보인다.

침울(Depressed) 상태는 의식 수준이 약간 저하된 상태이다. 이 상태에서는 반응 속도나 행동이 느려지고 활동이 저하되며, 자극에 대한 반응은 있지만, 정상적인 수준보다는 반응이 적고 느리다. 동물이 다소 활동이 부족하고 반응이 둔해지는 모습을 보일 수 있다. 외부 자극에 대해 반응은 있지만, 그 반응은 일반적인 수준보다 낮다.

더욱 의식이 저하되면 둔감(obtunded) 상태에 빠지게 되며, 자극에 대해 둔한 반응을 보인다. 자극을 주면 일부 반응이 나타날 수 있으나 그 반응은 느리고 둔감하다. 이 상태는 동물이 외부 자극에 대해 적절하게 반응하지 않지만, 여전히 일부 반응을 보일 수 있다는 점에서 혼수상태와 구별된다. 의식적으로 반응하지 않거나 자극에 의한 반응이 늦어지는 것이 특징이다.

마지막으로 혼수(coma)상태는 의식이 전혀 없는 상태로, 자극에 대한 반응이 전혀 나타나지 않는다. 동물은 외부의 자극, 예를 들어 소리나 통증 자극에 대해서도 반응하지 않으며, 자발적인 움직임도 보이지 않는다. 이 상태는 뇌 기능이 심각하게 저하되어 생명 유지 기능은 유지되지만, 동물이 외부 환경에 대한 반응을 전혀 하지 못하는 상태로 분류된다. 혼수상태는 중증 환자에서 생명 유지와 치료 우선순위를 설정하는 데 중요한 기준이 된다.

이러한 의식 수준 평가는 Normal, Depressed, Obtunded, Coma 순으로 동물의 의식 상태를 평가하고, 이를 통해 치료의 우선순위를 정하는 데 중요한 역할을 한다. 이를 통해 동물의 신경학적 상태와 치료가 필요한 정도를 신속하게 파악하고, 적절한 응급 처치를 위한 방향을 설정할 수 있다. 의식 평가 시스템은 응급 환자 치료에서 매우 중요한 도구로 사용되며, 신경학적 상태가 급격히 변화할 수 있는 동물에게 필수적인 과정이다.

〈표 4-1〉 환자의 의식 평가 4단계

의식 상태	설명
Normal(정상)	동물이 자극에 즉각적으로 반응하고, 적절한 행동을 보이며 주변 환경에 잘 반응함
Depressed(침울)	동물이 자극에 반응은 하지만 반응이 느리고 둔한 상태. 행동에 둔감함
Obtunded(둔감)	자극에 대해 느리고 둔한 반응을 보이며, 반응이 전반적으로 둔화된 상태
Coma(혼수)	의식이 전혀 없는 상태로 자극에 반응하지 않음. 자발적인 움직임이 없음

출처: MSD Vet Manual(https://www.msdvetmanual.com/).

2) 주요 생리적 지표

(1) 체온(Temperature)

체온은 환자의 대사 상태와 면역 반응을 반영하는 중요한 지표다. 체온을 측정하는 방법으로는 직장 체온계, 귀 체온계, 피부 온도 등을 사용할 수 있으며, 빠르고 정확한 측정이 중요하다. 정상 체온은 약 37.5 ~ 39.5 °C로, 쇼크 상태에서는 체온의 변화가 중요한 진단적 의미를 가진다.

저체온(hypothermia)은 혈액 순환의 저하를 의미할 수 있어, 체온 상승을 위해서 따뜻한 환경을 제공할 수 있다. 고체온(hyperthermia)은 감염, 염증 반응(inflammatory response) 또는 약물 반응(drug reaction) 등의 원인으로 발생할 수 있으며, 체온을 낮출 수 있는 냉찜질 등을 시행함과 동시에 염증의 원인을 해소하기 위한 치료를 진행한다.

중증 환자에서는 체온의 변화가 중요한 징후가 될 수 있어 반복적인 모니터링이 중요하다. 순환이 원활하지 않으면 말초 혈액 공급이 저하되고, 이로 인해 체온 저하로 이어질 수 있으며, 이는 쇼크의 심각도를 평가하는 데 중요한 단서가 된다. 특히 응급 상황에서는 체온이 급격히 변화할 수 있기 때문에, 지속적인 모니터링이 필수이다.

(2) 호흡수(Respiratory Rate, RR)

중증 환자에서의 호흡수 평가는 산소 공급과 이산화탄소 제거의 효율성을 평가하는 중요한 지표이다. 정상적인 호흡수는 약 12 ~ 20회/분이다.

빈호흡(tachypnea)은 저산소증이나 환기의 부족, 폐렴(pneumonia)과 같은 호흡기 질환의 지표일 수 있다. 산소 공급을 강화하기 위하여 고농도의 산소를 공급하거나 의식이 없는 환자에서는 기계적 환기를 이용할 수 있다. 느린호흡(bradypnea)은 중추신경계 억제나 심각한 저산소증을 나타낼 수 있다. 마취 약물을 투여한 환자인 경우라면 호흡의 자극을 위한 약물 처방이나 기계적 환기가 필요할 수 있다.

(3) 심박수(Heart Rate, HR)

심박수는 환자의 순환 상태와 심장 기능을 평가하는 기본적인 지표이다. 정상적인 심박수는 약 60~100회/분으로, 순환계의 효율성을 평가하는 데 중요한 지표가 된다.

빈맥은 쇼크의 초기 단계에서 교감신경이 자극되거나 또는 저혈압에 대응하는 정상적인 반응일 수 있다. 그러나 빈맥이 지속되거나 심박수의 비정상적인 증가는 심박출량의 감소를 초래할 수 있다. 빈맥이 저혈압에 의해 발생한 경우라면 수액을 공급하고, 강심제와 같은 약물 투여를 고려해야 한다. 서맥(bradycardia)은 심장 기능 저하나 약물 부작용으로 발생할 수 있으며, 심박수 저하는 심정지나 부정맥이 나타나기 이전에 보일 수 있으므로 환자의 심박수 변화에 대한 세심한 관찰이 필요하다.

(4) 혈압(Blood Pressure)

혈압은 전신 혈액의 관류와 혈관 저항을 반영하는 주요 지표다. 정상적인 혈압은 약 이완기혈압 120 mmHg, 수축기혈압 80 mmHg이다. 수축기 혈압(systolic BP)이 90 mmHg 이하로 떨어지면 심각한 저혈압을 나타내며, 이는 즉각적인 수액 치료나 혈압 상승을 위한 약물 치료가 필요하다. 지속되는 저혈압은 각 장기에 대한 저관류(hypoperfusion) 및 기타 장기 기능 장애를 초래할 수 있다.

혈압은 주로 간접 혈압 측정법(Non-invasive blood pressure, NIBP) 또는 직접 혈압 측정법(invasive blood pressure, 동맥에 직접 센서를 삽입하여 측정)으로 측정할 수 있다.

간접 혈압 측정법은 자동 혈압 측정기나 도플러 초음파를 이용하여 혈압을 측정하는 방법이다. 이 방법은 개와 고양이 모두에게 일반적으로 사용되며, 주로 팔꿈치, 발목과 같은 부위에 커프를 감고 혈압을 측정한다. 커프를 부풀린 후, 공기를 서서히 배출시키면서 혈액이 흐르는 소리를 청진기로 듣거나, 자동 장비에서 제공하는 혈압 값을 읽는 방식이다. 비침습적이고 간편하여 환자에게 부담을 주지 않으며, 수의사나 동물보건사는 쉽게 측정할 수 있다. 또한 비용이 상대적으로 저렴해 기본적인 혈압 측정에 유용하다. 그러나 환자가 긴장하거나 불안해하는 경우, 혈압 측정값이 비정상적으로 나올 수 있어 정확도를 보장하기 어려운 측면이 있다. 동물의 체형이나 크기에 따라 커프의 크기 조절이 어려울 수 있으며, 특히 작은 동물이나 비만 동물에서는 혈압을 정확히 측정하는 데 어려움이 있을 수 있다.

간접 혈압 측정법의 한 종류인 도플러 혈압 측정법은, 도플러 초음파 기술을 활용하여 혈류의 흐름을 감지하고 이를 바탕으로 혈압을 측정하는 방법이다. 도플러 초음파를 이용하여 혈관 내 혈액이 흐를 때의 속도와 변화를 측정하며, 특히 소형 동물이나 혈압 측정이 어려운 상태의 환자에게 유용하게 사용할 수 있다. 이 방법은 수축기 혈압만 측정할 수 있다는 한계가 있지만, 고난도 장비 없이도 빠르게 혈압을 평가할 수 있다는 장점이 있다. 그러나 도플러 혈압 측정법은 기술자에 대한 의존도가 높고, 혈류가 약한 환자에게는 측정이 어려울 수 있다. 또한 이완기 혈압(diastolic pressure)과 맥박압(pulse pressure)을 확인할 수 없다는 한계가 있다. 그러므로 도플러 혈압은 정확한 혈압을 모니터링해야 하는 중환자에게는 초기 응급 처치나 상태 변화를 신속하게 파악하는 데 사용할 수 있다. 비침습적이므로 빠르게 적용할 수 있지만, 정확한 혈압을 모니터링하기 위해서는 직접 혈압 측정법으로의 전환이 필요할 수 있다.

직접 혈압 측정법은 동맥에 직접 혈압계를 삽입하여 실시간으로 혈압을 측정하는 방법이다. 이 방법은 대퇴 동맥, 정중앙 동맥 등을 이용해 카테터를 삽입하고, 실시간으로 동맥 내 압력 모니터링이 가능하다. 따라서 비교적 정확한 혈압 측정이 가능하며, 급격한 혈압 변화를 실시간으로 확인할 수 있는 장점이 있다. 이 방법은 침습적이기 때문에 수술이나 진정이 필요한 동물, 의식이 없는 환자에게만 적용 가능하며, 카테터를 삽입하는 과정에서 감염 위험이 있을 수 있어 장착 부위에 대한 소독이 중요하다. 중환자에게는 정확한 혈압 추적을 제공하는 필수적인 방법으로, 특히 급성 쇼크나 심장 질환 등의 중증 상태에서 중요한 역할을 한다. 혈압의 실시간 추적을 가능하게 하여 혈액 순환 상태를 정확히 파악할 수 있는 큰 장점이 있다. 그러나 혈압 측정을 위한 높은 숙련도가 필요하며, 침습적인 과정이기에 적용이 쉽지 않아 환자의 상태와 필요성에 따라 적절히 적용해야 한다.

(5) 산소포화도(Oxygen Saturation, SpO_2)

산소포화도는 혈액 내 산소와 헤모글로빈의 결합 비율을 나타내는 지표로, 정상 범위는 94 ~ 100 %이다. 혈액 내 산소 공급 상태를 평가함으로써 폐와 폐순환의 기능을 알 수 있다. 저산소혈증(hypoxemia)은 산소포화도가 90 % 이하일 때 발생하며, 즉각적인 산소 공급 및 호흡 관리가 필요하고 기계적 환기나 산소마스크 등을 통해 산소 치료를 시작해야 한다. 산소포화도는 동맥혈가스 분석을 통해 측정할 수 있으며, 이때 동맥혈에서의 채혈은 숙련된 기술이 필요하다. 또한 펄스옥시미터(pulse oximeter)를 통한 경피적 방법은 피부를 통해 산소포화도를 비침습적으로 측정할 수 있어 환자에게 불편을 주지 않으면서 실시간으로 모니터링할 수 있다.

(6) 호기말 이산화탄소(End-Tidal Carbon Dioxide, $ETCO_2$)

호기말 이산화탄소는 호기 가스 내 CO_2 농도를 측정하여 환자의 환기 상태를 평가하는 중요한 모니터링 지표이다. 이 값은 폐포 환기(alveolar ventilation), 이산화탄소의 대사(metabolism), 심폐순환(cardiopulmonary circulation)에 대한 정보를 제공한다. 동물 환자에서 호흡 억제 및 환기 이상을 조기에 감지하고, 이를 신속하게 교정하기 위해 $ETCO_2$ 모니터링이 필수적이다. 일반적으로 전신 마취 상태에서는 호흡 중추의 억제 및 근육 이완으로 인해 자발적 호흡이 감소하므로, 마취 안전을 위하여 $ETCO_2$를 지속적으로 감시하는 것이 중요하다. 마찬가지로 중증 환자에서도 환자의 호흡 억제 및 환기 이상에 대한 모니터링이 가능하다.

건강한 동물에서 정상적인 $ETCO_2$ 값은 일반적으로 35 ~ 45 mmHg 범위에

속한다. $ETCO_2$가 45 mmHg 이상 상승하면 저환기(hypoventilation) 상태를 의미하며, 마취제의 작용, 비만, 기도 폐쇄, 또는 호흡 근육의 약화 등이 원인일 수 있다. 반대로 35 mmHg 이하로 감소하면 과환기(hyperventilation)를 나타내며, 마취 깊이 부족, 통증 반응, 저산소증(hypoxemia), 또는 대사성 산증 보상 반응과 관련될 수 있다. 급격한 $ETCO_2$ 감소는 심폐 정지(cardiopulmonary arrest) 또는 혈류 저하로 인한 폐 관류 감소를 시사할 수 있으므로, 즉각적인 평가와 대응이 필요하다.

주류형 캡노그래피는 기도 내 튜브(endotracheal tube)에 직접 부착된 센서를 통해 실시간으로 측정하는 방식으로, 반응 속도가 빠르지만 장비의 무게와 사강(dead space) 증가가 단점이다. 반면, 부류형 캡노그래피는 기도에서 샘플을 흡입하여 외부 모니터에서 분석하는 방식으로, 가벼운 장비로 사용할 수 있지만 반응 속도가 상대적으로 느리고 튜브 내 분비물로 인해 막힐 위험이 있다.

캡노그래피에서 생성되는 $ETCO_2$ 파형은 호흡 주기의 변화를 실시간으로 나타낸다. 정상적인 파형은 점진적인 CO_2 상승(기울어진 상승선, 상승기), 호기 정점(plateau), 급격한 CO_2 감소(하강기)의 세 단계로 구분된다. 기도 폐쇄(airway obstruction)나 기관지 경련(bronchospasm)이 발생하면 'shark fin' 모양의 파형이 나타나며, 기관 내 튜브의 누출(leak)이 있으면 하강기의 경사가 비정상적으로 완만해진다. $ETCO_2$ 파형의 급격한 소실은 튜브 이탈, 마취기 분리, 심폐 정지를 의미할 수 있으므로 즉각적인 확인이 필요하다.

저환기(hypoventilation)가 발생하면 산소 공급을 증가시키고 필요시 인공호흡(positive pressure ventilation, PPV)을 적용해야 한다. 이처럼 $ETCO_2$ 모니터링은 중증 환자에서 환기 보조 여부 결정 등에 활용된다.

(7) 동맥혈가스(Arterial Blood Gas, ABG) 분석

동맥혈액가스 분석은 동물의 응급 상황에서 매우 중요한 진단 도구로, 쇼크와 같은 급성 상태에서 신속하고 정확한 상태 평가를 돕는다. ABG 분석은 동맥혈 내 산소 농도(Partial Pressure of Oxygen, PaO_2), 이산화탄소 농도(Partial Pressure of Carbon Dioxide, $PaCO_2$), pH, 산소포화도(SpO_2) 등을 측정하여, 호흡기와 순환기 기능을 정밀하게 모니터링할 수 있게 한다. 특히 산소와 이산화탄소의 균형을 평가함으로써 산소 공급의 부족과 이산화탄소 제거 기능에 대한 중요한 정보를 제공한다. 중증 환자에서는 저산소혈증(hypoxemia)이나 과호흡증(hyperventilation) 등으로 인해 혈액 내 산소와 이산화탄소 농도가 급격히 변할 수 있기 때문에 ABG 분석을 통해 적절한 산소 공급과 호흡 관리, 약물 투여 여부를 판단할 수 있다.

ABG의 해석은 동물 환자의 치료 방향 설정에 중요한 역할을 한다. pH는 체내 산-염기 균형을 나타내며, pH가 7.35 이하로 떨어지면 산증(acidosis), pH 7.45 이상으로 상승하면 알칼리증(alkalosis)을 의미한다. PaO_2는 산소가 동맥혈에 얼마나 잘 결합되어 있는지를 보여 주며, 정상 범위는 80~100 mmHg로, 값이 낮을 경우 저산소혈증을 의심할 수 있다. $PaCO_2$는 이산화탄소가 동맥혈에 얼마나 많이 있는지를 나타내며, 과도하게 높을 경우 호흡성 산증(respiratory acidosis)을 의미할 수 있다. ABG 분석은 이를 통해 쇼크 환자의 산소화 상태를 파악하고, 산소 공급, 호흡 관리 및 수액 요법 등 치료의 우선순위를 결정하는 정보를 제공한다.

〈표 4-2〉 혈액가스 분석 정상 수치

Sample	pH	PCO_2(mm Hg)	HCO_3^-(mm Hg)	PO_2(mm Hg)
Dog venous	7.35~7.45	40~50	20~24	30~42
Dog arterial	7.35~7.45	35~45	20~24	90~100
Cat venous	7.3~7.38	41.8~50.8	19.4~23.4	38.6~49.6
Cat arterial	7.34~7.44	33.6~40.6	17.5~20.5	102.9~117.9

(8) 혈당(Blood Glucose)

혈당은 대사 상태를 평가하는 중요 지표로, 쇼크 환자에서는 고혈당이나 저혈당이 발생할 수 있다. 고혈당(hyeprglycemia)은 스트레스 반응이나 인슐린 분비 부족과 관련이 있으며, 저혈당(hyperglycemia)은 수액 치료 후 인슐린의 과도한 투여나 영양 상태의 부족, 패혈증 등을 의미할 수 있다. 혈당이 비정상적으로 높거나 낮으면 즉각적인 치료가 필요하며, 적절한 인슐린 조절, 포도당 투여, 스테로이드 약물 조절 등이 요구될 수 있다. 혈당 측정은 일반적인 혈청화학분석을 통해서 측정이 가능하나 혈당계(glucometer)를 통해 간편하게 측정할 수 있다.

(9) 젖산(lactate)

젖산은 세포가 산소 부족 상태에서 대사 활동을 할 때 생성되는 물질로, 젖산 농도는 조직의 산소 공급 상태를 간접적으로 나타낸다. 젖산 측정은 중증 환자에서 조직의 산소 공급 상태를 평가하는 중요한 지표로 사용된다. 젖산은 체내에서 산소 공급이 부족한 경우, 즉 세포들이 산소가 부족할 때 무산소 대사로 에너지를 생성할 때 생성되는 물질이다. 정상적인 상태에서는 산소가 충분히 공급되어야 세포가 호흡을 통해 에너지를 생성하지만, 저산소증이 발생하면 세포는 산소 없이 에너지를 생산하려고 하며, 그 결과 젖산이 생성된다. 따라서 젖산 농도는 체내 산소 부족을 반영하며, 높은 젖산 농도는 조직에 충분한 산소가 공급되지 않고 있다는 신호로 해석될 수 있다.

젖산 농도를 측정하는 방법은 혈액 샘플을 이용한 분석이 일반적이다. 일반적으로 중증 환자의 혈액에서 젖산 농도를 측정하는 것은 조직의 산소화 상태를 빠르고 정확하게 확인하는 데 도움이 된다. 젖산 농도가 2 mmol/L 이상일 경우, 산소 공급이 부족하거나, 장기들의 혈류가 충분하지 않다는 지표가 될 수 있으며, 4 mmol/L 이상의 값은 급격한 조직 손상과 기능 저하가 일어나고 있다는 의미일 수 있다. 따라서 젖산 농도는 중환자의 치료 방향을 결정하는 데 중요한 역할을 한다.

젖산 측정 시에는 측정 장비의 정확도와 검사 후 해석에 주의해야 한다. 다양한 요소가 젖산 농도에 영향을 미칠 수 있기 때문에 단기적인 변화보다는 추세를 파악하는 것이 중요하다. 또한 젖산 농도의 증가가 반드시 산소 부족만을 의미하는 것은 아니며, 체내의 다른 대사적 요인이나 상태에 의해 영향을 받을 수 있음을 인지해야 한다. 예를 들어 심한 운동 후에도 젖산 농도가 일시적으로 증가할 수 있으므로, 젖산 측정 결과를 해석할 때는 환자의 전반적인 상태와 다른 지표들과 함께 고려해야 한다.

〈표 4-3〉 젖산 농도의 범위

젖산 농도	개	고양이
정상 수치	2.5 mmol/L 이하	1.5 mmol/L 이하
경미한 증가	3～5 mmol/L	
보통 증가	5～10 mmol/L	
심한 증가	10 mmol/L 이상	

(10) 배뇨량

배뇨량과 비중은 중환자 치료에서 중요한 모니터링 항목이다. 배뇨량은 신장 기능과 신관류(renal perfusion)를 평가하는 중요한 지표로, 신장의 혈류량을 파악할 수 있는 방법 중 하나다. 신장이 적절히 기능하지 않거나 수액 소생(fluid resuscitation)이 부족한 경우 배뇨량이 감소할 수 있다. 정상적인 배뇨량은 시간당 1 ~ 2 ml/kg으로, 중증 환자의 경우 이를 기준으로 신장 기능을 지속적으로 평가해야 한다. 배뇨량을 측정하는 방법에는 자연 배출된 소변이나 케이지 바닥에 있는 소변을 측정하는 방법, 요도 카테터를 장착한 후 소변백(urinary bag)을 사용하는 방법, 또는 수건이나 기타 흡수 도구를 이용해 배뇨량을 측정하는 방법이 있다. 이러한 방법을 통해 배뇨량을 정확히 측정함으로써 중환자의 신장 상태와 수액 소생의 효과를 평가할 수 있다.

(11) 뇨비중

비중은 배뇨의 농도를 측정하는 방법으로, 중환자의 수분 균형을 평가하는 데 유용하다. 비중이 지나치게 낮거나 높을 경우, 이는 탈수 상태 또는 과도한 수액 축적을 의미한다. 정상적인 비중 수치는 1.030 g/dl에서 1.035 g/dl 사이로, 중환자의 상태에 따라 비중이 변동할 수 있다. 이 값을 기준으로 중환자의 수분 상태를 모니터링하고, 치료 계획을 세울 때 참고할 수 있다. 배뇨량과 비중 측정은 신장 기능과 관련된 문제를 조기에 발견하고, 적절한 치료와 수액 관리가 이루어지도록 돕는 중요한 도구로 활용된다.

3) 환자 감시 모니터링을 위한 장비

중증 환자 감시 모니터링기(patient monitoring device)는 중환자실(ICU) 및 마취 중 환자의 생리적 변화를 실시간으로 감지하고 평가하는 필수 장비이다. 동물 의료 환경에서는 환자의 상태를 지속적으로 확인하여 빠른 임상적 결정을 내릴 수 있도록 다양한 모니터링 기기가 사용된다. 아래에서는 동물 의료에서 활용되는 환자 감시 모니터링기의 개념, 주요 검사 항목 및 사용 방법에 대해 설명하고자 한다.

(1) 중증 환자 감시 모니터링기(patient moniotring device)의 역할

환자 감시 모니터링기는 동물 환자의 생체 신호를 지속적으로 측정하고, 이상 징후를 조기에 감지하여 즉각적인 대응이 가능하도록 돕는다. 일반적으로 동물 의료에서 사용되는 모니터링기는 다음과 같은 기능을 수행한다.

- 심박수 및 심전도(Electrocardiography, ECG) 측정
- 호기말 이산화탄소(End-Tidal CO_2, $ETCO_2$) 모니터링
- 산소포화도(Pulse Oximetry, SpO_2) 측정
- 비침습적 혈압 측정
- 체온 및 호흡수 모니터링

(2) 환자 감시 모니터링기의 사용 방법

모니터링 기기의 전원을 켜고 환자의 상태에 따라 적절한 센서를 선택하여 다음과 같이 부착한다. 각 측정 항목에 따른 센서를 연결하고 모니터링기에 적절하게 표시되는지 관찰한다. 만약 모니터링기에 나타나지 않는다면 센서의 연결성 및 각 환자의 부착 부위를 다시 확인해야 한다. 호흡수 측정은 ECG 기반 임피던스 호흡 측정으로 이루어지며, 호기말 이산화탄소($ETCO_2$) 측정, 산소포화도(SpO_2) 데이터를 함께 참고하여 호흡수가 측정되므로 별도의 부착 센서가 없다.

❶ ECG 전극 연결

ECG 전극을 환자의 피부에 부착하는데, 일반적으로 3-Lead 또는 5-Lead 방식이 사용되며, 개나 고양이의 가슴과 사지에 전극을 부착하여 측정한다. 3-Lead의 전극 부착 위치는 좌측 전지, 우측 전지, 좌측 후지(대퇴부 근처)에 전극을 부착한다. 5-Lead인 경우 좌측 전지, 우측 전지, 좌측 후지, 우측 후지, 심첨부(heart apex)에 전극을 부착한다. 전극을 부착하기 전 알코올 또는 ECG 젤을 사용하여 접촉 저항을 줄이는 것이 중요하다.

❷ 혈압 커프 연결

혈압 커프를 적절한 크기(커프의 세로 길이가 측정 부위의 40 %)를 선택하여 사지 또는 꼬리에 부착한다. 혈압을 측정하려면 커프가 연결된 상태에서 모니터링기의 혈압 측정 버튼을 누르면 커프가 부풀면서 측정된 혈압값이 화면에 표시된다.

❸ 산소포화도(SpO_2) 센서 연결

산소포화도 센서를 혈류가 원활하고 털이 적은 부위(혀, 귀 안쪽, 발가락 사이, 배 안쪽 피부 등)에 장착한다.

❹ 호기말 이산화탄소 센서 연결

호기말 이산화탄소 센서는 의식이 없는 중증 환자에서는 기도 삽관 이후 기도 내 튜브에 연결하는 주류형 캡노그라피(mainstream capnography) 측정 방식을 주로 이용하나, 기도 삽관이 어려운 환자에서는 비강 캐뉼라, 마스크 등에 연결하는 부류형 캡노그라피(sidestream capnography)를 선택하여 연결한다.

2. 중증 환자 관리 기록지의 작성

1) 중증 환자 기록지

중증 환자를 관리하기 위한 기록지는 환자의 생리적 지표 변화, 치료 과정, 반응 및 예후를 종합적으로 기록하는 문서로, 수의사가 임상적으로 판단하고 의사 결정을 하는 데 핵심적인 역할을 한다. 이 기록지는 환자의 심박수, 혈압, 호흡수, 체온, 산소포화도(SpO_2), 혈당, 중심정맥압(CVP) 등의 주요 생리적 지표를 체계적으로 수집하여 치료 반응과 상태 변화를 명확하게 평가할 수 있도록 한다. 또한 환자에게 투여된 약물의 종류, 용량, 투여 경로 및 시간, 그리고 이에 대한 반응 및 이상 반응을 세밀하게 기록함으로써, 치료의 효과를 정량적으로 분석하고 불필요한 약물 사용을 방지할 수 있다. 중환자실에서의 환자 관리에서는 급격한 상태 변화가 발생할 수 있으며, 이를 실시간으로 문서화하는 것은 치료의 연속성을 유지하고 의료진 간의 협업을 원활하게 하는 데 필수적이다.

중환자 관리 기록의 또 다른 핵심 요소는 치료 및 간호 관리 내역과 환자 상태 변화 기록이다. 산소 공급, 수액 요법, 심장 모니터링, 기계 환기 등의 치료 조치는 환자의 생리적 반응과 함께 평가되어야 하며, 이를 통해 치료 전략을 수정하거나 보완할 수 있다. 예를 들어 혈압이 90/60 mmHg 이하로 감소하는 경우 수액 요법과 혈압 상승제를 적용하고, 이후 혈압의 회복 여부를 기록함으로써 치료 효과를 평가할 수 있다. 또한 상태 변화의 이유를 분석하고, 응급 대응이 이루어진 후 환자의 반응을 문서화함으로써, 의료진이 향후 발생할 수 있는 유사한 상황에서 보다 신속하고 적절한 조치를 취할 수 있도록 한다. 특히 심정지, 패혈증, 급성 출혈과 같은 응급 상황에서 이루어진 의료적 개입은 상세한 기록이 필수이며, 이 기록이 환자의 예후 및 장기적인 치료 계획 수립에 중요한 근거 자료로 활용된다.

의료진 간 상담 내용 및 중환자 관리 종료 후 후속 조치도 기록의 중요한 부분을 차지한다. 환자의 상태 변화에 따라 의료진 간 논의된 내용, 담당 의사의 소견, 추가적인 검사가 필요한 경우의 계획 등을 포함하여 향후 치료 방향을 결정할 수 있도록 한다. 중환자 치료가 종료되면 일반 병실로의 전환, 퇴원 후 경과 관찰 계획, 필요시 재입원 가능성 등을 문서화하여 지속적인 치료 관리가 이루어지도록 한다. 정확한 기록을 바탕으로 환자의 상태를 면밀히 분석하고 체계적인 치료 계획을 수립함으로써, 의료진은 보다 효과적인 환자 관리와 최적의 치료 결과를 도출할 수 있다. 중환자 관리 기록지는 단순한 문서가 아니라, 환자의 생명을 보호하고 의료의 질을 향상시키는 필수 도구이다.

Maxx Woodward 138480 Cage # 16

		Frequency	Change	Parameter	SO	11:00	12:00	13:00	14:00	15:00	16:00	17:00	18:00	19:00	20:00	21:00	22:00	23:00	0:00	1:00	2:00	3:00	4:00	5:00	6:00	7:00	8:00	9:00	10:00
	VITALS	q 6		Temperature, Celsius	1																								
		q 6		Pulse (Good-Fair-Poor)	2																								
		q 1		Respiration (Eupnea-Dyspnea-Hyperpnea-Shallow)	3																								
		q 6		Muc. Memb and Perf. T. (Pink-pAle-White-Cyanotic - T sec)	4																								
		q 6		Attitude (Alert-Depressed-Stuporous-Comatose)	5																								
		q 6		Pain Score	6																								
	MONITORING	q24 7 AM		Weigh, ideally after Maxx urinates.																									
		q 1		ECG Monitoring	8																								
		q 6		Indirect Arterial BP: Use the oscillometric (MAP +/- S & D) device with a #5 cuff placed on the right antebrachium.	9																								
		q 1		Dyspnea Watch	12																								
		q 6		Turn/Rotate Position - see special orders	14																								
		q 6																											
		q 1		Nasal Oxygen 4 l/m. Check hourly and initial.																									
		q 8		Urine Output	16																								
		q 1		Other Fluid Losses	17																								
The maintenance fluid rate for Maxx ranges from 38 (for quiet/sick patients) to 70 (for active/healthy patients).	FLUID ml/hr	38		0.45% NaCl+ an additional 118 mEq/liter KCl (This yields a TOTAL KCL of 4.5 mEq/hour [fluid base K + all added KCl]).																									
	TREATMENTS																												
		q 8		Ondansteron 6 mg IV.																									
		q 12		Famotidine 30 mg IV.																									
		q 8		Unasyn 900 mg IV.																									
		q24 7 PM		Baytril 300 mg IV.																									
		q24 7 PM		Pantoprazole 30 mg IV.																									
		q 6		Nebulize/Coupage .																									
		q24 7 PM		Cerenia Day2 30 mg SQ.																									
		q 6		Buprenorphine 0.3 mg IV.																									
		q 12		Pimobendan 7.5 mg PO.																									
		q 6		Catheter flush & care: . Flush unused catheters, inspect the catheter site, and palpate vein. RECORD any abnormalities observed.																									
		q 6		Cart Outside																									
	☑	q 6		Review flow sheet and initial to certify accuracy of orders																									
The basal energy requirement for Maxx is 970 kcal/day	DIET	ad lib		Water: Make sure water is available at highlighted hours.																									
		none		Food:																									
		none		Appetite (Good-Fair-Poor-None)																									
	LAB DATA	q24 7 AM		PCV																									
		q24 7 AM		TS																									
		q24 7 AM		Glucose																									
		q24 7 AM		BUN																									
		Highlight by hand		Other: blood cultures 11a and 12p	22																								
				Comments: Number Chronologically & write comments on back																									

[그림 4-1] 24시간 중증 환자 기록지의 예시 1

출처: Care of the Critically Ill: Initial Exam and Patient Monitoring Bernie Hansen DVM MS DACVECC DACVIM (Int. Med) North Carolina State University College of Veterinary Medicine Raleigh, NC

Date:	Patient's name:	Clinician and ext:	Reason for stay:

	09:00	10:00	11:00	12:00	13:00	14:00	15:00	16:00	17:00	18:00	19:00	20:00	21:00	22:00	23:00	00:00	01:00	02:00	03:00	04:00	05:00	06:00	07:00	08:00	TOTALS
Attitude																									
Temp <>																									
Pulse rate (pulse quality)/heart rate <>																									
Respiration rate (and character if nec) <>																									
MM colour																									
CRT																									
SpO2 <>																									
Blood Pressure Systolic																									
Mean																									
Diastolic																									
Pain score >																									
Posture																									

Urine output:	09:00	10:00	11:00	12:00	13:00	14:00	15:00	16:00	17:00	18:00	19:00	20:00	21:00	22:00	23:00	00:00	01:00	02:00	03:00	04:00	05:00	06:00	07:00	08:00	TOTALS
Amount (ml) or ++++++																									
Colour																									
Faeces: amount or ++++++																									
character- firm, soft, D+																									
Vomiting- V/Regurgitation- R																									
Amount or ++++++																									
Character-																									
Diet to offer and route:																									
BER/amount requirement:																									
Diet offered																									
Amount offered/syringed																									
Amount eaten %																									
Water- ad lib, offer, record amount drank																									

Fluids/CRI's/Blood products	ml/hr	09:00	10:00	11:00	12:00	13:00	14:00	15:00	16:00	17:00	18:00	19:00	20:00	21:00	22:00	23:00	00:00	01:00	02:00	03:00	04:00	05:00	06:00	07:00	08:00

I/V catheter- check and flush if nec			
1- Site and date placed:	2- Site and date placed:	3- Site and date placed:	4- Site and date placed:
Oxygen- mask, nasal prongs, nasal catheter			

Medications	Dose	Route	Freq	Vol	09:00	10:00	11:00	12:00	13:00	14:00	15:00	16:00	17:00	18:00	19:00	20:00	21:00	22:00	23:00	00:00	01:00	02:00	03:00	04:00	05:00	06:00	07:00	08:00

Other requests	09:00	10:00	11:00	12:00	13:00	14:00	15:00	16:00	17:00	18:00	19:00	20:00	21:00	22:00	23:00	00:00	01:00	02:00	03:00	04:00	05:00	06:00	07:00	08:00
Take blood sample for-																								
Weigh daily																								

정확한 활력 징후 기록은 환자의 상태 악화를 감지하는 데 크게 기여할 수 있다.

[그림 4-2] 24시간 중증 환자 기록지 예시 2

출처: Kathryn Latimer-Jones How to detect the subtle changes of early deterioration The Veterinary Nurse | September 2020, Volume 11 No 7

2) 의사소통과 조치 단계

동물보건사는 환자의 상태를 평가하고 이를 정확하게 기록하는 역할뿐만 아니라, 바이탈(Vital)의 변화 양상을 면밀하게 관찰하여 필요한 정보를 수의사에게 신속하게 알려야 한다. 체온, 맥박, 호흡수 등의 생리적 지표는 단순한 기록이 아니라, 환자의 상태 악화를 조기에 감지하는 중요한 자료가 된다. 따라서 환자 평가가 완료된 후, 해당 수치는 정상 범위와 비교하여 해석되어야 하며, 이상 변화나 증상이 감지되었을 경우 즉시 수의사에게 보고할 수 있어야 한다. 이를 위해 동물보건사는 정상적인 생리적 범위와 병리적 변화에 대한 충분한 지식을 갖추고 있어야 하며, 특정 지표가 위험 수준에 도달했을 때 대응할 수 있는 방법에 대해서도 미리 숙지가 필요하다.

환자의 상태 변화가 즉각적인 개입이 필요하지 않은 경우라도, 의사소통을 위하여 24시간 중증 환자 기록지(daily hospitalisation chart)에 체계적으로 정리하여 의료진이 신속하게 정보를 확인할 수 있도록 해야 한다. 이를 통해 수의사와 동물보건사 간의 원활한 협력이 가능하며, 환자의 경과를 지속적으로 추적하여 장기적인 치료 방향을 결정하는 데 도움이 된다. 또한 환자의 활력 징후 변화뿐만 아니라, 약물 투여 반응, 수액 요법 진행 상황, 행동 변화 등의 추가적인 정보도 상세히 기록하여 전반적인 치료 계획에 반영해야 한다. 정확한 기록과 체계적인 의사소통은 환자의 상태를 면밀히 관리하고, 치료의 연속성을 유지하는 데 필수적인 요소이다.

3. 중환자 변화 감지 및 대응

중환자 관리에서 환자의 생리적 변화는 치료 방향을 결정하는 중요한 요소이며, 급격한 상태 변화는 치명적인 결과를 초래할 수 있다. 따라서 실시간 모니터링을 통해 변화를 조기에 감지하고 신속한 개입이 이루어져야 한다. 생체 신호 중 심박수, 호흡수, 혈압, 산소포화도, 중심정맥압 등은 환자의 상태를 반영하는 중요한 지표이며, 이들이 정상 범위를 벗어날 경우 응급 대응이 요구된다. 예를 들어 심박수가 120 bpm 이상 또는 50 bpm 이하로 변화할 경우, 심장 기능 이상이나 순환 부전의 가능성을 의심해야 하며, 산소포화도(SpO_2)가 90 % 이하로 감소할 경우 저산소증을 시사하므로 즉각적인 산소 공급이 필요하다. 또한 혈압이 90/60 mmHg 이하로 감소하면 쇼크 상태를 의심하고 수액 치료 및 혈압 상승제를 고려해야 한다. 이러한 생리적 변화는 개별 지표만이 아니라 다각적인 모니터링을 통해 종합적으로 평가해야 하며, 이를 바탕으로 환자의 예후를 개선할 수 있는 조치가 이루어져야 한다.

응급 상황에서의 신속한 대응은 환자의 생존율을 크게 좌우한다. 심정지 발생 시 심폐소생술(CPR)과 자동 심장 제세동기(AED)를 통한 즉각적인 개입이 필요하며, 심박수 및 혈압 이상이 감지될 경우 도파민, 에피네프린 등의 약물 투여를 고려해야 한다. 호흡 부전이 발생한 경우 비강 캐뉼라 또는 기계적 환기를 통해 산소 공급을 보조하며, 패혈증이나 출혈성 쇼크와 같은 전신적 이상이 동반될 경우 항생제 투여 및 수액 요법을 병행하여 혈역학적 안정을 유지해야 한다. 환자의 생리적 변화를 신속하게 감지하기 위해서는 심박수 및 호흡수 측정), 캡노그래피($ETCO_2$), 산소포화도(SpO_2) 및 연속 혈압 모니터링 등의 다중 모니터링 기법이 필요하며, 특정 지표만을 의존하는 것이 아니라 전체적인 상태를 종합적으로 해석하는 것이 중요하다.

응급 대응 후에는 지속적인 모니터링을 통해 치료 전략을 수정하고 환자의 회복 과정을 관리해야 한다. 환자의 상태가 일정 수준 안정화되면 약물 용량을 조정하거나 치료 계획을 재설정하여 장기적인 치료 목표를 설정해야 한다. 또한 응급 상황에서 벗어난 환자의 경우에도 심장 기능, 혈압, 호흡 상태를 지속적으로 평가하며 합병증 발생 여부를 관찰해야 한다. 변화 감지와 즉각적인 대응이 성공적으로 이루어졌을 경우에도, 환자의 상태가 완전히 회복될 때까지 정기적인 검사 및 추가적인 치료 계획이 필요하다. 이를 통해 급성 위기를 넘긴 후에도 장기적인 안정성을 유지하고, 최적의 치료 결과를 도출할 수 있다.

제 5 장

혈액형 및 수혈 요법

학·습·목·표

* 개와 고양이 수혈의 적응증 및 금기증에 대해 알아본다.
* 혈액의 성분과 각 성분의 수혈 시 사용 목적에 대해 알아본다.
* 수혈 전 혈액형 및 교차 시험의 중요성에 대해서 알아본다.
* 수혈 시 발생할 수 있는 부작용과 대처법에 대해 알아본다.
* 수혈 후 환자 모니터링 및 추적 관리에 대해 알아본다.

1. 수혈의 적응증과 금기증

개와 고양이에서의 수혈은 빈혈, 외상, 수술 또는 혈액 성분에 영향을 미치는 특정 질병을 포함한 다양한 상태를 치료하는 데 사용되는 중요한 의료 절차이다. 수혈은 생명을 구할 수 있지만 잠재적 위험이 있으므로 주의해서 수행해야 한다. 개와 고양이 수혈의 적응증과 금기 사항을 이해하는 것은 수의사가 정보에 입각한 치료 결정을 내리는 데 필수이며, 수혈 치료 보조 시에 동물보건사가 꼭 알아야 할 사항이다.

1) 수혈에 대한 적응증

(1) 심각한 빈혈

수혈이 필요한 흔한 징후 중 하나는 심각한 빈혈이다. 빈혈은 특정 질병에 대한 진단이 아니라, 임상 증상 및 실험실 결과에 대한 결과값이다. 빈혈은 순환 적혈구 용적(red cell mass)의 감소로 인한 혈액의 산소 운반 능력 결핍을 말하며, 총적혈구 용적 측정은 전문 장비가 필요하다. PCV(packed cell volume), HCT(red blood cell, hematocrit), Hb(헤모글로빈, hemoglobin), RBC 수 측정은 혈액 내 적혈구 함량을 평가하는 데 필수인 검사 항목이다. 빈혈은 혈액 손실(급성 및 만성 출혈), 용혈(적혈구 파괴), 적혈구 생성 감소(골수 기능 장애 및 영양 결핍)로 인해 발생할 수 있다. 빈혈은 저산소증(조직에 산소 공급 부족)을 유발할 수 있으며, 치료하지 않으면 장기의 기능 장애를 일으킬 수 있다. 빈혈 시 개와 고양이에서 나타나는 임상 증상은 창백 혹은 황달성 점막, 운동불내성, 전체적인 활동성 저하 등이 있다. HCT 수치가 20 % 미만으로 떨어지면 수혈이 필요한 경우가 많지만, 이 임계값은 개의 임상 상태에 따라 달라질 수 있다. 예를 들어 그레이하운드 종은 빈혈이 있어도 HCT가 정상으로 나타날 수 있다.

(2) 외상 및 혈액 손실

사고, 수술 또는 부상 등 심각한 외상을 입은 개는 급성 혈액 손실을 보일 수 있다. 이러한 경우 수혈은 혈액량과 산소 운반 능력을 회복시켜 쇼크를 예방하고 개의 상태를 안정시키는 데 도움이 된다.

〈표 5-1〉 빈혈의 임상 증상 발현

History
1. 종(예: 선천성 효소 부족, 핏불의 바베시아증)
2. 가족력
3. 운동불내성, 실신 경험
4. 창백, 황달
5. 국소적 또는 전신적 출혈
6. 고양이 백혈병 바이러스(FeLV) 또는 면역 결핍 바이러스(FIV) 감염
7. 매개체 감염 질병(예: 엘리히증, 아나플라즈마증, 바베시아증)
8. 영양실조, 흡수 불량

9. 만성 염증, 종양
10. 여행 경력

신체검사
1. 창백, 황달, 점상 출혈, 반상 출혈
2. 림프절증
3. 간종대, 비장종대
4. 빈맥, 심잡음, 심종대, 좌심비대
5. 분변 내 잠혈
6. 혈 내, 빌리루빈뇨

출처: Richard Nelson & C. Guillermo Couto (2015). Nelson 소동물 내과학. p.1281.

(3) 응고 장애

폰빌레브란트병(vWD), 혈우병 또는 파종성 혈관내 응고(DIC)와 같은 응고 장애가 있는 개에게 수혈이 필요할 수 있다. 이러한 질환은 혈전을 효과적으로 형성할 수 없게 하여 출혈이 길어지기 때문에 응고 인자를 회복하기 위해 혈장을 포함한 혈액 제제가 필요하다.

❶ 폰빌레브란트병(von Willebrand's disease, vWD)

폰빌레브란트병은 개에게 가장 흔한 유전성 출혈 질환으로, 이는 정상적인 혈액 응고에 필수 단백질인 폰빌레브란트 인자(vWF)의 결핍 또는 기능 장애로 인해 발생한다. 혈관이 손상되면 vWF는 혈소판이 손상된 혈관 벽에 부착되는 것을 촉진하여 혈전 형성을 시작하는데, 이 단백질(vWF)이 결핍되면 출혈이 장기간 지속될 수 있다. vWD는 상염색체 유전 질환으로, 부모 양쪽 모두로부터 유전될 수 있다. vWD에는 세 가지 유형이 있다.

- 유형 1: 가장 일반적인 형태로, vWF의 부분적인 정량적 결핍이 특징이다. 이 유형은 일반적으로 도베르만 핀셔, 셔틀랜드 쉽독, 스탠더드 푸들과 같은 품종에서 볼 수 있다.

- 유형 2: vWF의 질적 결함으로 인해 발생하는 이 유형은 덜 일반적이지만 더 심각하다. 저먼 쇼트헤어드 포인터와 같은 품종에서 볼 수 있다.
- 유형 3: vWF가 거의 없는 가장 심각한 형태로, 드물지만 스코티시 테리어나 셔틀랜드 쉽독과 같은 품종에서 발생한다.

vWD를 앓고 있는 개는 질병의 중증도와 유형에 따라 다양한 임상 증상을 나타낼 수 있으며, 증상으로 수술 · 외상 후 과도한 출혈, 자발적인 코피, 잇몸 출혈, 혈뇨 또는 흑색변, 암컷의 장기간 발정 또는 산후 출혈이 있을 수 있다.

진단은 임상 증상, 품종 소인을 기반으로 하며, 일반적인 방법으로는 협측 점막 출혈 시간(Buccal Mucosal Bleeding Time, BMBT: 잇몸에 작은 절개를 한 후 출혈이 멈출 때까지 걸리는 시간을 측정), vWF 항원 분석, 유전자 테스트, 응고 테스트 등으로 한다.

치료는 출혈 심각도에 따라 달라지며, 가벼운 경우에는 최소한의 처치를, 심각한 경우에는 보다 적극적인 관리가 필요하다. 경미한 1형 사례에서 데스모프레신(1-deamino-8-D-arginine vasopressin, DDAVP)은 저장된 vWF의 방출을 자극할 수 있으며, 출혈이 심한 경우 신선 동결 혈장(fresh frozen plasma, FFP) 또는 전혈(whole blood, WB)이 출혈 관리에 사용된다.

vWD의 예후는 유형과 관리 방법에 따라 다르다. 제1형 vWD를 앓고 있는 개는 적절한 관리로 정상적인 삶을 살 수 있는 경우가 많지만, 제2형이나 제3형 vWD를 앓고 있는 개는 심각한 출혈 위험으로 인해 생명이 위험할 수 있다.

❷ 혈우병(hemophilias)

혈우병은 혈전 형성에 필수 단백질인 특정 응고 인자의 결핍으로 인해 발생하는 유전성 출혈 장애이다. 영향을 받은 개는 경미한 부상이나 수술 시에 심각한 출혈을 일으킬 수 있으며, 이 상태는 장기간 또는 자연 출혈로 이어질 수 있다. 혈우병은 X 염색체를 통해 유전되는 X-연관 열성 질환이므로, 주로 수컷 개에게 영향을 미치는 반면, 암컷은 일반적으로 임상 징후가 없는 보균자이다. 즉, 수컷(X 염색체가 하나만 있음)은 결함이 있는 유전자를 물려받은 경우 영향을 받는 반면, 암컷(X 염색체가 2개 있음)이 영향을 받으려면 두 부모로부터 유전자를 물려받아야 한다.

개의 혈우병은 결핍된 응고 인자에 따라 분류된다. 혈우병 A는 제VIII인자 결핍으로 인해 발생하며, 개에서 가장 흔한 유형의 혈우병이다. 혈우병 B는 제IX인자 결핍으로 인해 발생하며, 흔한 유형은 아니지만 증상이 심각하다. 혈우병 A는 저먼 셰퍼드, 골든 리트리버, 복서 등이, 혈우병 B는 래브라도 리트리버 등이 걸리기 쉽다고 알려져 있으나 모든 품종에서 발생할 수 있다.

증상은 응고 인자 결핍의 심각도에 따라 달라질 수 있으며, 경미한 상처, 수술 또는 외상 후 지속적인 출혈, 자연적으로 멍이 들거나 혈종(피부 아래 응고된 혈액 부위가 부어오르는 현상), 코피, 관절 출혈로 인한 파행(관절증), 내부 출혈로 인한 허약 또는 무기력, 혈뇨 또는 흑색변, 심한 경우 생명을 위협하는 출혈이 발생할 수 있으며, 특히 가슴이나 복부에 출혈이 발생할 수 있다.

혈우병은 임상 증상, 품종 소인 및 활성화된 부분 트롬보플라스틴 시간(Activated partial thromboplastin time, APTT) 및 프로트롬빈 시간(Prothrombin time, PT)실험실 테스트 및 인자 VIII(혈우병 A의 경우) 또는 인자 IX(혈우병 B의 경우) 수준을 조합하여 진단한다.

혈우병에 대한 치료법은 없지만 질환이 있는 개는 신선 동결 혈장(fresh frozen plasma, FFP) 또는 전혈(whole blood, WB)이 출혈 관리에 사용된다.

❸ 파종성 혈관내 응고(disseminated intravascular coagulation, DIC)

파종성 혈관내 응고는 비정상적인 응고와 출혈이 동시에 발생하는 생명을 위협하는 상태로, 종양, 패혈증, 감염, 외상, 췌장염 또는 열사병과 같은 질병 상태로 인한 응고의 전신 활성화로 인해 발생한다. 혈관 내피 손상, 염증 인자 방출은 응고 촉진을 유발하며 과도한 트롬빈 생성을 포함하여 광범위한 미세혈전증을 일으키고 혈소판 및 응고 인자의 소비를 초래하여 2차 출혈을 초래한다. 이러한 과정이 지속되면 허혈과 출혈로 인한 다발성 장기 부전(multiple organ failure, MOF)이 발생한다. 진단은 임상 징후(예: 점상 출혈, 점막 출혈), 혈소판 감소증, PT/APTT 연장, D-dimer 증가, 분열 적혈구증, 저섬유소원혈증을 토대로 이루어진다. DIC로 진단된 개에서의 치료는 원인 제거가 우선되어야 한다. 원인의 제거 후에는 응고 인자, 수액을 대체하기 위한 신선 냉동 혈장(fresh frozen plasma, FFP)과 같은 지지 요법, 과응고 단계에서 항응고제(예: 헤파린)의 신중한 사용 등이 있다. DIC가 발생한 개의 예후는 불량하며, 심각한 장기 손상으로 악화된다. 조기 발견과 적극적인 관리가 결과 개선의 핵심이다.

〈표 5-2〉 지혈계의 비정상 소견

비정상 소견	개(%)	고양이(%)
혈소판 감소증	90	57
aTT 지연	88	100
분열 적혈구증	76	67
FDP 양성	64	24
OSPT 지연	42	71
저섬유소원혈증	14	5

※ 오하이오주립대학교 수의대 동물병원에서 DIC가 있는 50마리의 개와 21마리의 고양이를 평가한 결과임

aTT, 활성화 부분 트롬보플라스틴 시간; *FDP*, 섬유소 분해산물; *OSPT*, 1단계 프로트롬빈 시간

출처: Richard Nelson & C. Guillermo Couto (2015). Nelson 소동물 내과학. p.1344.

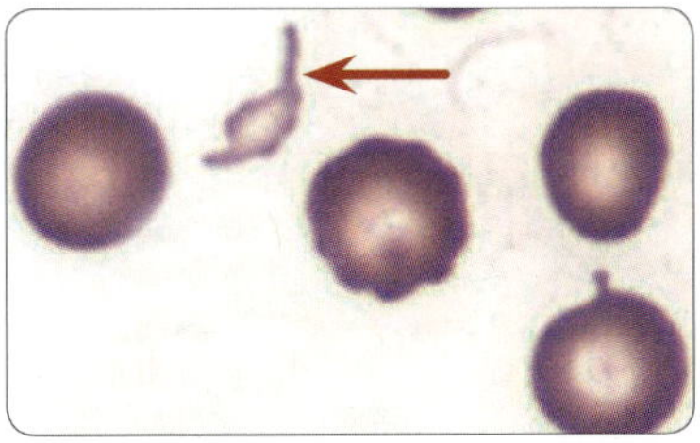

[그림 5-1] 분열적혈구(Schistocyte): 화살표로 표시

출처: IDEXX 혈액세포가이드(https://www.idexx.kr/files/blood-cell-guide-ko-kr.pdf).

(4) 면역 매개성 용혈성 빈혈(Immune Mediated Hemolytic Anemia, IMHA)

면역 매개성 용혈성 빈혈과 면역 매개성 혈소판 감소증(Immune Mediated thrombocytopenia, IMT)은 개의 자가 면역 질환으로, 각각 독립적으로 일어나기도 하지만, 두 질환이 함께 일어나는 에반스 증후군(Evan's syndrom)으로 발생하기도 한다. IMHA는 면역체계가 적혈구를 표적으로 삼아 식세포 작용을 통해 적혈구를 파괴하는 질환이며, IMT는 면역 체계가 혈소판을 표적으로 삼아 혈소판을 파괴하는 질환이다. 두 가지 상태 모두 특발성이거나 감염, 신생물 또는 약물에 의해 이차적으로 나타날 수 있다.

면역 매개성 용혈성 빈혈은 유전적 소인이 있으며, 코카스파니엘, 비숑 프리제, 미니핀, 콜리, 스피츠 등이 위험성이 높은 품종으로 알려져 있고, 면역 매개성 혈소판 감소증은 코카스파니엘, 푸들, 저먼 셰퍼드 등에서 많이 보고되었다. 보통 중년령의 암컷에게서 조금 더 잘 발생하는 것으로 알려져 있다.

IMHA의 임상 징후에는 무기력, 창백한 점막, 황달 및 빈맥이 포함되는 반면, IMT는 점상 출혈, 자반 출혈 및 점막 출혈을 나타낸다. 진단은 실험실 소견이 필요하다. IMHA의 경우, 구상적혈구(양면이 오목한 형태가 아닌 구 모양의 적혈구) 증가증과 자가 응집을 동반한 빈혈이 나타나고, IMT의 경우 현저한 혈소판 감소증을 볼 수 있다. 관리에는 아자티오프린, 사이클로스포린과 함께 일반적으로 코르티코스테로이드와 같은 면역 억제 요법이 포함된다. 지지 요법에는 수혈 및 혈전증과 같은 2차 합병증 관리가 필요하다. 예후는 다양하며, 즉각적인 진단과 적극적인 치료로 결과가 향상되지만, 재발이나 심각한 합병증으로 인해 생존이 제한될 수 있다.

(5) 저단백혈증(hypoproteinemia)

저단백혈증은 혈청 단백질, 특히 알부민이나 글로불린의 감소를 특징으로 하는 임상 소견이며, 그 자체로는 질병이 아니다. 이는 알부민과 같은 혈장 단백질 수치가 떨어지는 간 질환이나 단백질 손실성 장 질환(Protein losing enteropathy, PLE)과 같은 상태에서 흔히 발생한다. 저단백혈증은 심각도와 원인에 따라 부종, 복수, 면역 기능 장애와 같은 임상 징후를 유발할 수 있다.

원인으로는 단백질 손실, 생산 감소, 대사 증가 등이 있다. 단백질 손실은 위장관(PLE의 경우 염증성 장 질환, 장 림프관 확장증, 만성 장염 또는 종양으로 인해 발생) 또는 신장(사구체신염 또는 아밀로이드증과 같은 사구체 질환으로 인해 발생하는 단백질 손실 신장병(Protein losing nephropathy, PLN)을 통해 발생할 수 있으며, 알부민이 소변으로 누출된다. 단백질 생산 감소는 간이 적절한 알부민을 합성하지 못하는 간 질환이나 식이 섭취 부족이나 흡수 장애로 인한 영양실조로 발생할 수 있다. 단백질 대사 증가는 만성 염증성 질환이나 종양에서 발생할 수 있으며, 이는 단백질 분해를 강화하고 합성을 감소시킨다.

저단백혈증은 신체의 체액 균형을 방해하여 체액이 모세혈관에서 조직 및 체강으로 누출되어 부종, 복수 또는 흉막 삼출을 유발한다. 또한 면역력을 손상시키고(글로불린 감소로 인해) 약물 전달 및 효능에 영향을 미친다(저알부민혈증으로 인해). 임상 징후로는 혼수, 체중 감소, 불량한 피모 상태, 피하 부종(특히 사지 또는 얼굴), 복수로 인한 복부 팽만, 흉막 삼출로 인한 호흡 곤란 등이 있다. 추가 징후는 PLE의 설사 또는 구토, PLN의 배뇨 및 갈증 증가, 간 질환의 황달과 같은 근본 원인에 따라 다르다.

진단에는 낮은 총단백질, 저알부민혈증 또는 저글로불린혈증뿐만 아니라 증가된 간 효소 또는 신장 기능 장애 지표를 확인하기 위한 혈액 검사가 포함된다. 소변 검사를 통해 PLN의 단백뇨가 나타날 수 있다. 복부 초음파 등의 영상 촬영을 통해 장의 비후, 림프 확장 또는 PLE와 관련된 종괴를 확인할 수 있다.

치료는 근본적인 원인을 해결하고 증상을 관리하는 데 중점을 둔다. PLE의 경우 면역 억제 요법(예: 코르티코스테로이드)이 사용되며, PLN 관리에는 단백뇨를 감소시키는 에날라프릴과 같은 ACE 억제제(angiotensin-converting-enzyme inhibitor)와 혈전을 예방하는 아스피린과 같은 항혈전제가 포함된다. 간 질환의 경우 간 보호제[예: SAMe(S-Adenosylmethione) 또는 우르소데옥시콜산(Ursodeoxycholic acid, UDCA)]가 처방될 수 있다. 증상 관리에는 일시적으로 단백질 수준을 회복하기 위한 혈장 수혈이 포함될 수 있다. 예후는 기저 질환에 따라 달라지며, PLE와 PLN의 경우 장기 관리가 필요한 경우가 많다. 심각한 간 질환이나 진행성 암은 일반적으로 예후가 좋지 않다.

2) 수혈에 대한 금기증

(1) 경도 빈혈

개의 신체가 적혈구 손실을 보상할 시간이 있는 경증 또는 만성 빈혈의 경우 수혈은 일반적으로 권장되지 않는다. 이러한 경우에는 수혈 없이 철분 보충제나 기타 보조 치료를 통해 관리할 수 있는 경우가 있다.

(2) 비생존 예후

특정 진행성 암이나 말기 장기 부전과 같은 불치병을 앓고 있는 개는 수혈을 하더라도 예후가 좋지 않을 수 있다. 그러한 경우, 수혈의 위험(부작용 및 잠재적 합병증 포함)이 잠재적인 이점보다 클 수 있으며, 개의 삶의 질이나 수명을 향상시키지 못할 수도 있다.

(3) 알레르기 반응 또는 민감성

일부 개는, 특히 과거에 혈액 제제에 노출된 적이 있는 경우 수혈된 혈액에 알레르기 반응을 보일 수 있다. 혈액 성분에 과민증이 있는 것으로 알려진 개에게도 수혈이 금기다.

(4) 부적합

개가 특정 혈액형에 민감해진 경우(예를 들어 개가 이전에 부적합한 수혈을 받은 경우) 수혈을 수행해서는 안 된다. 부적합한 수혈은 치명적일 수 있는 심각한 용혈 반응을 일으킬 수 있다.

결론적으로, 수혈은 수의학에서 귀중한 도구이지만, 명확하게 지시된 경우에만 잠재적인 위험을 고려한 후에 사용해야 한다. 수의사는 수혈을 권장하기 전에 개의 전반적인 건강 상태, 상태의 심각도 및 적합성을 평가해야 한다. 합병증을 최소화하고 개에게 최상의 결과를 보장하려면 적절한 검사, 혈액형 일치 및 면밀한 모니터링이 필수이다.

2. 혈액 성분과 사용 목적

혈액은 세포 성분과 혈장이라는 두 가지 주요 구성 요소로 구성되며, 각각은 신체를 유지하는 데 있어 서로 다른 역할을 한다. 세포 요소에는 산소와 이산화탄소를 운반하는 적혈구(RBC), 감염으로부터 신체를 보호하는 백혈구(WBC), 혈액 응고에 중요한 혈소판(Platelet)이 포함된다. 액체 부분인 혈장은 주로 물로 구성되어 있으며, 알부민(체액 균형과 물질 수송에 도움), 응고 인자(응고에 필수), 면역글로불린(감염을 방어하는 항체)과 같은 단백질을 포함하고 있다. 또한 전해질, 영양소, 노폐물을 운반하는 역할을 한다.

수혈은 개의 빈혈, 응고병증, 심각한 출혈과 같은 질환을 치료하기 위한 수의학에서 매우 중요한 학문으로, 다양한 혈액 성분의 특성과 용도를 이해함으로써 환자의 요구에 맞는 효과적이고 안전한 치료가 가능하다. 모든 경우에 전혈을 사용하는 대신, 성분별로 분리하면 표적 치료가 가능해 혈액량 과부하를 줄이고 필요한 성분만 수혈함으로써 수혈 부작용이 줄어들며, 수혈량과 수혈 시간도 줄일 수 있다.

1) 전혈(whole blood, WB)

전혈에는 적혈구(RBC), 혈장, 응고 인자, 혈소판 등 모든 성분이 포함되어 있다. 전혈의 적응증은 다음과 같다.

- 급성 출혈: 사고, 수술, 외상 등으로 인해 많은 양의 피를 잃었을 때, 전혈 수혈은 부족한 혈액량을 보충하고 혈액 내 산소 운반 능력을 회복시키는 데 필수적이다.
- 중증 빈혈: 만성 질환(신부전, 종양 등), 골수 문제, 자가 면역 질환 등으로 적혈구 수가 부족하여 심각한 빈혈이 발생했을 때, 전혈 수혈은 적혈구 수를 늘려 빈혈 증상을 완화하고 조직에 산소를 공급하는 데 도움을 준다.
- 혈액 응고 장애: 혈액 응고 인자가 부족하거나 기능에 이상이 생겨 출혈이 멈추지 않을 때, 전혈 수혈은 응고 인자를 보충하여 혈액 응고를 정상화하고 출혈을 멈추는 데 필요하다.
- 혈소판 감소증: 혈소판 수가 부족하여 출혈 경향이 높을 때, 전혈 수혈은 혈소판 수를 늘려 출혈을 예방하고 지혈을 돕는 역할을 한다.
- 기타: 전혈 수혈은 패혈증, 파종성 혈관내 응고 증후군(DIC) 등 특정 질병 치료에도 사용될 수 있다.

위와 같은 급성 출혈이나 빈혈과 응고병증을 모두 포함하는 질환의 경우에 전혈을 사용할 수 있다. 전혈은 반드시 2~6°C의 냉장 환경에서 보관해야 하며, 냉동 보관은 적혈구 손상을 유발할 수 있으므로 피해야 한다. 또한 혈액은 반드시 전용 용기에 담아 보관해야 하며, 일반 용기는 혈액 성분 손상 및 오염 위험이 있다. 용기에는 채혈 날짜, 혈액형, 검사 결과(교차 반응 검사 결과 등) 등을 정확하게 표시해야 한다. 라벨링 오류는 수혈 사고로 이어질 수 있으므로 주의해야 한다. 전혈을 보관할 때는 전혈 용기를 흔들면 혈액 성분이 손상될 수 있으므로 흔들림을 주의해야 하며, 냉장 보관 시 온도가 일정하게 유지되도록 하여 온도 변화로 인한 혈액 성분의 손상을 방지한다. 또한 보관 중인 전혈의 상태를 정기적으로 확인하여 변질 여부를 확인해야 한다.

냉장 보관된 전혈은 항응고제가 포함된 경우 채혈 후 최대 28일 보관 가능하지만, 이 기간이 지나면 혈액 성분의 기능이 점차 감소할 수 있다. 개봉한 전혈은 즉시 사용하고, 개봉 후 시간이 지나면서 세균 감염의 위험이 높아지므로 남은 혈액은 폐기해야 한다. 저장된 전혈의 혈소판은 빠르게 기능을 상실하여 혈소판 감소증에 대한 유용성이 제한된다. 전혈은 일반적으로 최적의 효능을 위해 채혈 직후 투여하는 것이 권장되며, 24시간 이내에 사용하도록 한다. 수혈 전 실온 온도로 투여해야 저체온증을 예방하고 안전한 투여가 가능하다.

2) 농축 적혈구(packed red blood cells, pRBC)

농축 적혈구는 전혈에서 혈장을 제거하고 적혈구만 농축한 혈액 제제로, 주로 빈혈, 대량 출혈, 외상성 손실 등으로 인한 적혈구 질량 감소 치료에 사용된다. 골수 생산 감소, 적혈구 파괴 증가, 외과적/외상성 출혈로 인한 산소 운반 능력 저하를 개선하는 데 효과적이다. 1~6°C에서 보관되며, 사용된 항응고제에 따라 최대 42일까지 유지 가능하다. 농축 적혈구는 불필요한 부피 팽창 없이 산소 운반 능력을 회복시키며, 급성 출혈 환자 치료 시 결정질 또는 콜로이드 용액과 함께 사용된다. 투여 결정은 단순히 헤마토크릿이나 헤모글로빈 수치가 아닌 빈맥, 호흡 곤란, 무기력 등의 임상 증상을 기반으로 이루어져야 한다. 인간 의학에서는 모든 수혈의 80 % 이상이 농축 적혈구를 포함하며, 수의학에서도 그 사용이 증가하고 있어 향후 인간 의학과 비슷한 수준의 사용률을 보일 것으로 예상된다.

3) 혈장

(1) 신선 냉동 혈장(Fresh frozen plasma, FFP)

신선 냉동 혈장은 전혈에서 분리되어 모든 응고 인자를 보존하기 위해 6~8시간 이내에 냉동된다. 여기에는 알부민, 면역글로불린, 응고 인자(예: 인자 V 및 VIII)와 같은 단백질이 포함되어 있다. FFP는 간 질환, 독성 물질에 의한 중독 증상 또는 파종성 혈관내 응고(DIC)로 인한 응고병증을 관리하는 데 사용된다. -18 °C 이하에서 최대 1년 동안 보관할 수 있다.

(2) 냉동 혈장(Frozen plasma, FP)

냉동 혈장은 1년 이상 보관된 혈장이거나 수집 후 6~8시간 이내에 동결되지 않은 혈장이다. 이는 피브리노겐과 같은 안정적인 응고 인자를 유지하지만 불안정한 응고 인자(V 및 VIII)는 부족하다. FP는 불안정한 인자와 관련된 응고병증보다는 용적 확장이나 피브리노겐 보충이 필요한 상태에 자주 사용된다.

(3) 동결침전물(Cryoprecipitate, CRYO)

동결침전물은 FFP를 1~6°C에서 해동하고 침전물을 수집하여 제조한다. 이 제품에는 농축된 피브리노겐, 폰 빌레브란트 인자, 인자 VIII 및 피브로넥틴이 포함되어 있다. 이는 폰빌레브란트병, 혈우병 A 또는 심각한 저섬유소원혈증이 있는 개에게 사용된다.

(4) 혈소판 풍부 혈장(platelet-rich plasma, PRP) 또는 혈소판 농축물

혈소판 풍부 혈장은 활성 혈소판을 함유하고 있으며, 활성 출혈이 있는 중증 혈소판 감소증이나 혈소판증을 치료하는 데 사용된다. 그러나 혈소판은 깨지기 쉽고 보관 중에 기능이 급격히 떨어지므로 신선하거나 5일 이내에 사용하는 것이 좋다.

(5) 알부민(albumin, ALB)

알부민 수혈은 저알부민혈증으로 인해 혈관 내 삼투압이 저하되어 복수, 흉수, 부종, 혈압 저하 등이 발생하거나 응고 장애가 동반된 경우 투여된다. 알부민은 간에서 생성되는 단백질로, 혈액의 삼투압 조절, 체내 수분 및 전해질 균형 유지, 호르몬·비타민·약물 운반, 면역 체계 지원 등 중요한 역할을 한다. 알부민 농도가 감소하면 체액이 혈관 밖으로 빠져나가 혈액량 감소 및 부종, 복수 등이 발생하며, 알부민 수혈은 이를 교정하고 혈관 내 체액 균형을 회복시키는 데 사용된다. 보관은 2~25℃에서 가능하다. 주로 인간 혈청에서 추출된 5 % 또는 20 % 농도의 알부민 제제가 사용되며, 현재 GC녹십자와 SK플라즈마에서 제조한 20 % 알부민 주사가 상용화되어 있다. 다만 알부민 수혈의 적응증과 효과에 대한 논란이 있어 환자의 임상 상태를 종합적으로 평가한 후 신중히 결정해야 한다. 알부민 주사 단독으로는 근본적인 문제를 해결하기 어렵기 때문에 원인 질환[예: Protein-Losing Enteropathy(PLE), Inflammatory Bowel Disease(IBD) 등]을 함께 치료해야 한다. 예를 들어 염증성 장질환(IBD)으로 인한 저알부민혈증 환자에게 알부민 주사와 함께 항생제 및 코발라민(Cobalamin; Vitamin B_{12}) 처치를 병행하여 효과를 극대화한 사례가 있다.

개 전용 알부민 제제는 개의 생리학적 특성에 맞게 제조되어 개의 체내에서 더 효과적으로 작용할 수 있다고 알려져 있다. 개 전용 제제는 개에게 사용하기 위해 특별히 설계되었으므로, 다른 종의 알부민 제제에 비해 개에게 사용했을 때 이상 반응이 적을 수 있으나, 이러한 차이점은 실제 임상 연구를 통해 더 많은 검증이 필요하며, 알부민 제제의 효과는 개별 환자의 상태, 기저 질환, 투여 방법 등 다양한 요인에 따라 달라질 수 있으므로, 수의사의 전문적인 판단에 따라 사용해야 한다.

(6) 면역글로불린

개와 고양이에서 면역글로불린(Immunoglobulin) 주사의 효과는 주로 면역 체계 강화와 감염 예방 및 치료에 중점을 둔다. 면역글로불린은 외부 병원체(세균, 바이러스 등)에 대한 항체를 제공하여 면역 결핍 상태나 급성 감염 상황에서 즉각적인 방어를 한다. 특히 면역 결핍 질환이나 특정 감염(예: 파보바이러스, 전염성 복막염) 치료 시 사용되며, 항체가 부족한 동물에게 빠른 보호 효과를 제공한다. 그러나 사용 시 알레르기 반응(발열, 두드러기, 쇼크 등)을 모니터링해야 하며, 과민 반응이 있는 동물에게는 신중히 투여해야 한다. 또한 면역글로불린 주사는 일시적인 효과만 제공하므로, 근본적인 질병 치료와 병행해야 최적의 결과를 얻을 수 있다.

개와 고양이에서 면역글로불린 주사는 다른 약물(예: 스테로이드, 면역 억제제)과 비교했을 때 즉각적인 면역 보조 효과를 제공한다는 점에서 차별화된다. 면역글로불린은 외부에서 항체를 직접 공급하여 급성 감염이나 면역 결핍 상태에서 빠르게 방어력을 제공하는 반면, 스테로이드나 면역 억제제는 면역 반응을 억제하거나 조절하는 데 중점을 두며, 효과가 나타나기까지 시간이 걸릴 수 있다. 따라서 면역글로불린은 급성 상황에서 보조적으로 사용되며, 스테로이드나 면역 억제제는 만성 질환 관리에 더 적합한 경우가 많다.

〈표 5-3〉 혈액 성분별 적응증 및 포함 성분

성분	적응증	포함 성분
신선한 전혈	• 빈혈 • 혈소판감소증 • 응고부전	적혈구, 혈소판, 응고 인자, 혈장 단백질
보관된 전혈	• 빈혈 • 응고부전 • 혈소판감소증(72시간 이내)	적혈구, 혈장 단백질, 약간의 응고 인자, 혈소판(72시간 이내)
농축된 적혈구	• 빈혈	적혈구, 약간의 혈장 단백질, 약간의 응고 인자, 혈소판(72시간 이내)
혈소판이 많은 혈장	• 혈소판감소증	혈소판, 응고 인자, 혈장 단백질
신선한 혈장	• 저혈량증 • 저단백혈증 • 응고부전	혈장 단백질, 응고 인자
신선한 얼려진 혈장	• 저단백혈증 • 응고부전	혈장 단백질, 응고 인자
보관되거나 얼려진 혈장	• 저단백혈증 • 저혈량증	혈장 단백질, 약간의 응고 인자
동결 침전물	• von Willebrand's병 • 혈우병 A	VIII 인자와 섬유소원

출처: Signe J. Plunkett (2005). 응급 수의학. p.474.

3. 수혈 전 혈액형 및 교차 시험의 중요성

1) 개 혈액형

개는 개 적혈구 항원(Dog Erythrocyte Antigen, DEA)이라는 독특한 혈액형 분류 시스템이 있다. 12개 이상의 DEA 그룹이 있지만 임상적으로 중요한 그룹은 DEA 1, 3, 4, 5, 7이다. 이 중 DEA 1은 강력한 항원성으로 인해 수의 수혈의학에서 가장 중요하다.

- DEA 1 혈액형: DEA 1 시스템은 양성(DEA 1 양성) 혈액형과 음성(DEA 1 음성) 혈액형으로 더 세분된다. 품종과 지역에 따라 약 40~60 %의 개가 DEA 1 양성 반응을 보인다. DEA 1 양성 개는 DEA 1 양성 또는 음성 혈액을 받을 수 있다. 그러나 DEA 1 음성 개는 후속 수혈 중에 생명을 위협하는 용혈 반응을 피하기 위해 DEA 1 음성 혈액만 받아야 한다.
- 보편적 기증자 및 수혜자: DEA 1 음성 개는 혈액이 즉각적인 반응을 일으킬 가능성이 적기 때문에 응급 상황에서 보편적 기증자로 간주된다. 반면, DEA 1 양성 개는 DEA 1 양성 혈액을 보편적으로 수혈하지만, 반복 수혈 시 DEA 1 음성 혈액은 그렇지 않다.
- 기타 혈액형: 다른 혈액형(예: DEA 4 또는 DEA 7)은 심각한 반응을 일으킬 가능성이 작다. 그러나 반복적인 수혈로 인해 감작이 발생할 수 있으며, 특히 DEA 1이 아닌 항원에 대해 항체가 형성되는 경우 더욱 그렇다.

〈표 5-4〉 개 혈액형 빈도

혈액군	알파벳 명명	표현형	출현율	자연항체
DEA 1	A	강함-약함 null	62 %, 2 %, 0.1 %	<2 %
DEA 3	B	3, null	5 %	8~15 %
DEA 4	C	4, null	98 %	희귀
DEA 5	D	5, null	15 %	10 %
DEA 6	E	6, null	96 %	정보 없음

혈액군	알파벳 명명	표현형	출현율	자연항체
DE7	F	7, 7[1], null	40～55 %	10～40 %
DEA 8	Tr	8, null	20～40 %	정보 없음
Dal	N/A	Dal, null	99 %	희귀

출처: 동물보건응급간호학 교재연구회 역 (2024). 동물보건응급간호학. p.90.

2) 고양이의 혈액형

고양이의 혈액형은 A, B, AB 세 가지가 있다. A형은 고양이의 약 75 ~ 95 %에서 발견되는 가장 흔한 유형이며, B형은 브리티시 쇼트헤어와 같은 특정 품종에 더 널리 퍼져 있다. AB형은 드물다. 고양이는 자신이 가지고 있지 않은 혈액형에 대해 자연적으로 항체를 생성한다. 따라서 부적합한 수혈은 심각한 용혈 반응을 일으킬 수 있다. B형 고양이는 A형 혈액에 심하게 반응할 수 있으므로 안전한 수혈을 위해서는 혈액형 또는 교차 검사가 필수적이다.

3) 혈액형 판별 및 교차 매칭

혈액형 키트를 이용한 DEA 1 판별과 교차 시험은 안전한 수혈을 위해 매우 중요하다. 특히 이전에 수혈받은 적이 있는 개는 외부 항원에 대한 항체가 형성될 가능성이 있어 교차 시험의 중요성이 더욱 커진다. 주요 교차 시험은 수혈견의 혈청이 공혈견의 적혈구와 반응하는지 평가하고, 부교차 시험은 공혈견의 혈청이 수혈견의 적혈구와 반응하는지를 확인한다. 혈액형 키트를 활용하면 DEA 1 양성 또는 음성을 신속하게 판별할 수 있으며, 이를 통해 부적합한 혈액 공급을 방지할 수 있다. 개는 선천적으로 항-DEA 항체를 가지고 있지 않으므로 첫 번째 부적합 수혈에서는 즉각적인 반응이 나타나지 않을 수 있지만, 이후 감작된 항체가 형성되면 심각한 수혈 부작용이 발생할 수 있다. 따라서 혈액형 검사는 물론 교차 시험을 통해 면역 반응을 최소화하는 것이 안전한 수혈 치료에 필수이다.

개의 수혈 요법에서 주교차방법과 부교차방법은 수혈 전 혈액 적합성 확인을 위해 시행되는 중요한 검사이다. 두 방법의 차이와 사용법은 다음과 같다.

(1) 주교차방법(Major Crossmatch)

- 기증 동물(공혈견)의 적혈구(RBC)와 수혈받는 동물(수혈견)의 혈청 간 반응을 확인하는 검사로, 수혈받는 동물의 혈청 내 항체가 기증 동물의 적혈구를 공격해 용혈 반응이나 응집 반응을 일으키는지를 확인한다.
- 중요성: 주교차반응은 수혈 후 심각한 용혈성 반응을 방지하는 데 가장 중요한 검사로, 반드시 시행해야 한다.

(2) 부교차방법(Minor Crossmatch)

- 기증 동물의 혈청과 수혈받는 동물의 적혈구 간 반응을 확인하는 검사로, 기증 동물의 혈청 내 항체가 수혈받는 동물의 적혈구에 반응해 문제를 일으키는지를 확인한다.
- 중요성: 부교차반응은 공혈견의 항체가 수혈 후 희석되기 때문에 임상적으로 주교차반응만큼 중요하지는 않지만, 여전히 부작용 예방을 위해 고려된다.

(3) 사용 시 주의 사항

- 첫 수혈 시: 강아지의 경우, 생애 첫 수혈에서는 항체가 형성되지 않았기 때문에 교차 시험을 생략할 수도 있지만, 이후 수혈에서는 반드시 교차 시험이 필요하다.
- 응급 상황: 교차 시험을 수행할 시간이 없을 경우, 수혈견의 혈액형이 적합한지 확인 후 빠르게 수혈을 진행해야 하며, 응집 반응이 없으면 적합한 혈액으로 판단되며, 응집 반응이 있으면 다른 기증자를 찾아야 한다.

즉, 주교차방법은 용혈성 반응 방지에 필수이며, 부교차방법은 보조적 역할을 한다. 두 방법 모두 안전한 수혈을 위해 시행되며, 특히 반복적인 수혈이 필요한 경우에 교차시험은 반드시 시행되어야 한다.

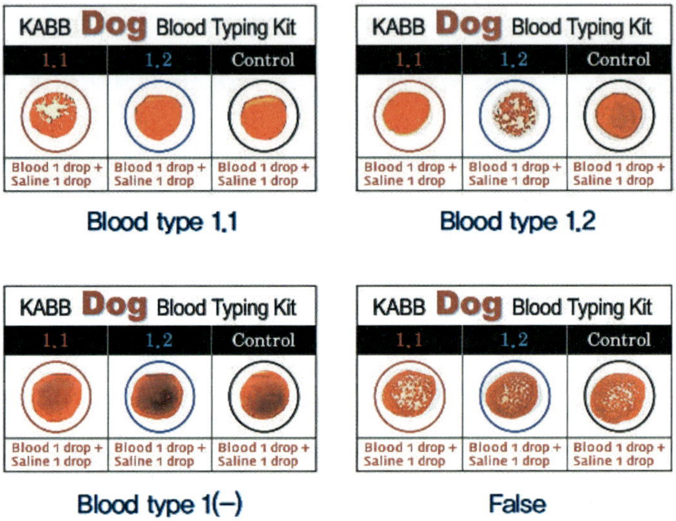

[그림 5-2] 혈액형 키트

출처: https://sistarpetworld.com/ko/product/dog-blood-typing-kit-2/

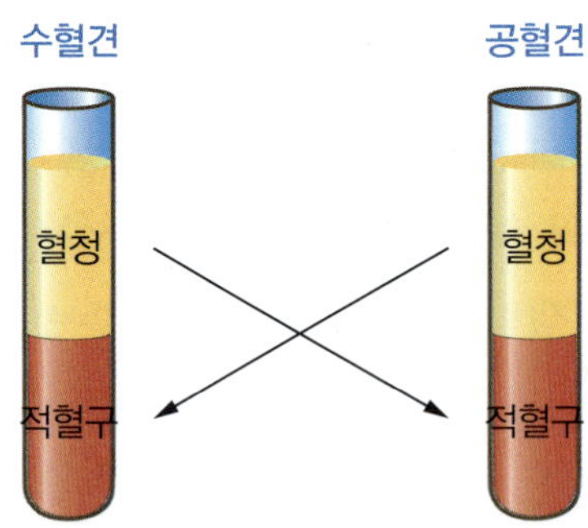

주반응: 수혈견의 혈청과 공혈견의 적혈구를 섞는다.

부반응: 공혈견의 혈청과 수혈견의 적혈구를 섞는다.

[그림 5-3] 주교차방법과 부교차방법

4. 수혈 중 발생할 수 있는 부작용과 관리

수혈은 빈혈, 혈액 손실, 응고병증 등을 치료하기 위한 수의학 치료에 필수이다. 그러나 수혈에는 부작용을 포함한 위험이 따를 수 있으며, 이러한 부작용은 경미한 것부터 심각한 것까지 다양하므로 즉각적인 인식과 관리가 필요하다.

1) 급성 용혈 반응

급성 용혈 반응은 혈액형 부적합으로 인해 수혈견의 면역 체계가 수혈된 적혈구(RBC)를 공격할 때 발생한다. 이는 수혈이 일치하지 않거나 이전 수혈로 인한 감작으로 발생할 수 있으며, 특히 DEA 유형이 다른 개나 A, B 또는 AB 혈액형이 일치하지 않는 고양이의 경우 더욱 발생 경향이 높다.

- 징후: 발열, 구토, 빠른 심박수, 동요, 어두운색의 소변(혈색소뇨증)
- 관리: 즉시 수혈 중단 후 정맥 수액을 투여하고 신장 기능을 모니터링하고 지지적 치료를 제공한다. 반응이 심할 경우 염증을 줄이기 위해 코르티코스테로이드와 항히스타민제가 필요할 수 있다.

2) 지연된 용혈 반응

수혈견이 공혈견 적혈구에 대해 미리 형성된 항체를 가지고 있어 이러한 세포의 파괴가 지연될 때 발생한다. 수혈견이 이전에 부적합 혈액을 수혈받은 경우 발생할 수 있다.

- 징후: 수혈 후 수일에서 수 주 동안 발열, 혼수, 황달(피부 또는 점막이 노랗게 변함) 및 빈혈
- 관리: 수혈 후 며칠 동안 빈혈 징후가 있는지 환자를 모니터링하고, 적혈구 재생을 평가하기 위해 추적 관찰 전체 혈구 수(CBC) 및 망상적혈구 수를 체크한다. 필요시 철분 보충이나 추가 수혈 등 지지 요법을 제공한다.

3) 알레르기 반응

공혈견 혈액의 단백질로 인해 알레르기 반응이 발생할 수 있다. 이러한 반응은 대개 경미하며, 혈장이나 저장된 혈액제제의 단백질을 포함한 외부 단백질에 의해 유발될 수 있다.

- 징후: 가려움증, 두드러기(두드러기), 부기 또는 경미한 호흡 곤란
- 관리: 가벼운 반응의 경우 일시적으로 수혈을 중단하고 항히스타민제(예: 디펜히드라민)를 투여한다. 아나필락시스 등 심각한 반응의 경우, 즉시 수혈을 중단하고 에피네프린을 투여하며, 필요시 산소 치료를 실시한다.

4) 발열성 비용혈 반응

수혈 관련 반응의 가장 일반적인 유형으로, 공혈견 혈액의 백혈구에서 사이토카인이 방출되거나 보관 중 오염으로 인해 발생한다.

- 징후: 발열, 떨림, 오한, 가벼운 불편함
- 관리: 수혈 속도를 늦추거나 중단하고, 해열제를 투여한다.

5) 수혈 관련 순환 과부하(transfusion-associated circulatory overload, TACO)

수혈 관련 순환 과부하는 수혈되는 혈액량이 순환 용량을 초과할 때 발생하며, 특히 기존에 심장이나 신장 질환이 있는 소형 개나 고양이의 경우 체액 과부하로 이어진다.

- 징후: 호흡 곤란, 기침, 호흡률 증가, 폐에 체액 축적
- 관리: 수혈 중에 활력 징후와 폐음을 모니터링하며, TACO 징후가 나타나면 즉시 수혈을 중단하고 체액 저류를 줄이기 위해 이뇨제(예: 푸로세마이드)를 투여한다. 필요시 산소를 보충한다.

6) 감염 전파

드물기는 하지만 수혈을 통해 박테리아, 기생충, 바이러스(예: 레슈마니아, 에를리키아 또는 바베시아)와 같은 감염성 물질이 전염될 수 있다.

- 징후: 발열, 무기력, 전신 감염 징후
- 관리: 공혈견 혈액에 일반적인 병원균이 있는지 확인하고 감염 위험을 줄이려면 평판이 좋은 공급원의 혈액을 사용한다. 감염이 의심되는 경우 배양 결과에 따라 적절한 항생제 치료를 시작한다.

5. 수혈 후 환자 모니터링 및 추적 관리

수혈 후에는 조기에 부작용을 발견하기 위해 환자 모니터링이 중요하다. 모니터링해야 할 주요 매개 변수에는 활력 징후(심박수, 호흡수, 체온), 점막 색상 및 모세혈관 재충전 시간이 포함된다. 용혈, 알레르기 반응 또는 체액 과부하의 징후를 모니터링해야 한다. 수혈에 대한 반응을 평가하기 위해서는 추적 혈액 검사(CBC, 망상적혈구 수)가 필요하다. 다음 24~48시간 동안 정기적인 재평가를 통해 모든 합병증을 즉시 관리해야 한다.

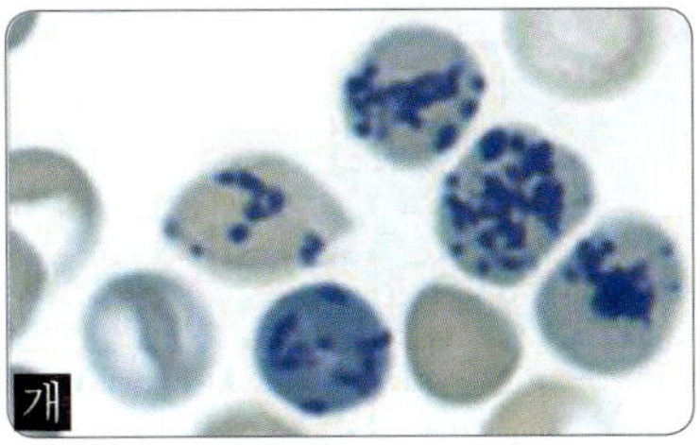

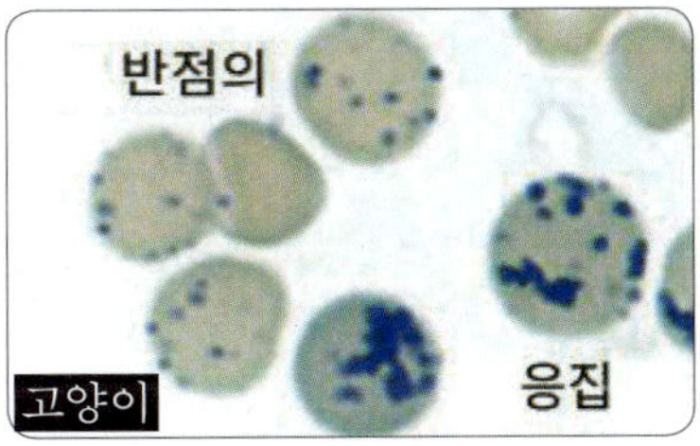

[그림 5-4] 개와 고양이의 NMB로 염색한 망상적혈구

출처: IDEXX 혈액세포가이드(https://www.idexx.kr/files/blood-cell-guide-ko-kr.pdf).

제3부

응급실 준비 및 응급 동물 환자 관리

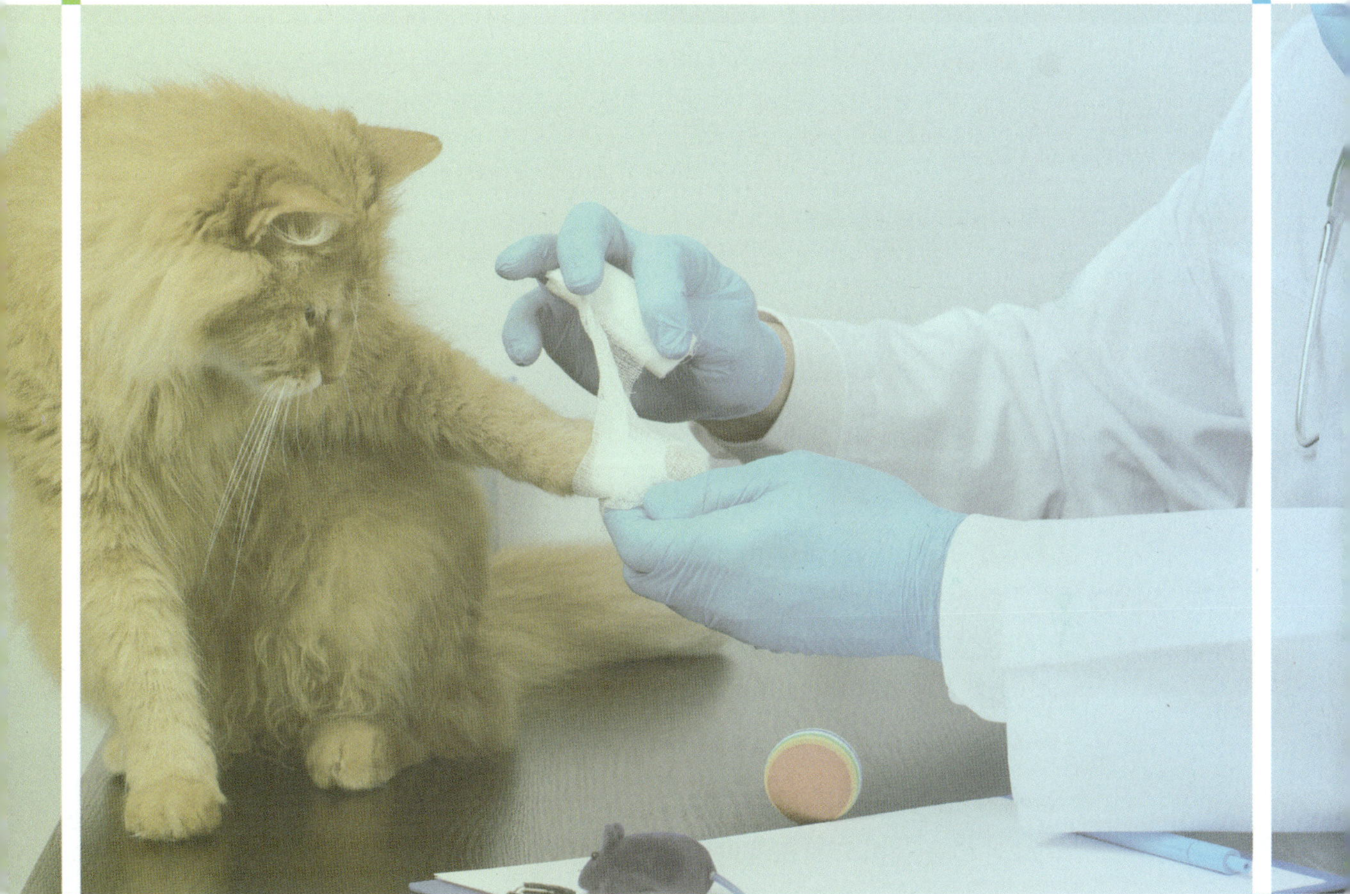

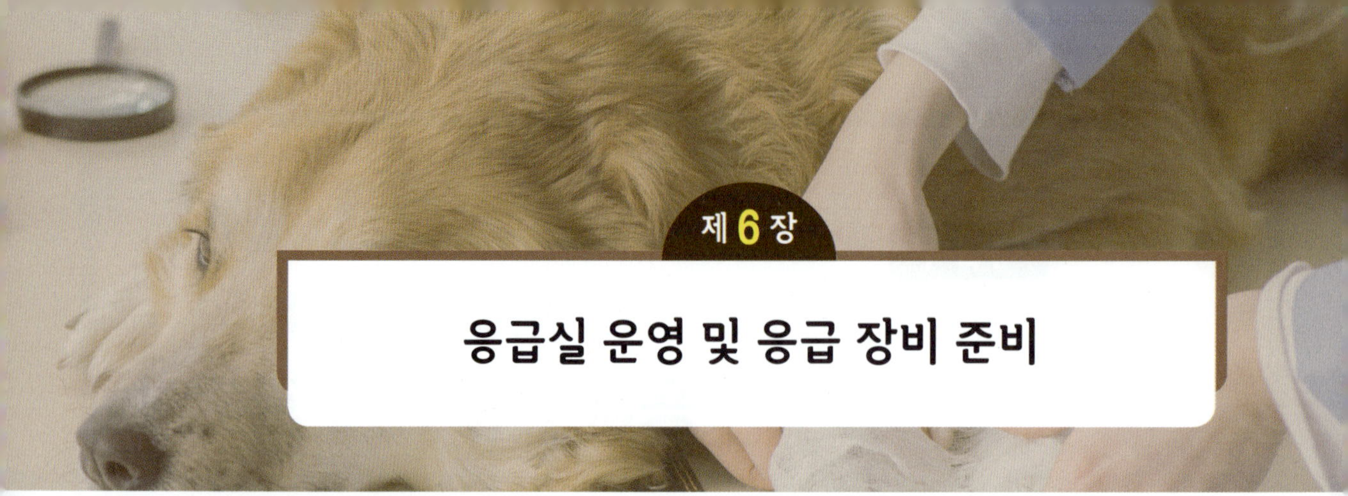

제 6 장

응급실 운영 및 응급 장비 준비

학 · 습 · 목 · 표

* 응급실 환경 설계의 중요성을 이해하고, 효율적인 공간 배치 및 동선 설계를 통해 응급 상황에서 신속한 대응이 가능하도록 한다.
* 필수 응급 장비의 종류와 목적을 파악하고, 올바른 배치 및 유지 관리를 통해 장비의 효과적인 사용과 신뢰성을 높인다.
* 위생 관리와 감염 예방의 중요성을 인식하고, 동물병원 특성에 맞춘 체계적인 감염 통제 방안을 적용할 수 있다.
* 위기 상황 대비 훈련 및 점검의 필요성을 이해하고, 시나리오 기반 모의 훈련과 정기 점검을 통해 응급 대응 능력을 강화한다.

1. 응급실 환경 설계

응급실 환경 설계는 단순한 공간 배치를 넘어, 긴박한 응급 상황에서 의료진과 환자, 보호자가 모두 안전하고 신속하게 대응할 수 있는 환경을 제공하는 것을 목표로 한다. 효율적인 동선 설계, 적절한 구역별 배치, 응급 장비의 효율적인 배치, 감염 예방 및 소음 관리 등 다각적인 고려가 필요하다. 이를 통해 응급 의료의 질을 높이고 보호자의 신뢰도를 향상시킬 수 있다.

1) 응급실 설계의 중요성

응급실은 긴박한 상황에서 환자가 신속하게 치료를 받아야 하는 공간이다. 특히 동물 응급실은 환자뿐만 아니라 불안한 보호자가 동반되기 때문에 효율적인 동선과 체계적인 환경 설계가 필수이다. 적절한 응급실 환경 설계는 의료진의 업무 효율성을 높이고, 환자의 생존율을 향상시키며, 보호자의 불안감을 줄일 수 있다. 따라서 응급실 환경 설계는 단순히 공간 배치 이상의 의미를 가지며, 전반적인 치료 과정의 원활한 흐름을 보장하는 핵심 요소이다.

2) 공간 배치 및 동선 설계

(1) 공간 배치 및 동선의 중요성

응급실에서는 시간과의 싸움이 가장 중요하다. 환자의 이동 동선이 복잡하거나 장애물이 많다면 치료가 지연될 수 있다. 이에 따라 동선을 최적화하여 응급 상황에서 빠르게 환자를 이동시키고 필요한 장비에 신속하게 접근할 수 있어야 한다.

(2) 효율적인 공간 활용

① 트리아지 평가 → 처치실 → 중환자 모니터링실 → 입원 또는 퇴원의 일방 통행식 동선을 설계하여 교차로 인한 혼잡을 최소화한다.

② 가능하면 반려견과 반려묘의 동선을 분리하여 스트레스를 최소화한다.

③ 야생동물이나 특수동물(exotic animals)을 다루는 경우, 필요한 장비와 담당자를 지정해 둔다.

④ 넓은 복도 설계로 이동 중 서로 마주치거나 방해받지 않도록 한다.

⑤ 의료진이 신속하게 이동할 수 있도록 주요 출입구에 자동문을 설치하면 이동에 도움이 된다.

(3) 응급실 구역별 특징

❶ 트리아지 구역(Triage Area)

응급 상황에서 환자의 상태를 신속하게 평가하고 우선순위를 결정하는 구역이다. 이 구역은 출입구와 가까운 위치에 배치하여 환자가 도착하자마자 신속하게 평가할 수 있도록 한다. 또한 보호자와 분리된 공간을 마련하여 의료진이 집중해서 상태를 평가할 수 있도록 한다. 응급 장비 및 기본 응급 약품을 비치하여 초기 처치를 바로 시행할 수 있게 한다.

❷ 처치 및 응급 치료 구역(Treatment and Critical Care Area)

응급 처치 및 집중 치료가 필요한 환자를 위한 공간으로, 이동식 카트와 응급 장비가 원활하게 이동할 수 있도록 넓고 일직선의 동선을 확보한다. 산소 공급 장치 및 응급 약품을 벽면에 설치하면 공간을 효율적으로 사용할 수 있다. 또한 의료진이 한눈에 환자 상태를 모니터링할 수 있는 개방형 구조로 설계하는 것이 좋다.

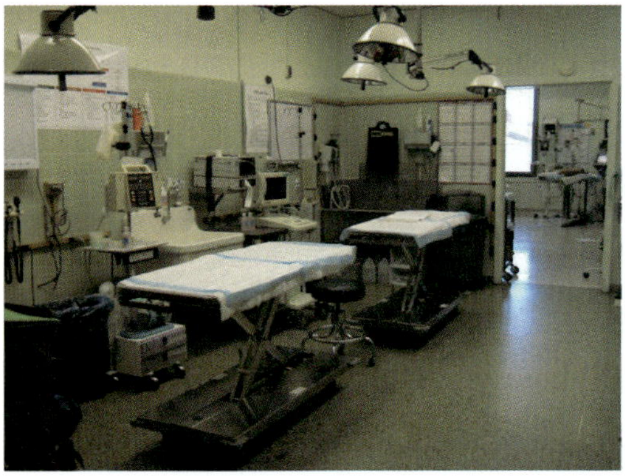

[그림 6-1] 개방형 구조의 처치 및 응급 치료 구역의 모습

❸ 중환자 모니터링 구역(Intensive Monitoring Area)

중증 환자의 상태를 집중 모니터링하고 필요한 즉각적인 조치를 취할 수 있는 공간이다. 이 구역에는 진단 장비(모니터링 기기, 산소 공급기 등)를 설치하고, 각 병상에 의료 장비 연결 포트를 배치한다. 의료진의 시야를 확보하기 위해 개방형 구조 또는 유리 벽을 사용한다. 이 구역에서는 감염 예방을 위해 각 병상 간 충분한 간격을 두고, 개별적인 위생 관리가 가능하도록 한다.

❹ 격리 구역(Isolation Area)

전염병이 의심되거나 감염 위험이 있는 환자를 안전하게 격리하기 위한 공간이다. 별도의 출입구와 공기 순환 시스템을 갖추어 감염 확산을 방지해야 한다. 방수 및 소독이 용이한 재질로 바닥과 벽면을 설계한다. 교차 감염을 막기 위해 격리실 내부에서 모든 처치가 가능하도록 자율적인 장비 배치를 고려한다.

(4) 응급 장비 및 비품 배치

① 응급 카트: 이동이 용이하도록 바퀴가 부착된 카트를 사용하고, 응급 약품과 기구가 구획별로 정리되어 있어야 한다.

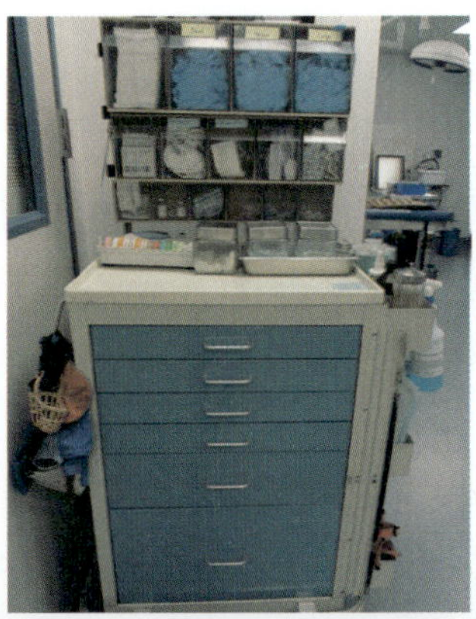

응급 카트의 전반적인 모습

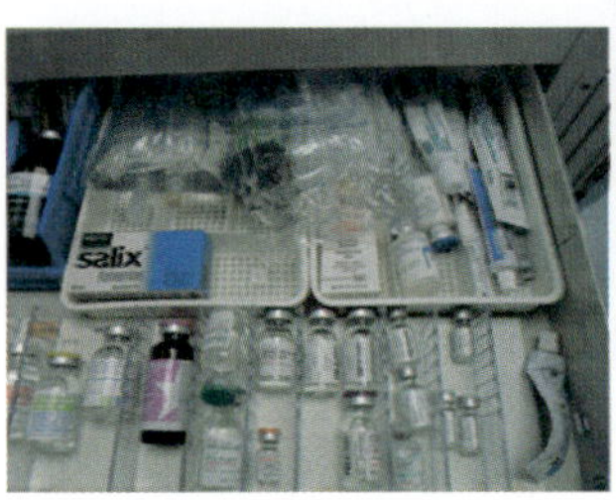

응급 카트 서랍 내 구획별로 분류된 다양한 응급 약물

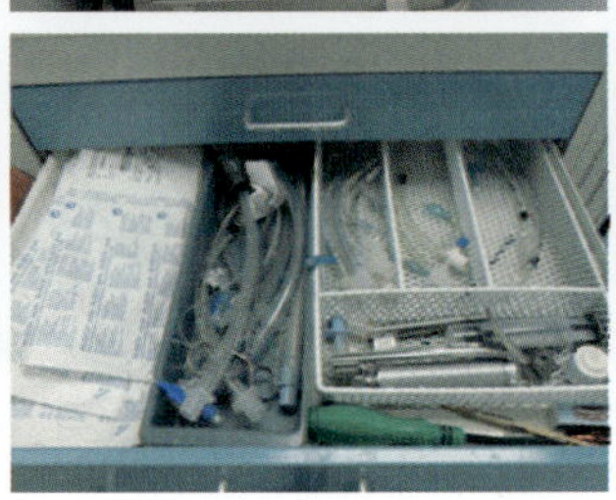

산소 공급 장치

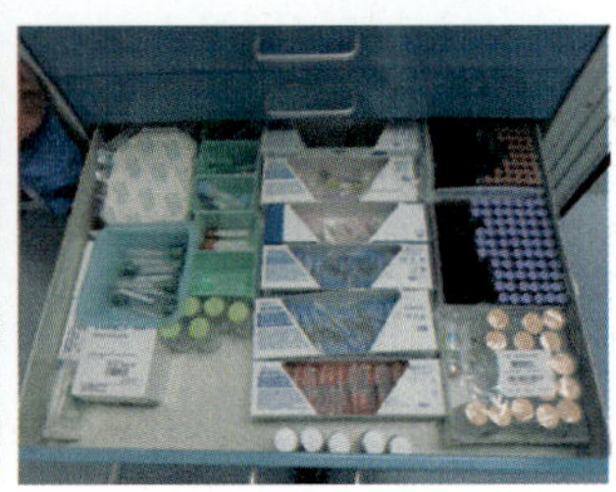

각종 검사 튜브

[그림 6-2] 응급 카트

② 산소 공급 장치: 벽면에 고정된 산소 공급 포트와 이동식 산소 탱크를 함께 배치하여 유연한 대응이 가능하도록 한다.

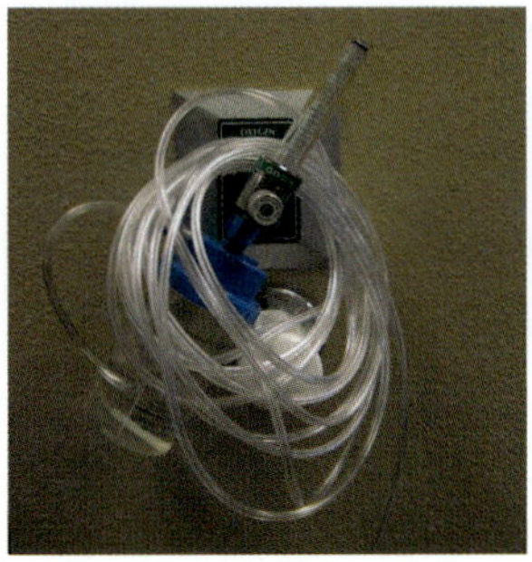

[그림 6-3] 벽면에 고정된 산소 공급 포트

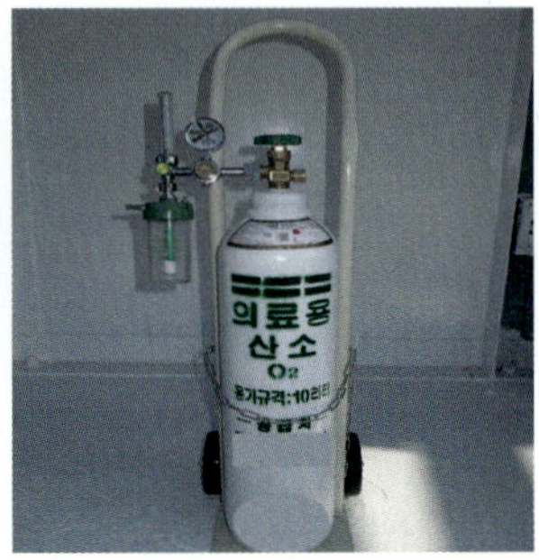

[그림 6-4] 이동식 산소 탱크
출처: https://dsgas.kr/36/?idx=63

③ 약품 보관: 응급 약품은 시각적으로 쉽게 확인할 수 있는 투명한 캐비넷에 보관하며, 유효 기간순으로 정리한다.

④ 소독 용품 및 폐기물 관리: 손 소독제 디스펜서와 폐기물 처리함을 각 구역 출입구에 배치하여 감염 예방을 강화한다.

(5) 안전 및 위생 관리

① 감염 관리: 구역별로 위생 구역을 설정하고, 소독 및 멸균 장비를 배치하여 감염을 최소화한다.

② 폐기물 처리: 의료 폐기물 전용 처리 시스템을 구축하여 감염 및 환경 오염 위험을 줄인다.

③ 비상구 및 비상용 전원 시스템: 응급 상황을 대비하여 이를 명확히 표시하고, 정기적인 안전 교육 및 훈련을 실시한다.

④ 소음 차단: 소음을 줄이기 위해 방음벽 및 흡음재를 사용하며, 의료기기에서 발생하는 소음을 최소화할 수 있는 배치를 고려한다.

⑤ 스트레스 완화: 진정 효과가 있는 색상(예: 차분한 파스텔 계열)을 사용하

고, 조명을 간접적으로 설치하여 차분한 분위기를 조성한다.

⑥ 위생 및 방역 기준: 위생 관리 기준에 따라 설계하며, 감염병 예방을 위한 방역 시스템을 구축한다. 또한 동물 복지 및 안전 규정을 충족시킬 수 있도록 한다.

2. 필수 응급 장비 목록

응급실에서의 장비 구비는 응급 처치의 신속성과 정확성을 좌우하는 중요한 요소이다. 각 장비는 목적에 따라 구분하여 체계적으로 배치하고, 정기적인 유지 보수를 통해 항상 최상의 상태를 유지해야 한다. 이를 통해 응급 상황에 효과적으로 대응할 수 있으며, 의료진의 업무 효율성을 높이고 환자의 생존율을 극대화할 수 있다.

1) 응급 장비의 중요성

응급실에서는 신속하고 정확한 처치가 생명을 구하는 핵심 요소이다. 이를 위해서는 각종 응급 장비가 체계적으로 구비되어 있어야 한다. 응급 장비는 응급 상황에서 의료진이 신속하게 대응하고, 환자의 상태를 안정화하며, 치료 효과를 극대화하기 위해 필수적이다. 또한 장비가 적절하게 배치되고 유지 관리가 철저히 이루어져야 신뢰할 수 있는 응급 진료 환경이 조성된다.

2) 기본 응급 장비

(1) 응급 카트(Emergency Cart)

① 목적: 응급 약품 및 기구를 빠르게 사용할 수 있도록 이동식으로 설계된 장비이다.

② 구성 요소

- 응급 약품(에피네프린, 아트로핀, 리도카인, 바소프레신 등)
- 혈관 확보를 위한 카테터, 수액 세트 및 수액, 주사기 등
- 인공호흡기 및 산소마스크
- 소독 용품 및 붕대류 등

③ 관리 및 배치: 주요 처치 구역에 배치하여 신속한 접근이 가능하도록 한다.

④ 약품 및 기구는 사용 빈도에 따라 정리하고, 정기적으로 유효 기간을 점검한다.

(2) 산소 공급 장비(Oxygen Delivery System)

① 목적: 호흡 곤란 및 저산소증 환자에게 산소를 공급하여 생명 유지를 돕는다.

② 종류 및 구성 요소

- 기관 삽관 튜브 및 후두경
- 고정형 산소 포트 및 이동식 산소 탱크
- 산소마스크, 비강 캐뉼라, 산소 케이지
- 인공호흡기 연결 도구

③ 설치 및 유지 관리: 처치실과 중환자 모니터링 구역에 설치하며, 이동식 장비는 응급 카트에 보관한다.

④ 정기적으로 산소 탱크의 압력 및 유량계 작동 상태를 점검한다.

(3) 제세동기, 인공호흡기 및 흡인기(Ventilator and Suction unit)

① 목적: 호흡 정지 또는 심정지 환자의 인공호흡을 지원하고, 기도 분비물 제거 및 기도 개방 유지를 위해 사용되는 필수 장비이다.

② 구성 요소

- 제세동기(Defibrillator): 심실세동 또는 무맥성 심실빈맥과 같은 치명적

부정맥을 교정하는 장비로, 수동 및 자동 제세동기

- 인공호흡기(Ventilator): 자동 및 수동 환기 모드
- 흡인기(Suction unit): 전동식 및 수동식, 다양한 크기의 카테터

③ 배치 및 사용법: 중환자 모니터링 구역 및 응급 처치 구역에 배치한다.

④ 사용 전 점검을 철저히 하여 장비 작동이 정상적으로 이루어 지는지 확인하고, 사용 후 모든 장비를 철저히 소독하여 감염 위험을 방지한다.

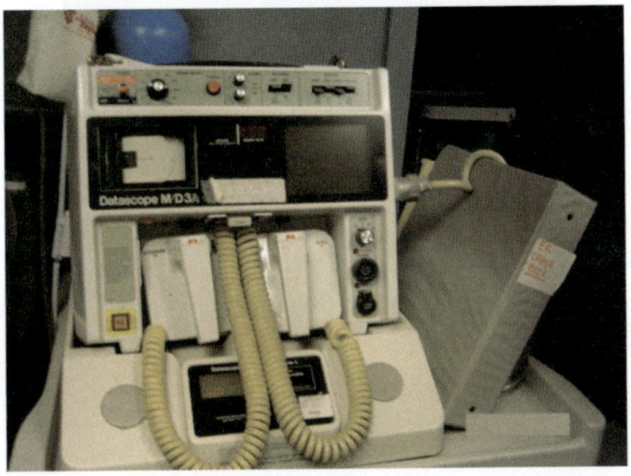

[그림 6-5] 응급실에 비치된 제세동기(defibrillator)와 응급 매뉴얼의 모습

(4) 모니터링 장비(Monitoring Equipment)

① 목적: 환자의 생체 신호를 실시간으로 관찰하여 상태 변화를 신속히 파악한다.

② 구성 요소

- 심박수 및 혈압 모니터, 심전도(ECG)
- 산소포화도 측정기(Pulse Oximeter)
- 호흡수 및 체온 측정기
- 혈당계, 젖산 측정기 등

③ 설치 및 사용: 중환자 모니터링 구역에 고정 설치하며, 이동식 모니터는 응급 카트에 비치한다.

④ 측정값을 실시간으로 기록하고, 이상 신호 발생 시 즉시 알림이 가도록 설정한다.

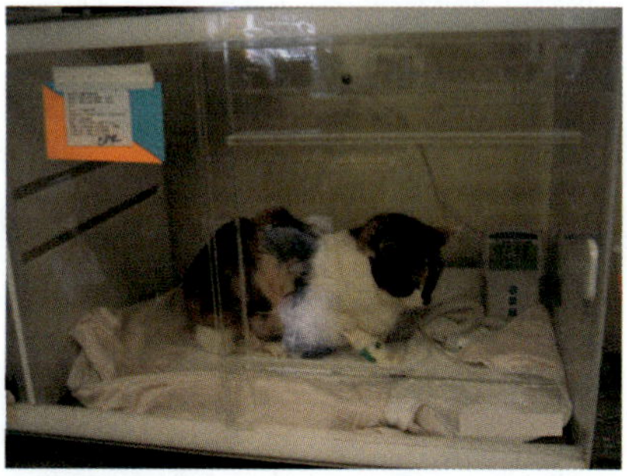

[그림 6-6] 산소 케이지에서 산소포화도를 모니터링하고 있는 응급 고양이 환자

(5) 외상 처치 장비(Trauma Care Equipment)

① 목적: 골절 및 외상 환자의 응급 처치와 안정화를 위해 사용한다.

② 구성 요소

- 골절 고정 장치(Splint 및 Cast)
- 지혈용 압박 드레싱 및 지혈대
- 창상 소독제 및 봉합 세트

③ 배치 및 사용: 외상 처치 구역과 응급 카트에 배치한다.

④ 출혈 및 골절 상태에 따라 즉각적인 고정 및 봉합이 가능하도록 준비한다.

(6) 외과 수술 도구(Surgical Instruments)

① 목적: 응급 수술 및 처치 시 사용하는 도구이다.

② 구성 요소

- 기본 수술 기구(메스, 가위, 겸자 등)
- 특수 수술 기구(전기 소작기, 외과용 드릴 등)
- 무균 포장 및 소독 기구

③ 관리 및 소독: 사용 후 고온 고압 멸균을 실시하며, 멸균 후 개별 포장하여

보관한다.

④ 수술 도구의 마모 상태를 정기적으로 점검하고, 이상 시 교체한다.

(7) 소독 및 위생 장비(Disinfection and Hygiene Equipment)

① 목적: 감염 예방 및 위생 관리를 위해 사용한다.

② 구성 요소

– 손 소독제 및 소독용 물티슈

– 의료 폐기물 처리 용기 및 위생 장갑

③ 배치 및 관리: 각 구역 출입구에 비치하여 의료진과 보호자가 사용하도록 한다.

④ 소독 장비는 사용 후 교체 및 소독하여 위생 상태를 유지한다.

(8) 기타 필수 장비 및 비품

① 응급 약물(진정제, 진통제, 항히스타민제 등)

② 다양한 크기의 주사기 및 주삿바늘

③ 체온 유지 장치(보온 패드, 온수 매트 등)

④ 보관 및 관리

– 냉장 보관이 필요한 약물은 전용 냉장고에 보관하며, 유효 기간을 주기적으로 확인한다.

– 응급 카트에 사용 빈도가 높은 약물을 배치하고, 사용 후 즉시 보충한다.

〈표 6-1〉 각종 응급 장비의 종류 및 기능

구분	장비 이름 및 종류	목적 및 기능	배치 및 관리
기본 응급 장비	응급 카트	응급 약품 및 기구를 신속하게 사용	• 주요 처치 구역 • 사용 후 즉시 보충
	약품 서랍(에피네프린, 아트로핀 등)		
	기구 서랍(주사기, 카테터, IV 세트)		
	인공호흡기 및 산소마스크		

<table>
<tr><th>구분</th><th>장비 이름 및 종류</th><th>목적 및 기능</th><th>배치 및 관리</th></tr>
<tr><td rowspan="9">기본
응급 장비</td><td>산소 공급 장비</td><td rowspan="4">호흡 곤란 및
저산소증 치료</td><td rowspan="4">• 처치실 및 중환자실
• 정기적 점검</td></tr>
<tr><td>고정형 산소 포트</td></tr>
<tr><td>이동식 산소 탱크</td></tr>
<tr><td>산소마스크, 비강 캐뉼라,
산소 케이지</td></tr>
<tr><td>인공호흡기 및 흡인기</td><td rowspan="5">인공호흡 및
기도 분비물 제거</td><td rowspan="5">• 중환자실
• 사용 전후 소독 및 점검</td></tr>
<tr><td>자동 인공호흡기</td></tr>
<tr><td>수동 인공호흡기</td></tr>
<tr><td>전동식 흡인기</td></tr>
<tr><td>다양한 크기의 흡인 카테터</td></tr>
<tr><td rowspan="5">진단 및
모니터링</td><td>모니터링 장비</td><td rowspan="5">생체 신호
실시간 관찰</td><td rowspan="5">• 중환자실
• 이상 신호 즉시 알림 설정</td></tr>
<tr><td>심박수 모니터</td></tr>
<tr><td>혈압 측정기</td></tr>
<tr><td>산소포화도 측정기(Pulse Oximeter)</td></tr>
<tr><td>체온 측정기</td></tr>
<tr><td>응급 처치
및 외과</td><td>외상 처치 장비</td><td>골절 고정, 지혈 및
응급 처치</td><td>• 외상 구역
• 사용 즉시 세척 및 보관</td></tr>
</table>

3. 장비 유지 및 점검 주기

장비 유지 및 점검 주기는 응급실의 안전성과 진료 효율성을 보장하는 중요한 요소이다. 체계적인 유지 관리 및 점검 시스템을 통해 장비의 오작동을 예방하고, 응급 상황에서 신뢰할 수 있는 장비 상태를 유지해야 한다. 이를 통해 응급 의료의 품질을 높이고, 환자의 생명을 보호할 수 있다.

1) 장비 유지 및 점검의 중요성

응급실 장비는 환자의 생명을 다루는 중요한 도구이므로 항상 최상의 상태를 유지해야 한다. 장비의 고장 또는 오작동은 응급 처치 지연이나 진단 오류를 초래할 수 있으며, 이는 치명적인 결과로 이어질 수 있다. 따라서 정기적인 유지 관리 및 점검 주기를 설정하고 철저히 관리하는 것이 필수적이다.

2) 점검 주기의 설정

(1) 일일 점검(Daily Check)

① 응급 카트: 약품 및 소모품의 유효 기간 확인, 매일 체크 리스트를 통해 사용 후 즉시 보충
② 산소 공급 장비: 산소 탱크 압력 확인, 마스크 및 캐뉼라 청결 상태 점검
③ 모니터링 장비: 배터리 상태 및 연결 상태 확인
④ 소독 및 위생 장비: 소독제 용량 및 소독 기구 상태 점검

(2) 주간 점검(Weekly Check)

① 인공호흡기 및 흡인기: 필터 교체 및 청소
② 외과 수술 도구: 녹 방지 및 날 상태 확인

(3) 월간 점검(Monthly Check)

① 장비의 전반적인 작동 상태 및 안전 점검
② 소모품 재고 확인 및 주문
③ 소프트웨어 업데이트 및 교정(모니터링 장비, 초음파기기 등)

(4) 연간 점검(Annual Check)

① 제조사 또는 인증된 전문가에 의한 정밀 검사 및 보정
② 장비의 교체 주기 및 내구성 평가
③ 고장 이력 분석 및 개선 계획 수립

〈표 6-2〉 장비별 유지 관리 지침

장비 이름	유지 관리 내용	점검 주기	비고
응급 카트	약품 유효 기간 확인 및 소모품 보충	매일(Daily)	사용 후 즉시 보충
산소 공급 장비	산소 탱크 압력 확인 및 유량계 점검	매일(Daily)	산소 탱크 교체 주기 기록
인공호흡기 및 흡인기	필터 교체 및 부품 상태 점검	주간(Weekly)	사용 후 소독 및 부품 교체
모니터링 장비	배터리 상태 및 연결 상태 점검	매일(Daily)	주기적 소프트웨어 업데이트
외상 처치 장비	붕대류 및 소독제 유효 기간 확인	매일(Daily)	소모품 사용 후 즉시 보충
외과 수술 도구	멸균 상태 확인 및 날 상태 점검	매일(Daily) 및 주간(Weekly)	고온 고압 멸균 후 개별 포장
소독 및 위생 장비	소독제 용량 확인 및 교체	매일(Daily)	위생 장갑 및 소독용 물티슈 보충

3) 유지 관리 기록 및 관리 시스템

❶ 기록 관리

- 점검 및 유지 관리 기록을 체계적으로 관리하여 추후 고장 원인 분석 및 예방에 활용한다.
- 전자 기록 시스템을 도입하여 실시간으로 점검 상태를 확인하고 관리할 수 있도록 한다.

❷ 책임자 지정 및 교육

- 장비별 책임자를 지정하여 유지 관리에 대한 책임감을 부여한다.
- 정기적으로 장비 사용 및 관리 교육을 실시하여 의료진의 장비 이해도와 안전성을 높인다.

4. 응급실 위생 관리와 감염 예방

응급실 위생 관리와 감염 예방은 환자의 건강과 의료진의 안전을 동시에 보호하는 중요한 요소이다. 특히 동물병원은 다양한 감염원을 다루기 때문에 철저한 위생 관리 시스템과 교육이 필수이다. 체계적인 관리 및 주기적인 점검을 통해 감염 위험을 최소화하고, 신뢰할 수 있는 의료 환경을 유지해야 한다. 이를 통해 응급 진료의 질을 향상시키고 병원 내 감염률을 낮출 수 있다.

1) 위생 관리와 감염 예방의 중요성

응급실은 중증 환자와 감염 위험이 높은 환자가 밀집하는 곳으로, 교차 감염 및 병원 내 감염의 위험이 크다. 특히 동물병원 응급실은 다양한 동물 종과 감염원을 다루며, 인수공통 감염병의 위험도 존재한다. 따라서 체계적인 위생 관리와 철저한 감염 예방 시스템을 구축하는 것이 필수적이다. 이를 통해 환자의 건강을 보호하고 의료진의 안전을 확보하며, 병원 내 감염률을 낮출 수 있다.

2) 감염 위험 요소와 유형

① 교차 감염: 응급실 내 여러 환자 간의 직접 접촉 또는 의료 장비 공유로 인해 발생
② 공기 전파 감염: 기침, 재채기 등을 통한 공기 중 미세 입자의 전파
③ 접촉 전파 감염: 의료진의 손, 장비, 의복을 통한 간접 전파
④ 환경 감염: 오염된 표면, 물체, 바닥 등을 통해 전파

3) 구역별 위생 관리

(1) 출입구 및 대기실

① 출입구 및 대기실은 외부 오염원이 유입되는 첫 관문이므로, 철저한 소독

이 필요하다.

② 출입구에 자동 손 소독기를 설치하고, 보호자와 의료진이 출입 시 반드시 사용할 수 있도록 한다.

③ 전염병 의심 환자와 일반 환자의 대기실 구역을 분리하여 감염 위험을 최소화한다.

④ 출입문 손잡이, 접수대, 의자 등은 시간대별 소독 스케줄에 따라 자주 소독한다.

(2) 진료실 및 처치실

① 소독제와 멸균 장비를 구비하여 무균 상태를 유지한다.

② 주사기, 카테터, 장갑 등은 일회용 소모품을 사용하고 즉시 폐기한다.

③ 검사대, 기기 표면, 손잡이 등 접촉이 많은 부위는 진료마다 소독을 실시한다.

④ 알코올계, 차아염소산나트륨, 과산화수소계 소독제를 상황에 따라 선택하여 사용한다.

- 알코올계 소독제: 손 소독 및 비활성 표면 소독에 사용
- 차아염소산나트륨: 혈액 및 체액 오염물 소독에 효과적
- 과산화수소계 소독제: 내성 세균 및 바이러스 소독에 사용

알코올계 소독제

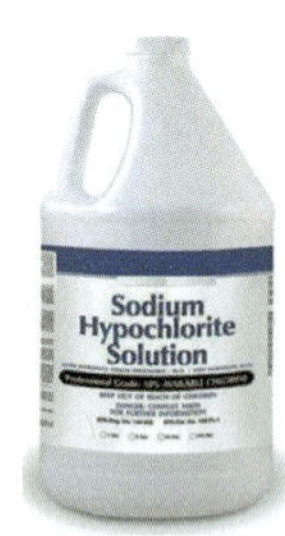

차아염소산나트륨

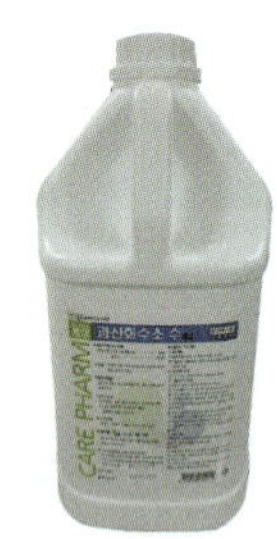

과산화수소계 소독제

출처: (좌) https://drmro.com/goods/goods_view.php?goodsNo=1942
(중) https://www.indiamart.com/proddetail/sodium-hypochlorite-solution-concentrate-17382942930.html
(우) https://drmro.com/goods/goods_view.php?goodsNo=11242

(3) 중환자 모니터링실 및 격리 구역

① 음압 및 양압 공기 순환 시스템을 도입하여 공기 중 병원체의 확산을 방지한다.

② 감염 의심 환자를 별도로 관리할 수 있도록 독립된 격리실을 운영한다.

③ 바닥 및 벽면은 방수 처리 및 소독이 용이한 재질로 설계하고, 오염이 발생하면 즉각적으로 세정 및 소독하여 감염 위험을 최소화한다.

④ 격리 구역 출입 시 개인 보호 장비를 착용하고, 출입 후 즉시 폐기하여 교차 오염을 방지한다.

- 마스크 및 얼굴 보호구: 비말 전파 방지
- 장갑 및 방호복: 접촉 전파 방지
- 신발 커버 및 헤어 캡: 환경 오염 방지

4) 폐기물 관리

(1) 의료 폐기물 분류

① 감염성 폐기물: 혈액, 체액이 묻은 붕대 및 기구

② 예리한 폐기물: 주사기, 바늘, 수술용 칼 등

③ 일반폐기물: 비감염성 일회용품, 일반 쓰레기

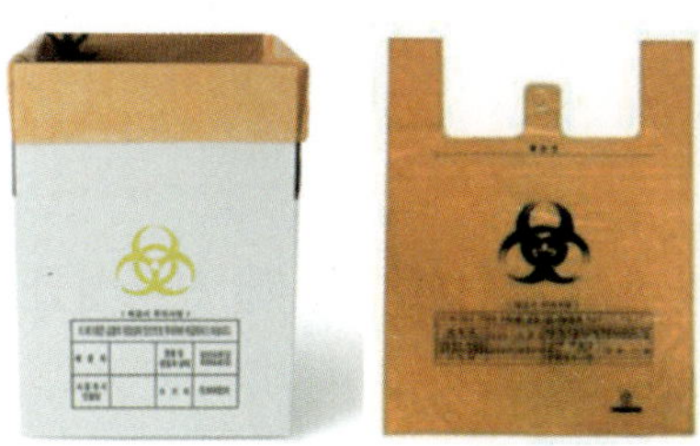

의료 폐기물 골판지류 상자 용기 및 전용 봉투

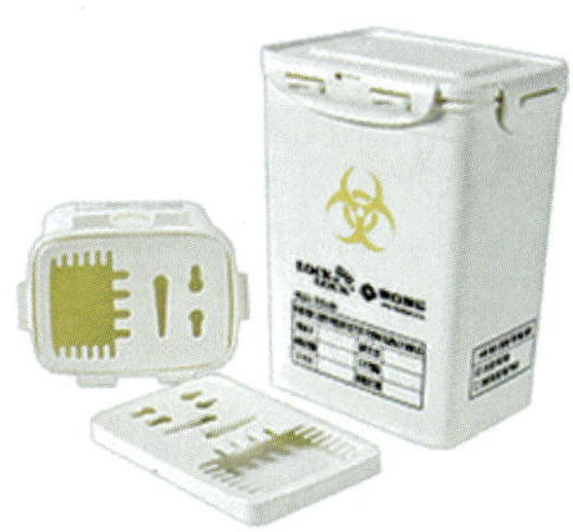

의료 폐기물 합성수지 전용 용기

출처: (좌) https://post.naver.com/viewer/postView.naver?volumeNo=30015902&memberNo=38301564
(우) https://www.allforlab.com/pdt/DH24CAT00000277?keywords=

(2) 폐기물 처리 방법

① 전용 용기 사용: 감염성 폐기물은 밀폐 가능한 전용 용기에 폐기
② 고온 멸균 처리: 소각 또는 고온 멸균 후 폐기
③ 폐기물 보관: 폐기물은 지정된 보관 장소에 임시 보관하며, 정기적으로 수거
④ 정기 점검: 의료 폐기물 관리 규정을 철저히 준수하고, 폐기물 처리 기록 및 위생 관리 점검 기록을 체계적으로 보관하고 정기적으로 점검한다.

5) 감염 예방 및 위생 관리 교육

① 신입 직원 및 기존 직원 대상으로 감염 예방 및 위생 관리 교육 프로그램을 만들고 정기교육을 실시한다.
② 감염 사고 발생 시 대응 절차 및 위기 대처 훈련을 실시한다.
③ 최신 감염 관리 지침 및 장비 사용법에 대한 업데이트 교육을 실시한다.
④ 구역별로 위생 관리 책임자를 지정하여 체계적인 관리가 시행될 수 있도록 한다.
⑤ 위생 관리 및 폐기물 처리 기록을 전자 시스템으로 관리한다.
⑥ 정기적인 점검 및 피드백을 통해 개선 사항을 반영한다.

5. 응급 상황 대비 훈련 및 점검

응급 상황 대비 훈련 및 점검은 동물병원 응급실의 안전과 신뢰성을 높이는 핵심 요소이다. 특히 동물 응급 상황은 예측 불가능하며, 복잡한 경우가 많기 때문에 체계적인 시나리오 기반 훈련과 주기적인 장비 및 시스템 점검이 필수이다. 이를 통해 의료진의 신속한 대응 능력을 강화하고, 비상 상황에서 환자와 보호자의 안전을 보장할 수 있다. 체계적이고 지속적인 훈련 및 점검을 통해 응

급실의 대응 체계와 관리 수준을 한층 더 높일 수 있다.

1) 응급 상황 대비의 중요성

응급실은 예측할 수 없는 위기 상황이 발생할 수 있는 환경이다. 특히 동물병원 응급실은 다양한 종과 상태의 환자가 한꺼번에 몰릴 수 있으며, 응급 처치 도중 상태가 급변하거나 감염성 질환이 발생할 수 있다. 이러한 상황에 대비하기 위해 체계적인 훈련과 정기적인 점검이 필수적이다. 이를 통해 의료진의 대응 능력을 강화하고, 응급 상황 발생 시 혼란을 최소화할 수 있다.

2) 응급 상황 대비 훈련

(1) 시나리오 기반 모의 훈련(Scenario-based Simulation Training)

① 실제 응급 상황에 대비한 다양한 시나리오를 작성하고, 이에 맞는 대응 절차를 미리 계획하여 의료진의 대응 능력과 팀워크를 향상

② 구체적인 시나리오 설정(예: 감염병 환자 발생, 심정지 환자 도착)

③ 실시간 시뮬레이션을 통해 상황 발생 → 인식 → 대처 → 종료까지의 전 과정을 훈련

④ 모든 직원이 장비 위치와 사용법을 숙지하고, 응급 상황에서 침착하고 효율적으로 대응할 수 있도록 훈련

⑤ 시뮬레이션 후 평가 회의를 통해 문제점 분석 및 개선 방안 도출

(2) 팀별 역할 훈련(Role-specific Team Training)

① 각 역할에 따라 필요한 기술과 대응 방안을 집중적으로 훈련

② 팀 구성 및 역할

- 응급팀: 초기 트리아지, 응급 처치 및 처치실 배치
- 중환자 관리팀: 중증 환자 모니터링 및 집중 치료

– 감염 통제팀: 격리 및 소독, 개인 보호 장비 착용 및 폐기
– 대피 및 안전팀: 비상 대피 계획 및 안전 관리

(3) 정기 훈련 및 평가

① 정기 훈련 주기
– 월간 훈련: 기본 응급 처치 및 CPR 훈련
– 분기별 훈련: 시나리오 기반 종합 모의 훈련
– 연간 훈련: 대규모 위기 상황 대비 종합 시뮬레이션 및 평가

② 평가 및 피드백
– 훈련 후 성과 평가 및 피드백 세션 진행
– 훈련 결과 및 점검 기록을 전자 시스템으로 관리
– 문제점 및 개선 사항을 기록하고 차후 훈련에 반영
– 외부 전문가의 점검 및 컨설팅을 통해 체계적인 개선 계획 수립

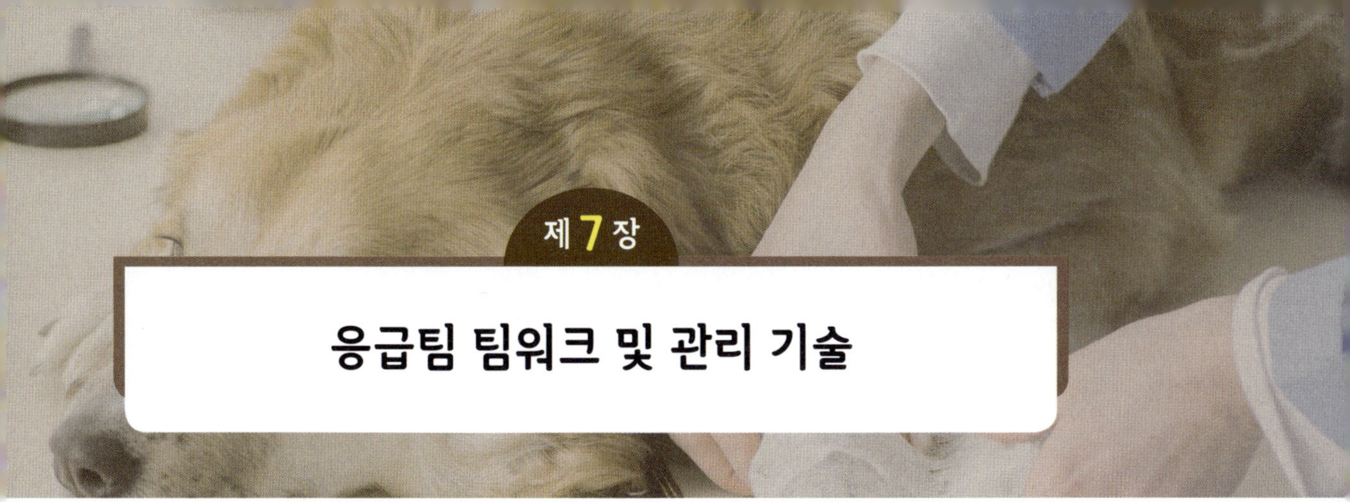

제 7 장

응급팀 팀워크 및 관리 기술

학·습·목·표

* 효과적인 응급실 팀 구성에 대해서 이해한다.
* 응급실 내에서의 역할 분담과 의사소통 전략을 알아본다.
* 동물보건사로서 응급 상황에서의 스트레스 관리를 알아본다.
* 동물병원 내 교육 및 지속적인 팀 역량 강화와 관련된 내용을 알아본다.
* 응급실 기록 시스템과 환자 정보 보호에 대한 내용을 알아본다.

1. 효과적인 응급실 팀 구성

1) 응급실의 업무 특성

응급/수술실 동물보건사는 환자 수술 시 수의사와 한 팀을 이루어 수술이 원활하고 성공적으로 진행되도록 도와야 한다. 응급으로 진행되는 긴박한 상황하에 제한된 공간에서 관련 장비, 수술 기구의 이름, 재료 등을 명확하게 이해하고 대응해야 한다.

응급/수술실 동물보건사는 수술 과정에서 일어날 수 있는 응급 상황에 항시 대비해야 하며, 수술/응급 처치 진행이 원활하지 못할 경우에 발생하는 부정적이고 공격적인 의사표현이 직간접적으로 전달되는 위치에 있다. 또한 응급 상황은 긴박하고 생명을 다루는 상황이다 보니 긴장되며, 어떠한 실수도 용납되지 않는 업무이다. 따라서 환자 안전을 최우선으로 생각하여 수술 환경을 확인하고, 응급 수술 전에는 반드시 환자를 확인하여 해당 수술을 받는 환자가 맞는지, 정확한 수술 부위가 어디인지를 확인한다.

또한 소독과 수술에 사용하는 기구, 거즈, 바늘 등을 반복적으로 확인한다. 수술 전 및 수술실 청소 및 장비 상태를 점검하는 과정을 재확인하는 절차와 수술 중 진행되는 상태를 개별적으로 재확인하면서 팀 내에서 서로에게 도움을 주는 신뢰를 쌓아 나가야 한다.

2) 응급실의 팀 구성

효과적인 응급팀 구성은 환자의 빠른 치료와 기본 원칙의 확인을 위해 역할을 명확히 하는 것이 좋다. 병원의 규모와 상황에 따라 다르겠지만, 이상적인 응급팀은 최소 3명의 훈련된 구성원을 보유해야 한다. 만일 인원이 안 된다면, 응급 상황에서의 역할은 어떤 것이 있는지 확인하고, 한정된 인원 내에서 역할을 감당하도록 하는 것이 좋다. 응급실의 팀 구성 및 역할은 〈표 7-1〉과 같다.

〈표 7-1〉 응급실의 팀 구성과 역할

팀 구성원	역할
고객 접촉 (리셉션)	• 전화에 응답(이송에 대한 지침 제공) • 응급 분류의 필요성 확립 • 보호자를 진정시키고 수의사에게 연락 • 보호자의 기본 정보 확인 및 병력 기록 • 동의서 작성 및 치료와 관련된 비용 지불 의사/방법 확인 • 심폐정지의 경우 무엇을 할 수 있는지 설명, 진행 관련 확인 ※ 일부는 수의사가 수행 가능하나, 역할은 확실히 구분해야 함
동물보건사 (보조)	• 응급 카트, 수술 도구 준비(평소 준비) • 검사대 정리, 수액 및 케이지 확인 및 정리
동물보건사 (경력)	• IV 카테터/수액 치료 시작 보조 • 활력 징후(Vital sign) 확인
수의사 (응급팀장)	• 팀 리더. 수의학적 지식과 의사소통 기술 필요 • 응급 및 중환자 치료 교육(팀원 교육) • 응급 처치의 ABC(기도, 호흡, 순환) 처치 방법을 알고 있음 • 절차를 수립하고 명령을 내림 • 기관 내 삽관, 기관 절개술, 동맥 소작 등 응급 처치 및 수술 치료

평소에 응급 치료에 대한 훈련을 받은 팀은 더 자신감 있고 책임감 있게 행동하며, 스트레스 수준이 낮아 더 나은 응급 대응 및 서비스를 제공할 수 있다는 것이 입증되었다. 따라서 팀 내 '응급 치료'와 관련한 지속적인 교육을 가능한 한 권장한다.

2. 역할 분담과 의사소통 전략

1) 역할 분담

24시간, 주 7일 운영되는 동물병원의 경우, 환자는 여러 다른 직원의 진료와 확인을 받게 된다. 따라서 다양한 상황에서 조직화된 팀워크, 커뮤니케이션, 협업 시스템을 갖추는 것이 중요하다. 동물병원 내에 역할 분담을 통해 효과적인 팀을 구축하면, 직무 만족도, 고객에 대한 대응 시간 감소, 실무 효율 능력이 향상된다.

강력한 팀 리더는 응급실에서 업무의 진행 방향과 직원의 업무 역할 분담에 필수적인 역할을 한다. 팀 리더는 규모에 따라 수의사가 될 수도 있고, 경험이 많은 동물보건사가 될 수도 있다. 이들은 멘토, 응원자, 중재자 역할을 하기도 한다. 동물병원 내 응급팀은 주기적인 팀 미팅을 통해 기준과 기대치를 설정하고, 비전과 가치를 논의하고, 성과 지침을 설계할 수 있는 기회가 있어야 한다.

2) 응급실에서의 의사소통 전략

동물보건사는 응급실에서의 의사소통 시 아래와 같은 'LARK 전략'을 항상 명시하고 있어야 한다. LARK에 관한 상세 내용은 다음의 〈표 7-2〉와 같다.

〈표 7-2〉 응급실에서의 원활한 의사소통을 위한 LARK 전략

구분		내용
L	Listen	잘 듣는다. - 정신을 바짝 차리고 내용을 잘 듣는다.
A	Anticipate needs	필요한 것들을 예상한다. - 상황에 따라 무엇이 필요한지를 먼저 생각해야 한다.
R	Respond quickly	빨리 조치를 취한다. - 우물쭈물하지 말고 바로 필요한 일을 해야 한다.
K	Know what you are doing	본인이 무엇을 해야 하는지 알아야 한다. - 왜 이 자리에 있는지, 무슨 일을 해야 하는지 항상 환자/병원의 입장에서 생각해 본다.

응급실의 동물보건사는 LARK를 명심하며, 치료 구역을 청소하고, 모든 장비와 약품을 제자리에 놓도록 하며, 응급 물품과 응급 키트/약품의 내용물이 잘 보충되어 있도록 한다.

응급 상황에서 당황하지 않으려면, 평소에도 미리미리 개선점을 알아보고 보완하려는 자세를 가지고 있는 것이 좋다. 과거의 미흡했던 점을 발견하였다면 적어 놓고 수정하여, 추후 비슷한 상황이 발생하였을 때, 어떻게 하면 동물병원과 수의사를 더 잘 보조할 수 있을지 효과적인 방법을 항상 찾는다.

실제 동물병원 현장에서 동물보건사는 다양한 고객을 만나며, 상황에 맞는 언어와 방법으로 끊임없이 소통하고, 필요에 따라서 정확한 정보를 전달해야 한다.

동물보건사는 동료 보건사와의 대화나 수의사와의 대화, 고객과의 대화 중에 서로에게 상처를 주기도 하고 상처를 받기도 한다. 특히 응급실은 매우 예민한 상황이기 때문에 무책임한 말에 분노하기도 하고, 상대방이 무심코 내뱉은 지적에 마음이 상하기도 한다. 또한 응급 상황에 있는 동물 보호자의 불평에 지치기도 한다. 따라서 의사소통의 전략에 대해 충분히 인지하고 연습하지 못하면 실제 상황에서 커뮤니케이션으로 인한 어려움을 겪게 되는 경우가 많다.

여기에서는 여러 가지 관계에서의 의사소통 특징을 알아보고, 때에 맞는 적절한 커뮤니케이션으로 원활한 의사소통이 되도록 연습해 본다.

의사소통은 언어적 커뮤니케이션과 비언어적 커뮤니케이션으로 나뉜다. 비

언어적 커뮤니케이션은 신체언어(몸의 움직임, 얼굴 표정, 눈의 접촉, 자세 등)로 표현된다. 말하는 사람이 듣는 사람에게 가장 먼저 인지되는 부분은 얼굴이다. 표정에는 많은 정보가 담겨 있기 때문에 가급적 긍정적이고 친근한 표정을 짓도록 해야 한다. 눈 맞춤 역시 상대방을 존중하는 표현이며, 시선을 연결하여 유대감을 강화시키도록 해야 한다.

그 외에 진지한 경청과 적극적인 자세 속에서 상대방에 대한 예의와 주의집중 자세를 취하는 것이 중요하다. 즉, 대화가 이어지는 중에 팔짱을 끼거나 삐딱한 자세로 서서 듣는 것은 부적절하다.

음성신호는 언어적 커뮤니케이션 과정에서 매우 중요하다. 음의 높낮이와 음량, 말의 속도를 제삼자의 입장에서 상대방에게 산만하거나 부정적인 느낌이 들지 않도록 해야 하며, 신경질적인 소리, 콧소리, 귀에 거슬리는 불쾌한 소리가 없도록 해야 한다.

정확하고 명료한 발음은 의사소통을 위해 매우 중요하다. 단어를 빠르게 말하거나 말끝을 흐린다면, 듣는 사람에게 의미가 제대로 전달될 수가 없다.

아래 〈표 7-3〉에 효과적인 의사소통을 위한 5가지 기본 요소를 정리하였다.

〈표 7-3〉 효과적인 의사소통을 위한 5가지 기본 요소

구분	내용
공감	• 역지사지 : 상대방과 입장을 바꿔 생각해 본다. • 겉으로 드러나는 표현보다 마음속 상태를 읽어 본다. • 상황이 발생한 당시의 마음을 파악한다.
반복	• 중요한 메시지는 반복하여 전달한다. • 좋은 표현(칭찬, 격려)은 반복하여 준다.
신뢰	• 말하는 속도와 톤을 가급적 상대방에 맞춰 준다. • 상대방의 움직임을 관찰하여 맞춰 준다. • 상대방과 같은 높이의 자세를 취한다.
언어	• 상대방의 수준을 고려한 어휘를 선택한다. • 구체적인 예를 들어 설명한다.
시간	• 적절한 타이밍과 주제에 맞는 메시지를 선택한다. • 의사소통에 충분한 시간을 갖는다.

(1) 수의사-보건사 간 커뮤니케이션

기본적으로 수의사와 동물보건사의 커뮤니케이션은 작은 조직에서 직접적인 대화를 통해 이루어지며, 직무 구조상 수의사는 지시하고, 동물보건사는 수행하는 관계이기 때문에 상하 명령과 복종의 관계로 생각하기 쉽다. 아래의 예를 보자.

수의사: 여기 왜 이렇게 더러워요? 약은 또 왜 여기 있어요?
보건사 A: 그거 제가 한 거 아닌데요?
수의사: 지금 그게 중요한 게 아니고 먼저 빨리 좀 치워 주세요. 나 참 답답해서.
보건사 A: 제가 뭘 잘못한 건지 말씀해 주시면 고치겠습니다.
수의사: 그냥 앞으로 똑같은 실수만 하지 마세요.
보건사 A: 그러니까 제가 뭘 실수한 건지 알려 주세요.

수의사 입장에서는 답답한 상황일 수도 있고, 동물보건사 입장에서는 매우 억울한 상황이 많을 것이다. 우선 병원에서 수의사와 동물보건사는 상하관계로 단절된 관계보다는 수의사와 평소에 친밀감을 형성하여 서로 이해의 폭을 넓혀 두는 것이 중요하다. 특히 응급 상황에서는 서로 격려하며 에너지가 소진되지 않도록 위해 주는 것이 필요하다. 때로는 먼저 다가가기도 하고 이야기를 잘 들어주면서 공감하고 소통하여 한 배를 탄 팀으로서, 인격적으로 좋은 관계를 먼저 맺는 것이 필요하다.

(2) 보건사-보건사 간 커뮤니케이션

병원에 동물보건사가 여러 명 근무할 경우는 선임/후임 간 또는 동료 간에 근무 중 또는 인수인계 시에 지치고 힘든 상황이 되면 부정확하고 부주의한 커뮤니케이션을 행할 가능성이 있다. 또한 서로에게 부정적으로 이야기하여 갈등 상황을 초래할 수 있다.

보건사 A: B 선생님, 응급인 거 안 보여요? 지금 상황 파악이 안 돼요?
보건사 B: 응급이라는 말씀 안 하셨잖아요. 다른 업무 지시하셔서 그거 먼저 준비하는 중인데요?
보건사 A: 지난번에도 응급 우선순위 파악 못 하길래 알려드린 거 기억 안 나세요?
보건사 B: 제가 또 잘못한 건가요? 매번 항상 제가 잘못하는 거네요?
보건사 A: 아니, 지금 태도가 안 되어 있잖아요. 한두 번도 아니고. 여기 병원에 놀러 온 것도 아니고 정말… 눈치가 이렇게 없는 건지…

업무 과정에서 미숙하기도 하고, 선임 직원의 배려나 지지가 없고, 과다한 업무가 있을 경우, 사소한 대화로 인한 갈등이 더욱 악화되기도 한다.

(3) 보건사-고객 간 커뮤니케이션

보건사는 고객의 심리적 불안과 갈등 상황을 이해해야 할 필요가 있다. 동물병원을 내원한 고객은 답답하고 불안한 마음이 크므로, 이를 헤아려서 공감하려 노력하는 자세를 기본으로 한다. 특히 불평을 보이는 고객에 대해서는 경청해 주는 것만으로도 도움이 될 수 있으므로 진지한 태도로 적극적으로 경청하는 자세를 가져야 할 필요가 있다.

고객: 여기 지금 언제까지 이렇게 기다려야 해요?
보건사: 아이 이름이 어떻게 되나요? 순서대로 처리하고 있는데요.
고객: 급해서 온 건데. 계속 기다리라고만 하니…
보건사: 급하다고 하신 분들이 많으셔서요.

환자의 가족들은 냉정한 판단을 내리기 어려운 상황이고, 감정에 휘둘려서 객관적이고 이성적인 판단을 하지 못할 수도 있다. 어떠한 상황이 벌어지든지 천천히 신중하게 이야기하는 습관을 들이고, 어려움에 봉착한다면 다음의 MTP 기법에 따라 소통하는 것이 필요하다.

〈표 7-4〉 불평하는 고객과 대화하는 MTP 기법

구분	내용	
사람(Man)	응대하는 사람을 바꾼다.	• 동물병원의 상위직 담당자나 수의사가 고객을 응대한다.
시간(Time)	시간이 지나가도록 한다.	• 우선 경청하면서 시간을 보낸다. • 상대방이 진정할 때까지 기다린다.
장소(Place)	다른 장소로 이동한다.	• 고객 모두가 지켜보는 대기실이 아닌 별도의 장소로 이동한다. • 편안하고 조용한 장소로 이동하여 대화를 이어 나간다.

가급적 응대 시에는 상대방의 입장을 이해하여 적극적으로 경청하며, 친절한 자세를 잊지 말고, 흥분하지 말고 냉정하게 처리하는 것이 좋다. 문제를 정확히 인식하여, 비본질적인 부분으로 대화의 흐름이나 논쟁이 흘러가지 않도록 주의한다. 특히 상대방에게도 책임이 있다는 듯한 표현을 하거나, 감정적인 논쟁을 하지 않도록 한다.

(4) 자신과의 대화

동물보건사에게는 격려와 잘하고 있다는 인정, 할 수 있다는 응원이 필요하다. 스스로 자신과 용기를 북돋아 주는 말을 많이 해야 한다. 아래의 문장을 직접 읽어 보며 스스로에게 힘을 주기 바란다.

- 넌 할 수 있어. 스스로를 믿어 봐. 지난 시간의 경험들이 많은 도움이 될 거야. 힘든 상황이 와도 좌절하지 말고 용기를 내서 다시 한번 도전해 봐.
- 스트레스 받지 말고, 속상한 것들을 너무 마음속에 담아 두지 말고, 스스로 돌보고 항상 활기차고 행복한 사람이 되어야 해.
- 넌 지금 정말 잘하고 있어. 너무 조급하게 생각하지 말고 스스로를 믿어. 언제나 그래왔듯이 차근차근 해 나가다 보면 더 능숙해지고 잘하게 될 거야. 힘내!

- 화나는 일이 있어도 욱하지 말고 마음을 비워. 묵묵히 하다 보면 어느 순간 더 성장해 있을 거야. 속상하게 생각하지 말고, 성급하게 판단하지 말고 멀리 보자. 너로 인해 힘을 얻는 사람들이 많다는 것을 꼭 기억하기를 바라!

3. 응급 상황에서의 스트레스 관리

1) 동물보건사의 스트레스 요인

동물보건사는 아픈 동물을 상대하며, 까다로운 보호자와 대면하고, 동물병원 내에서의 크고 작은 인간관계나 대화로 인해 스트레스에 노출되며, 과도한 업무로 인해 번아웃으로 이어질 수 있다. 특히 응급 환자를 다루거나 야간응급팀에서 근무하는 동물보건사는 무기력함, 좌절감 등을 느끼는 경우가 많다. 이렇게 피로가 누적되면 수면장애, 식이장애뿐만 아니라 과민행동과 자신감 상실, 지속적인 불안, 스트레스, 회피행동이 나타나게 되며, 함께 일하는 사람들뿐만 아니라 본인도 '언제부터인가 표정에서 웃음이 사라졌다, 결근이 잦아졌다, 감정적으로 무감각한 것 같다'고 자각하게 된다. 건강한 방법으로 스트레스를 관리하지 못하고, 약물이나 술에 의존하게 되면 회복이 어려우며, 좌절하게 된다. 따라서 항상 본인의 상태를 인지하고 피로의 징조를 감지하며 회복을 위한 노력을 해야 한다. 아래에 동물보건사의 스트레스 원인을 정리하였다.

(1) 공감피로(Compassion fatigue 혹은 Empathy fatigue)

공감피로란, 다른 사람을 돕는 직업을 가진 서비스 분야의 사람들이 '극도의 스트레스를 경험한 사람들'을 돌보며 겪는 증상으로, '열정피로'라고도 부른다. 이는 공감을 해야 하는 상황에 지속적으로 노출되어 감정적 · 신체적으로 지친 상태를 말한다. 이는 장기간 반복적으로 고통과 죽음에 노출된 동물들을 상대하고, 예민한 보호자들을 지속적으로 상대하고 돌보면서 발생한다.

누적된 공감피로의 증상은 다양하나, 기본적으로 이전에는 행복했던 일들이 더 이상 행복하지 않고, 매사에 귀찮고 피곤하며, 슬프거나 불평불만이 지속되어, 이를 건강하게 극복하지 못하면 알코올이나 강박 증상으로 어려워질 수 있다. 따라서 아래의 〈표 7-5〉와 같이 간단한 자가 증상과 피로를 극복하는 방법을 제안한다.

〈표 7-5〉 공감피로의 자가 증상과 극복하는 방법

공감피로의 자가 증상	공감피로를 극복하는 방법
• 억눌린 감정/슬픔/고립감 • 더 이상 행복하지 않음 • 집중력 저하/잦은 실수 • 정신적 · 육체적 피로감 • 만성적인 신체질환 • 불평불만 • 자기 관리 부족(위생 저하, 외모 관리 부족) • 과거에 있었던 나쁜 일을 자꾸 떠올림 • 술/과식/도박/강박적 행동	• 스스로 회복하고자 하는 마음 갖기 • 혼자만의 시간 갖기 • 기도/명상/마음 챙김 등 시간 갖기 • 직장 내 마음 맞는 사람들과 교류 • 직장 외의 친구/선후배들과 교류 • 일기 쓰기/글쓰기 연습 • 종교 활동 하기 • 개인위생/미용에 신경 쓰기 • 퇴근 전에 깨끗하게 씻기

(2) 도덕적 스트레스(Moral distress)

도덕적 스트레스는 자신의 도덕적 기준에 맞지 않는 상황을 겪을 때 발생하는 스트레스를 말하며, 도덕적 부상(moral injury)이라고도 한다. 이는 본인이 부당하거나 부적절하다고 생각하는 행위를 인지하고 있으나, 그러한 행위를 해야 하는 상황이나, 본인의 가치와 반대되는 행위를 강요받아 하게 되는 상황에 처할 때 발생한다.

동물보건사가 안락사를 지켜보거나, 아프고 죽어가는 동물의 돌봄을 해 주어야 하는 상황임에도 불구하고 여러 가지 이유로 진행하지 못할 때 도덕적 스트레스를 받게 된다.

(3) 번아웃(Burnout)

번아웃은 여러 가지 이유로 과도한 업무량에 시달리거나 인간관계 등의 스트레스 요인에 지속적으로 노출되고, 이것이 적절하게 대처되지 않을 때 발생한다.

동물보건사의 번아웃은 동물병원 내에서 업무의 통제권 부족, 성과에 대한 부족한 보상, 불명확하거나 과중한 업무, 무질서하거나 고압적인 근무 환경, 무례하고 불량한 태도를 보이는 사람들로 인한 대인 갈등 등 여러 가지가 있다. 또한 이러한 번아웃은 휴식이나 잠이 부족하고, 건강관리를 제때 하지 못할 때도 발생한다.

번아웃의 원인 및 자가 증상과 이에 대한 대처 방안을 아래의 〈표 7-6〉에 간단히 정리하였다.

〈표 7-6〉 번아웃의 원인/자가 증상과 극복 방법

번아웃의 원인/자가 증상	번아웃 극복 방법
• 과도한 스트레스 • 극심한 피로감 • 불면증 • 슬픔, 분노 또는 과민한 반응 • 알코올 또는 약물 남용 • 면역력 저하 – 질병이 잘 걸림	• 현재 본인의 업무 평가 • 동물병원 책임 지원 요청 • 릴랙스할 수 있는 취미 활동하기 • 운동하기 • 핸드폰 등을 멀리하고 수면을 취하기 • 기도/명상 등으로 마음 챙기기

공감피로와 번아웃은 비슷하면서도 다르다. 다음의 자가 테스트를 통해서 공감피로와 번아웃을 구분할 수 있다.

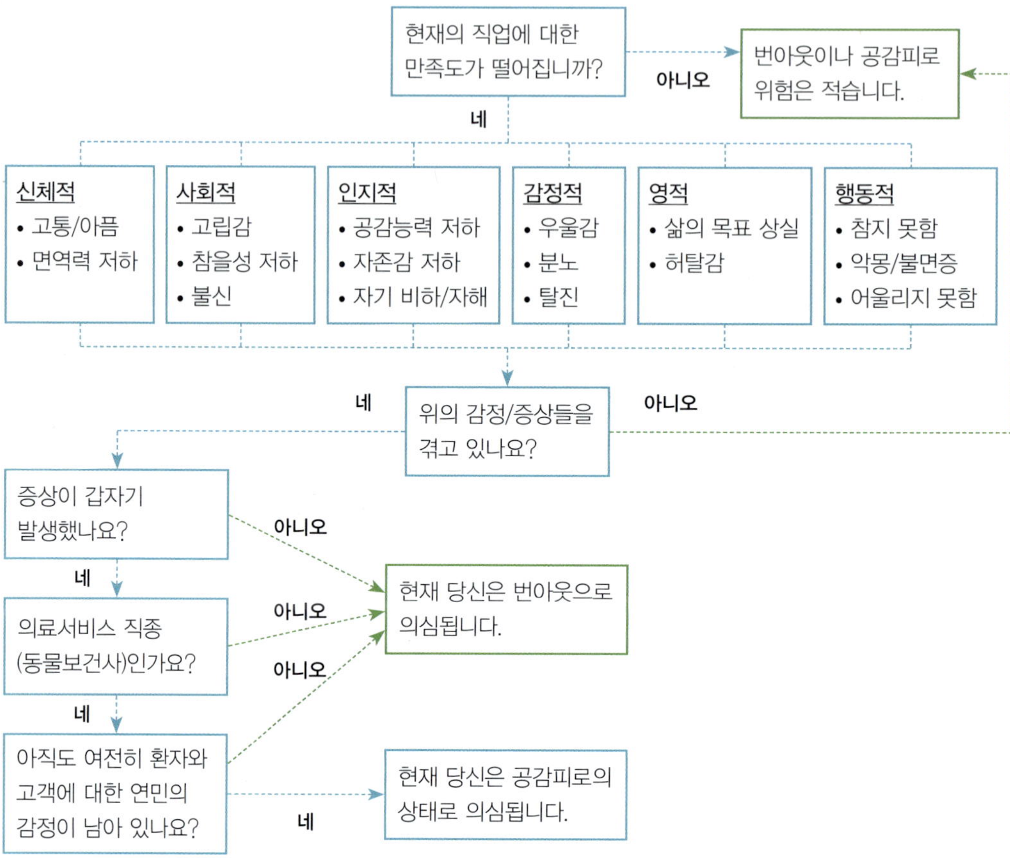

[그림 7-1] 공감피로와 번아웃의 자가 테스트 차트

2) 일상에서의 스트레스 관리

자기 연민은 자신에 대한 친절한 태도와 자신을 이해하려는 마음가짐을 의미하며, 특히 스트레스 상황이나 실패를 경험했을 때 자기 비난 대신 자기 수용을 선택할 수 있도록 돕는 중요한 심리적 자원이다.

응급 진료의 전방에 있는 동물보건사는 업무 자체도 중요하지만 이러한 일들로 인하여 과도한 스트레스를 받아 자신이 소진되지 않도록 주의해야 한다. 그러므로 나만의 취미를 만들고, 근무가 없는 날은 충분한 휴식을 취하며 몸과 마음의 안정을 취하여 자신의 회복에 투자하는 것이 매우 중요하다.

동물보건사는 여러 가지 업무를 감당해야 하므로 몸과 마음의 에너지가 많이 소모되고, 특히 사람들과 대화하는 행위에 지칠 수 있다. 그러므로 스스로 자신의 마음을 위로하고 보듬어 주며, 스트레스를 관리하는 것이 오랜 기간 안정적으로 일할 수 있는 방법임을 명심해야 한다.

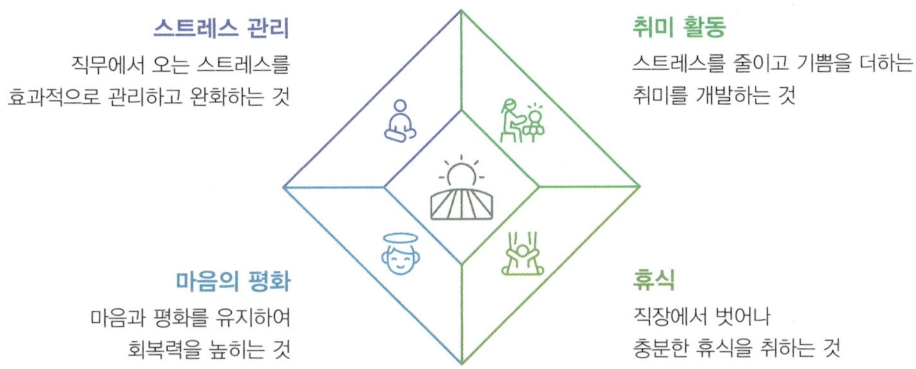

[그림 7-2] 동물보건사로서 오래 근무하기 위한 일상의 관리 전략

4. 교육 및 지속적인 팀 역량 강화

1) 응급의학 관련 교육

응급의학 분야에서 지속적인 팀 역량 강화와 교육은 매우 중요한 과제이다. 이를 효과적으로 추진하기 위해 아래와 같은 교육을 고려해 볼 수 있다.

(1) 정기적 교육

① 심화 학습 세션: 응급 상황별로 세분화된 주제(심폐소생술, 쇼크 관리, 독성 물질 처치 등)를 다루는 세션을 정기적으로 개최한다.

② 증례 기반 학습: 실제 케이스 리뷰와 시뮬레이션을 활용해 팀의 실질적 사고력을 키운다.

③ 온라인/오프라인 병행: 원격 학습과 현장 실습을 병행하면 효율성을 높일 수 있다.

(2) 시뮬레이션 기반 교육

① 모의 응급 상황 시나리오: 실제 환경과 유사한 조건에서 팀이 협력하여 문제를 해결하도록 연습한다.

② 피드백: 훈련이 끝난 후 각 단계에 대해 상세히 검토하고 개선할 부분을 논의한다.

(3) 협력 교육 프로그램

응급의학 이외의 전문가(영상진단, 외과, 내과)와 협력하여 지식을 교환하는 프로그램을 운영하면 전반적인 이해도와 협업이 향상된다.

(4) 표준 업무 지침(SOP) 정비 및 업데이트

팀 전체가 일관되게 작업할 수 있도록 모든 응급 절차를 명확히 정의하고, 새로운 연구 결과에 맞게 주기적으로 업데이트한다.

(5) 워크숍과 콘퍼런스 참석 독려

국내외 수의응급의학 학회, 세미나 또는 워크숍에 참석해 최신 트렌드와 사례를 팀에 공유하도록 한다.

(6) 멘토링 및 피어리뷰 시스템

팀원 간에 멘토링 관계를 형성하거나 작업 후 피어리뷰를 통해 상호 발전을 도모한다.

2) 팀 역량 강화를 위한 교육 프로그램

응급의학에서 팀 역량 강화를 위한 교육 프로그램은 실무에 바로 적용할 수 있는 스킬 중심 교육과 협업 능력을 개발하는 활동을 포함한다.

(1) 스킬 중심 교육

① 기본 응급 스킬 교육: 심폐소생술(CPR), 제세동기 사용, 정맥 카테터 삽입, 수액 요법, 소동물 기도 확보 및 산소요법 같은 필수 기술을 학습한다. 또한 현장 대응 역량 강화 프로그램을 통해 긴급 환자 분류, 부상 동물의 구조 및 이송 방법에 대한 실무 지식을 강화한다.

② 고급 응급 스킬 교육: 심혈관 위기 관리, 외상 처리, 독성 환자 치료 등 심화된 기술을 연습하며, 기술 장비 활용 트레이닝에서는 초음파를 활용한 응급 진단 기술과 응급 카트(Emergency Cart) 및 주요 약물 사용법을 학습한다.

(2) 협업 능력 교육

① 팀 협업 시뮬레이션 프로그램: 긴급 상황에서의 역할 분담, 의사소통, 팀워크를 강화한다.

② 위기 대처 커뮤니케이션 교육: 명확하고 효과적인 의사소통 방법을 배우며, 스트레스 상황에서도 차분하게 대응하는 능력을 키운다.

③ 증례 기반 리뷰 세션: 실제 응급 사례를 분석하며, 오류를 줄이고 최적의 조치를 도출하는 방법을 익히는 데 도움을 준다.

④ 모의 응급 상황 평가: 시간 압박 상황에서의 응급 대처 능력을 개발하며, 훈련 후 분석을 통해 개인별 피드백을 제공한다.

5. 응급실 기록 시스템과 환자 정보 보호

1) 응급실 기록 정리

정확한 기록 정리의 중요성은 아무리 강조해도 지나치지 않는다. 의료기록은 법에 의해서 정해진 서류들을 의무 기간을 정확히 확인해서 관리하도록 한다. 의무기록을 제대로 정리하지 못하거나 준비하지 못하면, 직원들이 해당 기록을 찾는 데 불필요한 시간을 낭비하게 되며, 보호자는 병원에서 기본적인 관리가 잘 되어 있지 않다고 여길 수 있다.

(1) 전자의무기록의 관리

동물병원에서 전자의무기록이 도입되어 활성화되고 있다. 그러나 개인정보 보호 관점에서 염려가 점점 커지고 있는 것도 사실이다. 의무기록은 중요한 개인정보 중 하나이기 때문이다. 가급적 의료정보 보호에 대한 개념을 가지고, 전자의무기록 시스템에 대한 취약점을 점검하고, 의료정보 보호의 관리 체계를 수립하며, 체계적인 의료정보 보호 시스템을 구축하는 것이 좋다.

(2) 검사 및 기록

응급 상황에서는 생명을 놓치지 않는 것이 중요하므로, 많은 검사를 통해 필요한 처치를 할 수밖에 없다. 응급 진료의 흐름상 필요한 검사는 보호자의 동의를 얻어 진행하고, 실시한 검사는 기록하여 추후 고객에게 의료적 절차 및 비용에 대해 설명해야 한다.

2) 고객 정보 보호

최근 「개인정보 보호법」에 의해 고객의 정보 보호 관리는 정말 중요한 요소가 되었다.

보호자의 정보는 항상 최신 정보로 업데이트하여, 방문 시마다 연락처의 변경 사항이 있는지 확인하여 응급 시에 보호자에게 쉽고 빠르게 연락이 될 수 있도록 해야 한다.

「개인정보 보호법」에 따라 동물병원에서 수집한 고객의 개인정보는 진료 목적으로만 이용하여야 하고, 보호자로부터 별도의 동의를 받거나 법령에서 해당 개인정보의 처리를 요구하거나 허용하는 경우를 제외하고는 제삼자에게 제공 등을 하여서는 아니 되며, 개인정보는 안전성 확보에 필요한 조치를 하여야 한다.

(1) 개인정보(동물병원에서 수집하는 고객 개인정보)

① '개인정보'란 살아 있는 개인에 관한 정보로서 성명, 주민등록번호 및 영상 등을 통하여 개인을 알아볼 수 있는 정보와 해당 정보만으로는 특정 개인을 알아볼 수 없더라도 다른 정보와 쉽게 결합하여 알아볼 수 있는 것까지 포함한다.

② 일반적으로 동물병원에서 보호자의 개인정보란 환자 진료 과정에서 처리되는 성명, 주민등록번호, 연락처, 환자등록번호, 진료카드번호, 아이디, 비밀번호 등 동물병원에서 수집되는 모든 개인정보를 말한다.

③ 환자의 개인정보는 민감정보 또는 고유식별정보가 대부분이므로 이를 안전하게 관리하는 것이 중요하다.

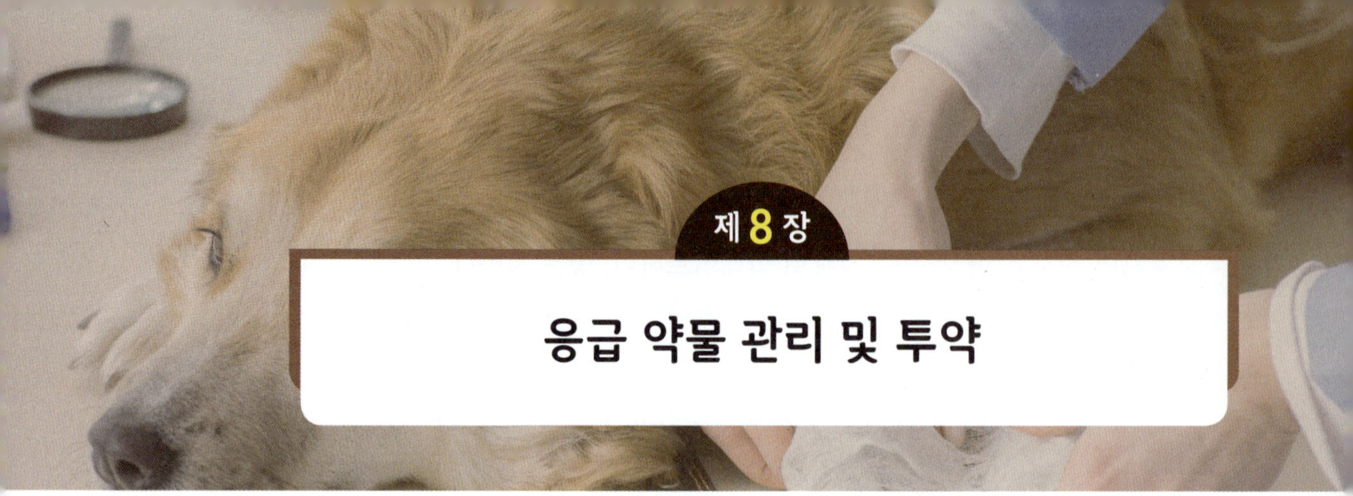

제 8 장

응급 약물 관리 및 투약

학·습·목·표

* 응급 상황에서 사용되는 다양한 약물의 적응증과 작용 기전을 설명할 수 있다.
* 응급 약물의 보관, 준비, 관리 원칙을 이해하고, 효율적으로 운영할 수 있다.
* 응급 약물의 투여량 계산 방법을 이해하고, 이를 이용하여 응급 상황 시 보조 역할을 수행할 수 있다.

1. 응급 약물의 종류와 적응증

응급 상황에서 신속하고 적절한 약물 투여는 생존율을 결정짓는 중요한 요소이다. 동물보건사는 다양한 응급 상황에서 활용할 수 있는 약물의 종류와 적응증을 정확히 이해해야 한다. 본 장에서는 주요 응급 약물의 종류, 기전, 적응증 및 투여 방법을 설명한다.

1) 심폐소생 및 순환계 응급 약물

심폐소생술(Cardiopulmonary Resuscitation, CPR)은 심정지 상태에서의 핵심 응급 처치로, 가슴 압박과 인공호흡이 기본이지만, 자발적인 순환 회복(Return of Spontaneous Circulation, ROCS)을 유도하기 위해 응급 의약품 사용이 필수적이다. 심정지는 심장 박동이 멈추면서 산소 공급이 중단되는 치명적인 상태이므로, 신속하고 적절한 약물 치료가 함께 이루어져야 생존 가능성이 높아진다.

응급 의약품은 심장의 활동을 재개하고, 혈압과 혈류를 유지하며, 신체 장기에 산소를 공급하는 역할을 한다. 예를 들어 에피네프린(Epinephrine)은 강력한 혈관 수축 작용을 통해 관상동맥과 뇌로 가는 혈류를 증가시키며, 아트로핀(Atropine)은 심박수를 증가시켜 서맥을 교정하는 데 사용된다. 도파민(Dopamine)은 저혈압 상태에서 혈관을 수축시켜 혈압을 안정화시키는 역할을 한다.

심정지 치료에서 약물 투여는 기본적으로 정맥 내(IV) 투여를 통해 신속하게 투여되어야 한다. 응급 의약품은 대부분 즉각적인 효과가 크며, 환자의 혈역학적 상태를 개선하는 동시에 심폐소생술의 효과를 극대화하는 역할을 한다. 그러나 잘못된 용량 투여나 불필요한 사용은 부정맥, 혈압 상승 등의 부작용을 초래할 수 있으므로, 응급 의약품 사용 시 정확한 용량과 투여 간격을 준수하고, 심박수와 혈압을 지속적으로 모니터링하는 것이 필수적이다.

응급 상황에서 사용되는 약물은 순환계 지원뿐만 아니라 대사 조절, 신경계 안정화 등 다양한 역할을 수행한다. 예를 들어 심폐소생 중 저혈압이 지속될 경우 혈관 수축제가 필요할 수 있으며, 지속적인 부정맥이 나타날 경우 항부정맥제가 사용될 수 있다. 또한 대사성 산증이 발생하면 중탄산나트륨(Sodium Bicarbonate)을 투여하여 산-염기 균형을 교정할 수 있으며, 심정지 후 혼수상태가 지속되는 환자에게 신경계 보호를 위한 약물이 고려될 수 있다. 이와 같이, 응급 의약품은 다양한 생리적 기능을 조절하여 환자의 생존율을 높이는 데 기여한다.

응급 의약품은 단순히 심폐소생술의 보조 수단이 아니라, 생존율을 높이고, 신경학적 후유증을 최소화하며, 궁극적으로 정상적인 회복을 돕는 필수적인 치료 도구이다.

(1) 에피네프린(Epinephrine)

에피네프린은 응급 상황에서 중요한 약물 중 하나로, 심정지, 아나필락시스, 중증 저혈압, 기관지 경련 등의 응급 상황에서 사용된다. 교감신경계의 알파(α)

및 베타(β) 수용체에 작용하는 강력한 카테콜아민으로, 혈관 수축, 심박수 증가, 기관지 확장 등 다양한 생리적 효과를 나타낸다.

❶ 주요 작용 기전

에피네프린은 교감신경 자극 효과(Sympathomimetic Effect)를 통해 알파(α)와 베타(β) 아드레날린 수용체를 활성화한다.

- α1-수용체 작용 → 혈관 수축(혈압 상승), 점막 혈류 감소로 비출혈 억제
- β1-수용체 작용 → 심근 수축력 증가(심박출량 증가), 심박수 증가
- β2-수용체 작용 → 기관지 평활근 이완(기관지 확장), 히스타민 분비 억제

에피네프린은 심정지 시 혈압을 유지하고, 아나필락시스 반응을 완화하며, 기관지 경련을 개선하는 역할을 한다.

❷ 적응증

동물에서 심정지가 발생하면 에피네프린은 가장 중요한 응급 약물로 사용된다. 혈관 수축을 유도하여 뇌와 심장으로 가는 혈류를 증가시켜 자발 순환 회복(ROSC)을 촉진한다.

❸ 투여 경로

심폐소생술(CPR, 심정지) 시 정맥 내(IV), 골수 내(IO)로 투여하여 빠르게 약이 적용될 수 있도록 한다. 정맥 접근이 어려운 경우 기관 내(ET) 투여도 가능하지만 흡수가 불완전한 단점이 있다. 심폐소생술, 아나필락시스 쇼크, 기관지 경련 등에서 0.01 mg/kg의 저용량으로 3~5분마다 반복한다. 국소 혈관을 수축시켜 지혈할 목적으로 사용하는 경우, 주사제를 약 10배 정도로 희석해서 사용한다(국내에서 유통되는 에피네프린은 대부분 1 mg/mL 농도로 제공되며, 일반적으로 체중당 0.01 mL의 저용량이 사용된다. 주사기로 정확한 용량을 측정하기 어려운 경우, 희석하여 사용하는 것이 권장된다).

❹ 주의 사항

에피네프린은 강력한 교감신경 자극제이므로 동물에서 고용량(0.1 mg/kg 초과) 사용은 신중해야 한다. 에피네프린은 과량 투여 시 부정맥(심실성 빈맥, 심실세동), 심근 허혈, 고혈압 등의 심혈관계 부작용과 불안, 진전 등의 신경계 부작용이 발생할 수 있다. 또한 말초 혈관 수축으로 조직 허혈이 유발될 수 있으며, 반동성 저혈압이 나타날 가능성이 있다. 특히 심정지 후 자발 순환이 회복된(ROSC) 환자에게는 저용량으로 신중한 사용이 필요하며, 지속적인 혈압 및 심전도 모니터링이 필수적이다.

(2) 아트로핀(Atropine)

아트로핀은 항콜린제(콜린차단제)로, 서맥(느린 심박수)과 심장전도장애의 치료 및 기관지 확장 작용을 나타낸다. 부교감신경을 차단하여 심박수를 증가시키고, 기관지 및 침 분비를 감소시킨다.

❶ 주요 작용 기전

아트로핀은 아세틸콜린 수용체를 차단함으로써 부교감신경의 활성을 억제하여 심박수를 증가시키고, 기관지 분비물을 줄이며, 위장관 운동을 감소시키는 작용을 한다. 또한 동공을 확장시키고 눈의 조절 기능을 방해할 수 있으며, 고용량에서는 중추신경계를 자극하여 불안, 초조, 환각 등의 증상이 나타날 수도 있다.

❷ 적응증

아트로핀은 심폐소생술 과정에서 저혈압을 동반한 서맥이 발생한 경우에도 투여할 수 있다. 또한 부교감신경이 과활성화되어 발생하는 서맥이나 방실 차단(1도 및 2도)에서 심박수를 증가시키기 위해 사용된다. 마취 전 처치로 기관지 및 타액 분비를 줄이기 위해 사용한다.

❸ 투여 경로

아트로핀은 정맥(IV), 근육(IM), 피하(SC) 투여가 가능하다. 심폐소생술 과정에서 서맥이 발생한 경우에는 0.04 mg/kg을 정맥으로 투여하며, 필요에 따라 3~5분 간격으로 반복 투여할 수 있다.

❹ 주의 사항

아트로핀은 부교감신경 차단 작용이 강력하기 때문에 고용량 투여 시 심한 빈맥이나 부정맥이 발생할 수 있다. 위장관 운동이 저하되어 변비가 유발될 수 있으며, 동공 확장으로 인해 시야가 흐려질 수 있다. 또한 중추신경계에 작용하여 고용량 투여 시 초조, 불안, 환각 등의 증상이 나타날 수도 있다.

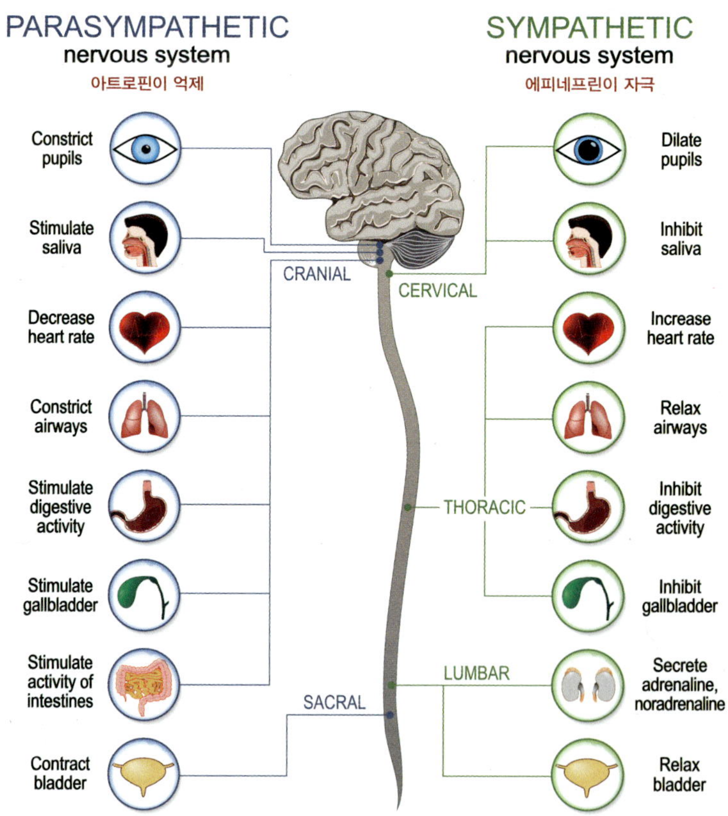

[그림 8-1] 에피네프린과 아트로핀이 작용하는 자율신경계

(3) 도부타민(Dobutamine)

도부타민은 β1-아드레날린 작용제로, 심근 수축력을 증가시키고 심박출량을 개선시킨다. 상대적으로 심박수를 과도하게 증가시키지 않으면서 심장 수축력을 증가시키는 특징이 있으며, 주로 저혈압을 동반한 심부전, 심근 수축 저하, 패혈성 쇼크 등의 치료에 사용된다.

❶ 주요 작용 기전

도부타민은 β1-아드레날린 수용체를 활성화하여 심근 수축력을 증가시키고 심박출량을 개선하는 효과를 나타낸다. β2-수용체 활성화로 인해 말초 혈관 확장이 발생할 수 있으며, 이로 인해 일부 환자에서는 혈압이 낮아질 수도 있다. α1-수용체 작용은 상대적으로 약하여 강한 혈관 수축 효과를 나타내지는 않는다. 이러한 작용으로 인해 심박출량을 증가시키면서도 과도한 혈압 상승 없이 말초 혈류를 유지하는 특징이 있다.

❷ 적응증

도부타민은 심박출량 감소와 저관류 상태가 동반된 급성 심부전 치료에 사용되며, 저혈압을 동반한 심근 수축 부전에 유용하다. 또한 확장성 심근병증(dilated cardiomyopathy, DCM) 및 중증 심근 기능 저하를 동반한 급성 심부전에서 사용될 수 있다.

❸ 투여 경로

도부타민은 정맥(IV)으로 지속적으로 주입하며, 필요에 따라 용량을 조절한다. 초기 용량은 2~5 μg/kg/min IV로 시작하며, 반응에 따라 증량할 수 있다. 최대 20 μg/kg/min까지 투여 가능하지만, 고용량에서는 부작용 발생 위험이 증가할 수 있다. 반감기가 짧아 정맥 주입을 지속해야 하며, 갑작스럽게 중단하면 반동성 혈압 저하가 나타날 수 있어 점진적으로 감량해야 한다.

❹ 주의 사항

도부타민은 심근 수축력을 증가시키지만, 심박수를 과도하게 증가시키지 않는다는 특징이 있다. 그러나 심박수 증가, 빈맥, 부정맥 등의 심혈관계 부작용이 발생할 수 있으며, 용량이 증가할수록 위험성이 커진다. 장기간 사용하면 내성이 발생할 수 있다. 투여 중에는 혈압과 심박수, 심전도, 소변량, 말초 관류 상태(점막 색깔, CRT)를 지속적으로 모니터링하면서 용량을 조절해야 한다.

(4) 도파민(Dopamine)

도파민은 노르에피네프린의 전구체로, 용량에 따라 다른 생리적 효과를 나타내는 교감신경 자극제이다. 도파민은 심혈관계 승압제 및 강심제로 사용된다. 용량 의존적으로 콩팥 혈류 증가, 심박출량 증가, 혈압 상승 효과를 나타낸다.

❶ 주요 작용 기전

도파민은 D1, β1, α1-아드레날린 수용체를 활성화하여 작용한다.

① 저용량(1 ~ 3 μg/kg/min): D1-수용체를 활성화하여 콩팥 및 혈관을 확장시키고, 콩팥 혈류를 증가시켜 이뇨를 촉진한다.

② 중등용량(5 ~ 10 μg/kg/min): β1-수용체를 활성화하여 심근 수축력을 증가시키고, 심박출량을 개선한다.

③ 고용량(>10 μg/kg/min): α1-수용체를 활성화하여 말초 혈관을 수축시키고 혈압을 상승시키지만, 과도한 혈관 수축으로 인해 조직 관류가 감소할 수 있다.

❷ 적응증

도파민은 패혈성 쇼크, 심인성 쇼크, 저혈량성 쇼크에서 혈압 유지를 위해 사용되며, 심부전 상태에서 심박출량 증가를 위해 사용된다.

❸ 투여 경로

정맥(IV)으로 지속 주입하며, 필요에 따라 용량을 조절한다. 신장혈류 증가 목적으로 저용량(1 ~ 3 μg/kg/min)을 사용하며, 응급 상황에서는 심박출량 증가(5 ~ 10 μg/kg/min) 또는 혈압 유지(> 10 μg/kg/min) 목적으로 사용된다.

❹ 주의 사항

심혈관계를 자극하여 빈맥, 부정맥이 발생할 수 있으며, 고혈압 및 반동성 저혈압 등의 부작용이 존재한다.

2) 호흡기계 응급 약물

(1) 아미노필린(Aminophylline), 테오필린(Theophylline)

아미노필린과 테오필린은 기관지 확장제로, 주로 만성 호흡기 질환[(천식, 만성 폐쇄성 폐 질환(COPD)]에서 기관지를 확장하고 호흡 근육의 피로를 줄이는 데 사용된다. 아미노필린은 테오필린의 수용성을 높이기 위해 에틸렌디아민과 결합한 형태로, 주로 정맥 주사로 사용되며 급성 기관지 수축 치료에 효과적이다.

❶ 주요 작용 기전

아미노필린과 테오필린은 포스포디에스테라아제(PDE) 억제를 통해 세포 내 cAMP 분해를 방지하여 기관지 평활근을 이완시키고, 폐혈관 저항을 감소시켜 폐순환을 개선할 수 있다. 또한 아데노신 수용체 길항 작용을 통해 호흡 중추를 자극하여 호흡수를 증가시키며, 항염증 및 기관지 과민 반응 완화 효과를 나타낸다.

❷ 적응증

아미노필린과 테오필린은 기관지 천식, 만성 폐쇄성 폐 질환(COPD) 등에서 기관지 확장을 위해 사용된다. 특히 테오필린은 만성 기관지 경련 및 야간 천식 증상의 완화를 위해 서방형 경구제로 사용되며, 아미노필린은 급성 기관지 수축 시 정맥 주사로 투여되어 빠른 기관지 확장 효과를 나타낸다.

❸ 투여 경로

아미노필린은 주로 정맥(IV) 투여하며, 테오필린은 경구(PO) 투여한다.

❹ 주의 사항

아미노필린과 테오필린은 부정맥, 중추신경계 흥분, 구역, 구토 등의 부작용이 나타날 수 있다. 특히 고농도에서 경련이나 심장 부정맥 발생 위험이 있다.

(2) 살부타몰(Salbutamol) / 알부테롤(Albuterol)

❶ 주요 작용 기전

살부타몰(알부테롤)은 β2-아드레날린 수용체를 선택적으로 활성화하여 기관지 평활근을 이완시키고, 기관지 경련을 완화하며, 기도 저항을 감소시킨다.

❷ 적응증

살부타몰은 급성 기관지 수축(천식 발작), 만성 기관지염, 기관지 반응성이 증가된 호흡기 질환 및 운동 유발성 기관지 수축(EIB)의 증상 완화를 위해 사용된다.

❸ 투여 경로

주로 흡입(Inhalation) 형태로 사용되며, 필요시마다(4~6시간 간격) 분무한다. 네뷸라이저를 이용하는 경우 생리식염수와 희석하여 흡입시킨다.

❹ 주의 사항

살부타몰은 속효성 기관지 확장제로 빈맥, 근육 떨림, 불안, 저칼륨혈증 등의 부작용을 유발할 수 있다. 특히 고용량 사용 시 심혈관계 부작용(부정맥, 혈압 상승)이 나타날 수 있다.

[그림 8-2] 휴대용 흡입 살부타몰의 형태

(3) 덱사메타손(Dexamethasone) 및 스테로이드 제제

❶ 주요 작용 기전

덱사메타손은 세포 내 글루코코르티코이드 수용체와 결합하여 염증 매개 물질(사이토카인, 프로스타글란딘, 류코트리엔)의 생성을 억제함으로써 강력한 항염증 효과를 나타낸다. 또한 혈관 투과성을 감소시켜 부종을 완화하며, 기관지 내 염증을 줄여 기도를 확보하는 데 도움을 준다. 또한 급성 알레르기 반응에서 히스타민 작용을 억제하여 증상을 완화한다.

❷ 적응증

급성 기관지 천식 발작, 알레르기성 기도 부종, 폐부종, 급성 호흡 곤란 증후군(ARDS), 아나필락시스 및 척수 외상 등의 응급 상황에서 사용되며, 마취 유도 시 기관지 반응을 완화하기 위한 목적으로 이용한다.

❸ 투여 경로

응급 상황에서는 주로 정맥(IV) 투여로 이용되며, 경우에 따라 근육(IM) 및 경구(PO) 흡입 형태로 투여 가능하다.

❹ 주의 사항

덱사메타손 및 기타 스테로이드 제제는 장기 사용 시 면역 억제, 혈당 상승, 위장관 출혈, 근육 위축, 부신 기능 억제 등의 부작용을 유발할 수 있으므로 단기간 응급 상황에서 사용하는 것이 원칙이다. 또한 고용량 사용 시 심혈관 부작용이 발생할 수 있으며, 전신 감염이 있는 환자는 감염 악화 위험이 있으므로 신중하게 사용해야 한다.

(4) 독사프람(Doxapram)

독사프람은 중추신경계 자극제로, 호흡중추(연수)를 자극하여 호흡을 촉진하는 작용을 한다. 주로 마취 후 회복 지연, 약물로 인한 호흡 억제, 호흡 곤란 증상 완화 등에 사용된다. 빠른 작용을 나타내며, 정맥(IV) 또는 근육(IM)으로 투여할 수 있다.

3) 항경련 및 신경계 약물

(1) 디아제팜(Diazepam)

디아제팜은 벤조디아제핀 계열(Benzodiazepine) 진정제로, 진정, 항경련(anti-convulsant), 근이완, 항불안 효과를 가진다.

❶ 주요 작용 기전

디아제팜은 GABA 수용체의 작용을 증강시켜 중추신경계(CNS) 억제 효과를 증가시키며, 이는 신경 흥분을 감소시켜 근육 이완 및 경련 억제 효과를 유도한다. 또한 호흡기 경련성 증상 완화, 심한 불안 감소뿐만 아니라 식욕 촉진 효과도 나타날 수 있다.

❷ 적응증

디아제팜은 전신성·중독성 경련 및 근육 강직, 진정 등 신경계 응급 상황에서 활용된다.

❸ 투여 경로

응급 시에는 주로 정맥(IV) 투여를 이용하며, 근육(IM) 또는 직장 내 투여(Rectal, 경련 시 사용)도 가능하다.

❹ 주의 사항

디아제팜은 강력한 중추신경계 억제제로, 과량 투여 시 호흡 억제, 저혈압, 심혈관계 이상(서맥, 저혈압) 및 운동 실조(ataxia)가 발생할 수 있다. 디아제팜은 반감기가 길어 누적 효과가 발생할 수 있으며, 간에서 대사되어 활성 대사산물을 형성하므로 간 질환이 있는 동물에서는 용량 조절이 필요하다. 또한 고양이에게 장기간 사용 시 간독성 위험이 보고된 바 있어 주의해야 한다.

(2) 미다졸람(Midazolam)

미다졸람은 벤조디아제핀 계열(Benzodiazepine) 진정제로, 진정, 항경련, 근이완, 항불안 효과를 가진다.

❶ 주요 작용 기전

미다졸람은 GABA 수용체의 작용을 증강시켜 중추신경계(CNS) 억제 효과를 증가시키며, 신경 흥분을 감소시켜 진정, 항경련, 항불안 및 근육 이완 효과를 유도한다. 디아제팜보다 작용 발현이 빠르고, 지속 시간이 짧아 응급 상황에서 빠른 진정 및 항경련 효과를 나타낸다.

❷ 적응증

미다졸람은 전신성, 중독성 경련 및 신경계 과흥분, 진정 등의 신경계 응급 상황에서 사용한다.

❸ 투여 경로

응급 시에는 주로 정맥(IV) 투여를 이용하며, 근육(IM), 점막(구강 또는 비강) 및 직장 내 투여(Rectal, 경련 시 사용)도 가능하다.

❹ 주의 사항

미다졸람은 디아제팜보다 짧은 작용 시간을 가지지만, 강력한 중추신경계 억제제로 과량 투여 시 호흡 억제, 저혈압, 심혈관계 이상(서맥, 저혈압) 및 운동 실조(ataxia)의 위험이 있다. 정맥 투여 시 속도를 조절하지 않으면 급성 호흡억제 및 저산소증이 발생할 수 있으며, 특히 다른 중추신경 억제제(예: 프로포폴, α2-작용제)와 병용할 경우 위험성이 증가할 수 있다. 또한 반감기가 짧아 반복 투여가 필요할 수 있으며, 장기 사용 시 내성 및 금단 증상이 발생할 가능성이 있다.

(3) 페노바르비탈(Phenobarbital)

페노바르비탈은 바르비투레이트 계열(Barbiturate) 항경련제로, 진정, 항경련, 중추신경계 억제 효과를 가진다.

❶ 주요 작용 기전

페노바르비탈은 GABA 수용체의 작용을 증강하여 중추신경계(CNS) 억제 효과를 증가시키며, 신경 흥분을 감소시켜 항경련 및 진정 효과를 유도한다. 또한 글루탐산 수용체(NMDA) 길항 작용을 통해 신경 전달을 차단하여 신경 과흥분을 억제하는 효과를 가진다.

❷ 적응증

페노바르비탈은 만성 및 급성 경련 질환[특히, 개발작(cluster seizure) 및 지속적 경련 상태(status epilepticus) 관리], 신경계 흥분 억제 및 진정 등의 신경계 응급 상황에서 활용된다.

❸ 투여 경로

응급 시에는 주로 정맥(IV) 투여를 이용하며, 근육(IM) 또는 경구(PO) 투여도 가능하다. 그러나 IM 투여 시 조직 자극이 발생할 수 있어 신중한 사용이 필요하다.

❹ 주의 사항

페노바르비탈은 작용 시간이 길고(반감기 길음), 지속적인 중추신경 억제 효과를 나타낼 수 있다. 과량 투여 시 심한 호흡 억제, 저혈압, 혼수(coma) 및 심혈관계 이상(서맥, 저혈압 등)의 위험이 있으며, 중추 억제 효과가 강하므로 신중한 용량 조절이 필요하다. 장기 사용 시 간 기능 손상 위험이 있다.

(4) 프로포폴(Propofol)

프로포폴은 비바르비투르산계(Non-barbiturate) 정맥 마취제로, 빠른 진정(sedation), 마취 유도 및 유지(anesthesia induction & maintenance), 항경련(anti-convulsant) 효과를 가진다.

❶ 주요 작용 기전

프로포폴은 GABA 수용체 작용을 강화하여 중추신경계(CNS) 억제 효과를 증가시키며, 신경 흥분을 감소시켜 빠른 마취 유도 및 진정 효과를 나타낸다. 작용 발현이 빠르고, 회복 시간이 짧아 단기간 마취 및 진정에 적합하다.

❷ 적응증

프로포폴은 전신 마취 유도 및 유지, 급성 경련[특히 벤조디아제핀 반응이 없는 뇌전증 지속증(status epilepticus)] 억제, 진정 및 기관 삽관 전 마취 보조제로 활용된다.

❸ 투여 경로

정맥(IV) 주사로 투여한다. 프로포폴은 지질 유제(lipid emulsion) 기반의 약물로, 혈관 밖으로 누출되면 조직 손상 및 염증 반응이 유발될 수 있으므로 투약 전에 정맥 라인의 상태 확인이 반드시 필요하다.

❹ 주의 사항

프로포폴은 빠른 작용과 짧은 반감기를 가지지만, 강력한 호흡 억제 및 혈압 저하를 유발할 수 있다. 고용량 투여 시 호흡 정지(Apnea) 위험이 있으므로 산소 공급 및 인공호흡기 준비가 필요하다. 혈압 저하 및 심혈관 억제가 나타날 수 있으며, 지속적으로 사용 시에는 대사성 산증, 부정맥, 신부전 등이 발생할 수 있다. 프로포폴 사용 시 반드시 심혈관계 및 호흡 상태를 지속적으로 모니터링해야 하며, 응급 장비를 준비한 상태에서 투여하는 것이 원칙이다.

4) 중독 응급 치료제

(1) 활성탄(Activated charcoal)

활성탄은 강력한 흡착제(absorbent)로, 독성 물질을 흡착해 위장관에서의 흡수를 방해하고 중독 치료에 사용된다. 경구(oral)로 섭취한 독극물 중독 시 일차적 응급 치료제로 활용되며, 특정 독성 물질의 혈중 농도를 낮추는 역할을 한다.

❶ 주요 작용 기전

활성탄은 넓은 표면적을 가진 미세 기공 구조를 통해 위장관 내 독성 물질을 흡착하여 체내 흡수를 억제한다. 이를 통해 독극물이 혈류로 흡수되기 전에 제거되도록 도와준다.

❷ 적응증

활성탄은 경구로 섭취된 독극물 중독 및 약물 과다 복용 시 응급 치료제로 활용된다.

❸ 투여 경로

경구(Oral) 또는 위장관 튜브를 통한 투여한다.

❹ 주의 사항

활성탄은 알코올, 철분, 리튬 및 일부 부식성 물질(강산, 강염기)에는 흡착 효과가 없으며, 위장관 폐색 또는 장폐색 가능성이 있는 경우 사용이 금기된다. 또한 의식 저하 상태의 경우 흡인성 폐렴이 유발되지 않도록 유의해야 한다.

(2) 날록손(Naloxone)

날록손은 아편유사제 길항제(Opioid antagonist)로, 아편계 및 아편유사제 약물(Opioid) 약물 중독과 이에 따른 호흡 억제 치료에 사용된다. 아편계 및 아편유사제(Opioid) 과량 투여(overdose) 시 발생하는 호흡 억제 및 의식 저하를 신속하게 회복시키는 역할을 한다.

❶ 주요 작용 기전

날록손은 뮤(μ)-오피오이드 수용체(μ-opioid receptor)를 경쟁적으로 차단해 모르핀, 펜타닐, 메타돈 등의 아편계 진통제 작용을 역전(reverse)시킨다. 이를 통해 오피오이드로 인한 호흡 억제 및 중추신경계 억제를 신속히 회복시킨다.

❷ 적응증

아편계 및 아편유사제(Opioid) 중독 및 과량 투여 치료에 빠르게 작용하는 응급 해독제로, 호흡 및 의식 저하를 신속하게 회복시킨다.

❸ 투여 경로

응급 시 정맥(IV)으로 투여하며, 필요시 2~3분 간격으로 반복 투여 가능하다. 근육(IM) 또는 피하(SC)로도 투여 가능하다. 또한 응급 현장에서 비강 분무제(Intranasal) 형태로도 적용 가능하다.

❹ 주의 사항

아편계 및 아편유사제(Opioid)보다 반감기가 짧아(30~90분) 증상이 재발할 수 있어 추가 투여가 필요하며, 흥분, 고혈압, 빈맥, 구역, 구토, 발한 등의 부작용이 나타날 수 있다.

(3) 아티파메졸(Atipamezole)

아티파메졸은 α2-아드레날린 길항제(α2-adrenergic antagonist)로, 메데토미딘(Medetomidine) 및 덱스메데토미딘(Dexmedetomidine)의 중추 및 말초 α2-수용체 작용을 경쟁적으로 차단하여 그 효과를 역전(reverse)시킨다. 이를 통해 진정 및 심혈관 억제 효과를 빠르게 해소한다. 진정 및 진통 효과를 빠르게 회복시키며, 주로 수의학적 응급 상황에서 사용된다.

5) 기타 응급 약물

(1) 칼슘글루코네이트(Calcium Gluconate)

칼슘 글루코네이트는 칼슘(Ca^{2+}) 보충제로, 저칼슘혈증(hypocalcemia), 칼슘 차단제(calcium channel blocker) 중독, 고칼륨혈증(hyperkalemia), 부갑상선 기능 저하증(hypoparathyroidism) 등의 응급 치료에 사용된다.

❶ 주요 작용 기전

칼슘 글루코네이트는 혈중 칼슘 농도를 회복하고, 신경 및 근육 과흥분을 완화시킨다.

❷ 적응증

칼슘 글루코네이트는 분만 후 저칼슘혈증(유열, Milk fever), 저칼슘혈증(Hypocalcemia) 강직(eclampsia), 고칼륨혈증(Hyperkalemia)에서 심장 보호 등을 위해 사용한다.

❸ 투여 경로 및 용량

칼슘 글루코네이트는 정맥(IV)으로 천천히 투여하며, 혈관 외로 유출될 경우 조직 괴사를 유발할 수 있으므로 주의해야 한다. 피하(SC)나 근육(IM) 투여는 조직 손상 위험으로 금기이다. 필요시 희석하여 지속적 정맥 주입(CRI) 형태로 사용할 수 있다.

❹ 주의 사항

너무 빠른 정맥 주입 시 부정맥(Arrhythmia) 및 심장 정지 가능성이 존재하기 때문에 천천히 주입하며, ECG 모니터링이 필수적이다.

(2) 푸로세마이드(Furosemide)

푸로세마이드는 고리형 이뇨제(loop diuretic)로, 콩팥에서 나트륨(Na^+), 염소(Cl^-), 칼륨(K^+) 등의 재흡수를 억제하여 강력한 이뇨 작용을 유도한다. 주로 폐부종, 심부전, 신부전, 고혈압, 고칼슘혈증 및 고칼륨혈증의 치료에 사용된다.

❶ 주요 작용 기전

푸로세마이드는 신장의 헨레고리 상행각(Loop of Henle, Thick Ascending Limb)에서 $Na^+/K^+/2Cl^-$ 공동수송체를 차단한다.

❷ 적응증

푸로세마이드는 체액 과부하 및 응급 상황에서 신속한 이뇨를 유도하기 위해 사용된다. 또한 급성 폐수종, 울혈성 심부전(Congestive heart failure, CHF), 신부전(Acute or chronic renal failure)의 보조 치료 및 뇌부종(Cerebral edema) 및 복수(Ascites) 감소 목적으로 이용한다.

❸ 투여 경로 및 용량

정맥(IV) 또는 근육(IM) 투여, 경구(Oral) 투여가 가능하며, 응급 시에는 주로 정맥(IV)으로 투여한다. 필요시 반복 정맥 투여 또는 지속적 정맥 주입(Continuous Rate Infusion, CRI) 형태로 사용할 수 있다.

❹ 주의 사항

과도한 이뇨로 인한 탈수 및 전해질 불균형 가능성이 존재하며, 신부전 환자에게는 신중히 사용해야 한다. 동물보건사는 투약 후 배뇨가 원활하게 이루어지는지 지속적으로 모니터링해야 한다.

(3) 글루코스(Glucose)

❶ 주요 작용 기전

글루코스는 신체의 주요 에너지원으로, 세포 대사를 유지하고 혈당을 정상 범위로 조절하는 역할을 한다. 정맥 투여 시 빠르게 혈중 포도당 농도를 증가시켜 저혈당 상태를 교정한다.

❷ 적응증 및 투여 경로

저혈당, 인슐린 과다 투여, 패혈증, 쇼크 상태, 간부전으로 인한 저혈당 상태일 때 정맥(IV) 및 경구(Oral) 투여가 가능하다.

❸ 주의 사항

과도한 투여 시 고혈당, 삼투성 이뇨, 전해질 불균형을 유발할 수 있으며, 고농도 포도당 용액이 혈관 외부로 누출된 경우, 조직 손상 및 삼투압성 괴사가 발생할 수 있다.

(4) 중탄산나트륨($NaHCO_3$)

❶ 주요 작용 기전

중탄산나트륨은 알칼리성 물질로, 체내에서 중탄산(HCO_3^-)을 보충하여 산-염기 균형을 조절한다. 응급실에서는 대사성 산증이 발생한 경우 혈중 pH를 상승시켜 정상화하는 역할을 한다.

❷ 적응증 및 투여 경로

신부전 등으로 중증 대사성 산증(혈중 HCO_3^- 감소 및 pH 7.2 미만인 경우)이 야기된 경우 정맥(IV) 투여로 산증을 교정한다.

❸ 주의 사항

과도한 투여 시 대사성 알칼리증(Metabolic Alkalosis)이 유발될 수 있다. 칼슘이나 마그네슘 성분과 혼합되면 침전 형성이 가능하므로, 반드시 별도로 약물이 투여되어야 한다. 또한 혈관 외 누출 시 조직 괴사 및 염증이 유발될 수 있다.

(5) 항히스타민제(Antihistamines)

항히스타민제는 히스타민 수용체(H_1 또는 H_2)를 차단하여 알레르기 반응, 아나필락시스, 염증 반응, 위산 분비 등을 조절하는 약물이다. H_1 수용체 길항제(H_1 blockers)는 주로 알레르기 반응 및 과민 반응 치료에 사용되며, H_2 수용체 길항제(H_2 blockers)는 위산 분비 억제를 위해 사용된다. 응급 상황에서는 주로 H_1 수용체 길항제가 이용된다.

❶ 주요 작용 기전

H_1 수용체 길항제는 히스타민이 H_1 수용체와 결합하는 것을 막아 알레르기 반응, 혈관 확장, 부종 및 가려움 완화, 항염증 효과를 나타낸다.

❷ 적응증

H_1 수용체 길항제는 아나필락시스 보조 치료, 급성 알레르기 반응(벌 쏘임, 음식 알레르기, 약물 알레르기 등) 및 두드러기(Urticaria) 및 가려움증(Pruritus) 완화 등에 이용된다.

❸ 주의 사항

H_1 수용체 길항제는 신경계 억제 효과가 있을 수 있으며, 심혈관 질환 환자에서 고용량 사용 시 저혈압, 부정맥 위험이 존재한다.

2. 응급 약물의 보관, 준비 및 관리

응급 상황에서 약물의 적절한 보관과 준비는 신속한 치료를 가능하게 하며, 약물의 효능을 보장하는 중요한 요소이다. 응급 약물은 응급 카트(Emergency Cart)에 보관하여 즉각적인 사용이 가능하도록 유지해야 한다.

1) 응급 약물의 보관

(1) 온도 및 환경 관리

약물은 권장 온도에서 보관하며, 냉장 보관이 필요한 약물은 2~8℃의 냉장고에 보관한다. 습도에 민감한 약물은 밀폐 용기에 보관하여 변질을 방지한다. 빛에 민감한 약물(예: 에피네프린, 페노바르비탈)은 갈색 병에 보관하거나 차광 보관한다.

(2) 응급 카트 구성 및 유지

응급 약물은 즉시 사용 가능하도록 응급 카트에 보관한다. 응급 카트는 정기적으로 점검하여 필요한 약물이 항상 적절한 수량을 유지할 수 있도록 하고, 유효 기간을 확인해야 하며, 사용 후에는 반드시 보충하여 응급 상황에서의 공백을 방지한다.

(3) 유효 기간 및 폐기

유효 기간이 지난 약물은 즉시 폐기하고 대체 약물을 준비한다. 폐기 시 약물별 폐기 절차를 준수하여 환경과 안전을 고려한다. 마약류 및 향정신성의약품은 별도의 관리 기준(참고: 「마약류 관리에 관한 법률」)을 준수하여 기록을 유지하고 폐기한다.

2) 응급 약물의 준비

(1) 조제 및 희석

정맥 주사(IV) 약물은 오염되지 않게 조제하며, 희석 시 반드시 제조사의 권장 희석액을 사용한다. 또한 혼합 가능한 약물과 불가능한 약물을 숙지하여 약물 간 상호작용을 방지한다. 응급 상황을 대비하여 자주 사용되는 약물은 미리 준비하여 보관한다.

(2) 투약 정확성 확보

약물 용량과 투여 경로를 철저히 확인하고, 중복 투약을 방지한다. 또한 체중과 상태에 따라 정확한 용량을 계산하고, 필요시 재확인한다.

3) 응급 약물의 관리

응급 약물은 매일 또는 정기적으로 보관 상태와 유효 기간을 점검하고, 응급 키트에 포함된 약물이 항상 충분한 양이 유지되도록 관리해야 한다. 응급 약물은 즉시 사용할 수 있도록 분류하고 정리하며, 응급 카트에 포함된 약물 목록과 사용 방법을 명확히 정리하여 신속한 대응이 가능하도록 한다. 또한 응급 약물 사용법과 응급 상황 대처법에 대한 정기적인 교육을 시행하고, 모의 응급 훈련을 통해 응급 약물 투여의 신속성과 정확성을 향상시켜야 한다.

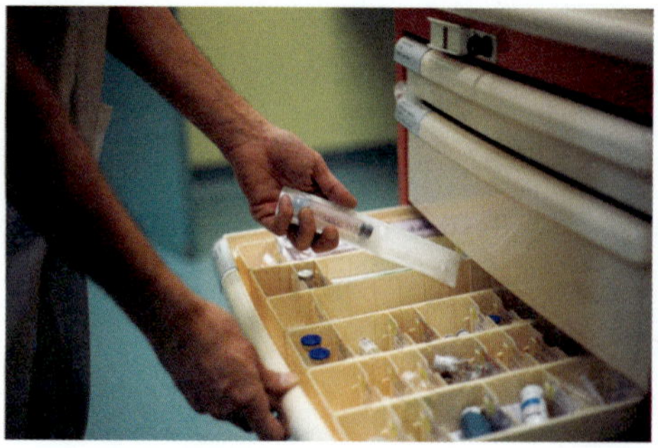

응급 카트는 정기적으로 재고 및 유효 기간을 확인하여야 하고, 즉시 사용할 수 있도록 정리되어 있어야 한다.

[그림 8-3] 응급 카트

3. 정확한 투약 용량 계산

응급 상황에서 약물의 정확한 용량을 계산하는 것은 환자의 안전을 보장하는 필수 과정이다. 잘못된 용량 계산은 치료 실패나 부작용을 초래할 수 있으므로, 정확한 개념과 숙련이 필요하다.

약물 투여 방식은 약물의 특성과 응급 상황의 필요에 따라 다르게 적용된다. Bolus는 단기간에 신속한 효과를 얻기 위해 일정량의 약물을 빠르게 주입하는 방식이며, CRI(Constant rate infusion)는 약물의 효과를 일정하게 유지하기 위해 오랜 시간 동안 일정 속도로 투여하는 방식이다.

투약 용량 계산을 위한 개념

- mg/kg: 체중 1 kg당 얼마만큼의 약물을 투여해야 하는지를 나타내는 단위
- mg/mL: 1 mL의 약물 용액 속에 몇 mg의 약물이 들어 있는지를 나타내는 단위

1) Bolus 용량 계산

Bolus 투여는 정해진 용량을 짧은 시간 내에 정맥으로 빠르게 투여하는 방식이다. 응급 상황에서 mg/kg 단위로 계산된 투여량을 실제 사용하는 약물의 mg/mL 농도로 변환하여 필요한 약물의 부피(주사량)를 결정하는 과정이 필요하다. 동물보건사는 이를 보조함으로써, 응급 상황에 신속하게 대처할 수 있도록 한다.

Bolus 투여량 계산 공식

(1) 투여해야 할 총용량(mg) 계산

필요한 용량(mg) = 체중(kg) × 투여 용량(mg/kg)

▸ 체중(kg): 환자의 무게를 의미하며, 약물 용량 계산의 기본이 된다.

▸ 투여 용량(mg/kg): 약물의 치료 용량을 의미하며, 해당 약물을 1 kg당 몇 mg 투여해야 하는지를 나타낸다.

▸ 총용량(mg): 환자의 체중을 고려하여 최종적으로 필요한 약물의 총량이다.

(2) 최종 주사량(mL) 계산

$$필요한\ 주사량(mL) = \frac{필요한\ 용량(mg)}{약물\ 농도(mg/mL)}$$

▸ 약물 농도(mg/mL): 주어진 약물 용액 1 mL에 포함된 약물의 총량을 나타낸다.

▸ 필요한 주사량(mL): 약물의 최종 주입량으로, 실제로 주사기로 측정하여 투여해야 하는 양이다.

예시 1 체중 10 kg의 개에게 에피네프린(Epinephrine)을 투여할 경우의 용량 계산

* 에피네프린: 1 mg/mL 농도- 이 농도는 상품에 따라 변경될 수 있으며, 예시로 제공하는 농도임

- 처방 용량 = 0.01 mg/kg
- 환자 체중 = 10 kg
- 총투여량 = 0.01 mg/kg × 10 kg = 0.1 mg
- 에피네프린 1 mL에는 1 mg이 포함 → 0.1 mg = 0.1 mL
- 결론: 체중 10 kg의 개에게 에피네프린 1 mg/mL 약물을 사용할 경우, 0.1 mL를 준비해야 한다.

예시 2 체중 10 kg의 개에게 도부타민(Dobutamine) CRI(Continuous Rate Infusion) 5 μg/kg/min 속도로 투여할 경우의 용량 계산

* 도부타민: 50 mg/mL 농도- 이 농도는 상품에 따라 변경될 수 있으며, 예시로 제공하는 농도임

** 도부타민은 미리 희석액(D5W, 생리식염수) 1,000 mL에 250 mg을 희석하여 250 μg/mL농도로 조제. 도부타민 50 mg/mL 원액을 기준으로 250 mg을 준비하려면 5 mL를 취해야 하며, 이를 995 mL의 희석액에 섞으면 1,000 mL의 250 μg/mL 농도 용액이 된다.

- 투여 속도 = 5 μg/kg/min
- 환자 체중 = 10 kg
- 필요한 총용량 = 5 μg × 10 kg = 50 μg/min(1분당 50 μg씩 약물이 투여되어야 한다.)
- 최종 주입 속도 계산
  - 목표 용량: 50 μg/min
  - 도부타민 농도: 250 μg/mL
  - 필요 주입 속도 = 50 μg/min ÷ 250 μg/mL = 0.2 mL/min
  - 일반적으로 시린지 펌프는 mL/hr 단위를 사용하므로, 최종적으로 주입 속도를 mL/hr로 변환하여 설정한다.
  - 시간당 투여량 = 0.2 mL/min × 60 min/hr = 12 mL/hr
- 결론: 체중 10 kg의 개에게 도부타민을 5 μg/kg/min으로 주입할 경우, 최종 주입 속도는 12 mL/hr로 설정해야 한다.

임상에서는 체중 기반 용량 계산, 농도 변환, 주입 속도 설정을 신속하게 수행할 수 있어야 한다. 이를 위해 실제 사례 기반의 연습을 지속적으로 진행하여, 응급 상황에서 즉각적인 대응이 가능하도록 보조해야 한다.

제 9 장

응급 동물 환자의 통증 관리

학·습·목·표

* 응급 상황에서 통증을 평가하는 방법 및 그 중요성을 익힌다.
* 진통제 및 진정제의 종류와 투여 방법을 파악한다.
* 통증 완화를 위한 비약물적 방법에 대해 학습한다.
* 장기 진통제 사용에 있어서 윤리적인 고려를 고찰한다.

1. 통증의 평가와 중요성

동물에서 통증을 평가하는 것은 응급 처치의 중요한 요소 중 하나이다. 통증은 동물의 생리적 · 행동적 변화로 나타날 수 있으며, 이를 정확히 평가하는 것은 적절한 치료 계획을 수립하는 데 필수적이다.

미국동물병원협회(American Animal Hospital Association, AAHA)는 개와 고양이를 위한 통증 관리 지침을 발표하였으며, 급성 및 만성 통증의 평가와 관리에 대한 실용적이고 논리적인 접근법을 제시하고 있다. AAHA 지침에 따르면, 통증은 조기 발견과 적절한 개입이 필요하며, 이를 위해 다양한 평가 방법이 활용된다.

1) 통증 평가 방법

통증 평가 방법으로는 행동 평가, 생리적 지표 측정, 통증 척도 사용 등이 있다.

행동 평가는 동물의 움직임, 반응, 식욕, 신체적 자세 등을 관찰한다. 통증을 가지고 있는 동물은 공격적인 행동이나 무기력한 태도를 보일 수 있다. 또한 특정 부위를 핥거나 물어뜯는 행동을 보일 수도 있으며, 통증이 심할 경우 보행이 불안정하거나, 움직임을 피하려는 경향을 보일 수 있다.

생리적 지표 측정이란, 심박수, 호흡수, 혈압 등의 변화를 통해 통증의 강도를 파악하는 것이다. 통증이 심할수록 교감신경계가 활성화되어 혈압과 심박수가 상승할 수 있으며, 체온 상승, 눈동자의 확장, 근육 긴장도 증가 등도 통증의 지표로 활용될 수 있다. 만성 통증의 경우, 오히려 생리적 반응이 둔화되거나 특정 지표가 장기간 변화하는 특징을 보일 수 있다.

이 밖에도 다양한 통증 평가 척도를 이용하여 객관적으로 측정한다. 예를 들어 Glasgow Composite Pain Scale(GCPS), Feline Grimace Scale(FGS) 등이 활용될 수 있다. 이러한 척도는 정량적 평가를 가능하게 하며, 관찰자가 여럿이더라도 일관적 평가를 내릴 수 있다.

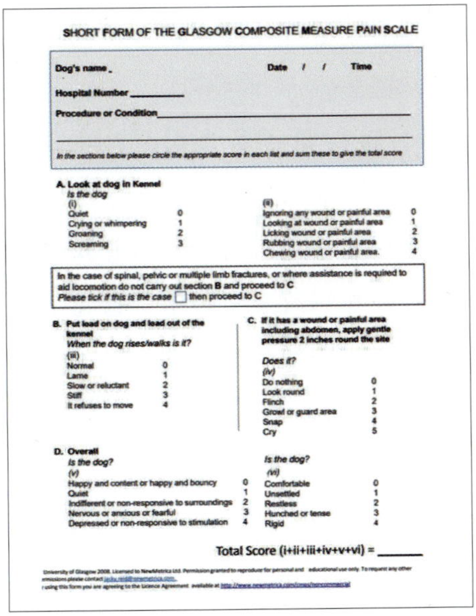

SHORT FORM OF THE GLASGOW COMPOSITE MEASURE PAIN SCALE

Dog's name _ Date / / Time

Hospital Number ___________

Procedure or Condition___________________

In the sections below please circle the appropriate score in each list and sum these to give the total score

A. Look at dog in Kennel
Is the dog

(i)		(ii)	
Quiet	0	Ignoring any wound or painful area	0
Crying or whimpering	1	Looking at wound or painful area	1
Groaning	2	Licking wound or painful area	2
Screaming	3	Rubbing wound or painful area	3
		Chewing wound or painful area.	4

In the case of spinal, pelvic or multiple limb fractures, or where assistance is required to aid locomotion do not carry out section **B** and proceed to **C**
Please tick if this is the case ☐ then proceed to C

B. Put lead on dog and lead out of the kennel
When the dog rises/walks is it?

(iii)	
Normal	0
Lame	1
Slow or reluctant	2
Stiff	3
It refuses to move	4

C. If it has a wound or painful area including abdomen, apply gentle pressure 2 inches round the site
Does it?

(iv)	
Do nothing	0
Look round	1
Flinch	2
Growl or guard area	3
Snap	4
Cry	5

D. Overall

Is the dog? (v)		*Is the dog?* (vi)	
Happy and content or happy and bouncy	0	Comfortable	0
Quiet	1	Unsettled	1
Indifferent or non-responsive to surroundings	2	Restless	2
Nervous or anxious or fearful	3	Hunched or tense	3
Depressed or non-responsive to stimulation	4	Rigid	4

Total Score (i+ii+iii+iv+v+vi) = ______

Glasgow Composite Pain Scale(GCPS)

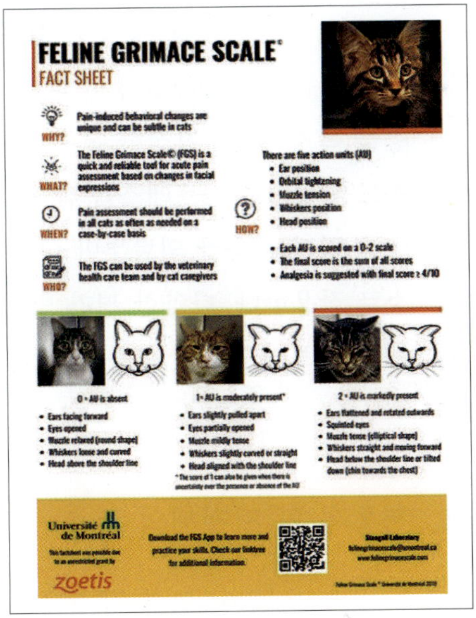

Feline Grimace Scale(FGS)

[그림 9-1] 동물의 통증 평가 척도 예시

2) 통증이 동물에게 미치는 영향 및 관리의 중요성

통증이 적절히 관리되지 않으면 동물의 신체적·심리적 건강에 심각한 영향을 미칠 수 있다. 지속적인 통증은 스트레스 반응을 유발하여 코르티솔 분비를 증가시키고, 교감신경 활성화로 면역 기능을 저하시켜 감염 위험을 높인다. 또한 심박수 및 혈압 상승이 지속되면 심혈관계에 부담을 주며, 불안, 두려움, 공격성 증가, 식욕 감소, 체중 감소 등의 행동 변화를 초래할 수 있다. 이로 인해 치유 속도가 느려지고, 근육 위축 및 관절 경직이 발생할 위험이 있다. 따라서 통증 관리는 응급 의료에서 필수적인 부분이며, 신속하고 정확한 통증 평가가 효과적인 치료의 핵심이다. 또한 통증의 지속적인 모니터링을 통해 치료 과정에서의 변화를 파악하고 최적의 치료법을 적용해야 한다.

AAHA(2022)는 통증 평가의 중요성을 다음과 같이 강조하고 있다.

- 정확한 진단: 통증을 정확히 평가함으로써 질병의 원인을 파악하고 적절한 치료 계획을 수립할 수 있다.
- 치료 효과 모니터링: 통증 수준을 지속적으로 평가하여 치료의 효과를 판단하고 필요에 따라 조정할 수 있다.
- 동물 복지 향상: 적절한 통증 관리는 동물의 삶의 질을 향상시키며, 회복 속도를 높이고 스트레스를 감소시킨다.
- 통증 평가는 응급 의료뿐만 아니라 일반적인 진료 과정에서도 중요한 요소로 작용한다. 다양한 평가 방법을 결합하여 다각적으로 통증을 분석하는 것은 보다 정밀한 통증 관리 계획을 수립하는 데 기여할 수 있다.

2. 진통제 및 진정제의 종류

1) 진통제(Analgesics)

진통제는 통증을 완화하는 약물이며, 작용 기전에 따라 비마약성 진통제와 마약성 진통제로 나눈다.

(1) 비마약성 진통제(Non-opioid Analgesics)

비마약성 진통제는 주로 비스테로이드성 소염진통제(NSAIDs) 계열로 구성되며, 통증과 염증을 동시에 완화하는 효과가 있다. 중추신경계를 직접적으로 억제하지 않으므로 호흡 억제 등의 부작용이 적다. 그러나 장기간 사용 시 위장관 장애, 콩팥 손상 등의 부작용이 나타날 수 있어 주의해야 한다.

❶ 비스테로이드성 소염진통제(NSAIDs)

NSAIDs(Non-Steroidal Anti-Inflammatory Drugs, 비스테로이드성 소염진통제)는 염증·통증·발열을 완화하는 약물로, 개와 고양이에서 관절염, 근골격계 질환, 수술 후 통증 관리 등에 사용한다. 스테로이드와 달리 면역 억제 효과는 없으며, 프로스타글란딘 합성을 억제하여 항염 및 진통 작용을 나타낸다.

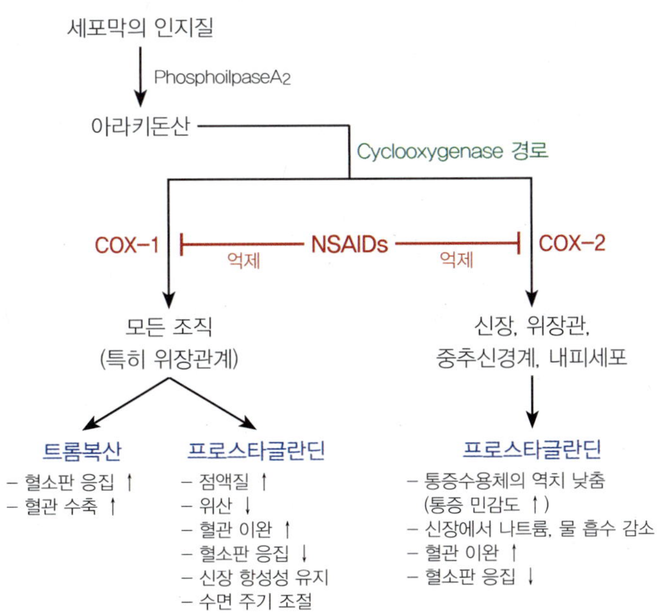

[그림 9-2] NSAIDs의 기전

NSAIDs는 사이클로옥시게나제(Cyclooxygenase, COX) 효소를 억제하여 프로스타글란딘 합성을 감소시킴으로써 염증과 통증을 완화하는 기전을 가진다. COX-1을 억제하면 위 점막 보호 기능과 콩팥 혈류 조절 기능이 감소하여 위장관 장애와 콩팥부전(신부전) 부작용이 발생할 수 있으며, COX-2를 억제하면 염증 반응이 억제되어 항염 및 진통 효과가 나타난다.

가. 카프로펜(Carprofen)

비스테로이드성 소염진통제(NSAIDs)로, 개에서 관절염, 근골격계 질환, 수술 후 통증 관리를 위해 사용한다. 주로 COX-2를 선택적으로 억제하여 염증과 통증을 줄이며, 상대적으로 COX-1과 관련된 위장관 및 콩팥 부작용이 비교적 적다. 위장관 장애로 식욕 부진, 구토, 설사, 위궤양이 발생할 수 있으며, 콩팥 기능 저하 및 간 독성을 유발할 수 있어 정기적인 혈액 검사가 필요하다. 탈수 상태에서는 콩팥 손상 위험이 증가할 수 있으며, 스테로이드와 병용 시 위장관 출혈 위험이 커지므로 동시 투여를 피해야 한다. 위장관 궤양, 간·콩팥 질환이 있는 동물에서는 사용을 금하며, 고양이에서는 1회 투여만 승인되었으므로 신중히 사용하여야 한다. 장기 사용 시 정기적인 모니터링을 통해 이상 반응을 확인해야 한다.

나. 멜록시캄(Meloxicam)

비스테로이드성 소염진통제(NSAIDs)로, 개와 고양이에서 관절염, 근골격계 질환, 수술 후 통증 완화에 사용한다. COX-2에 대한 선택성이 높아 항염 및 진통 효과가 우수하며, COX-1을 상대적으로 덜 억제하여 위장관 및 콩팥 부작용이 비교적 적은 편이다. 위장관 장애로 인해 식욕 부진, 구토, 설사, 위궤양이 발생할 수 있으며, 콩팥 기능 저하 및 간 독성을 유발할 수 있어 정기적인 혈액 검사가 필요하다. 탈수 상태에서는 콩팥 손상의 위험이 증가할 수 있으며, 스테로이드와 병용하면 위장관 출혈 위험이 커지므로 동시 투여를 피해야 한다. 위장관 궤양, 콩팥 및 간 질환이 있는 동물에서는 사용을 금하며, 고양이에서는 1회 투여만 승인되었으므로 신중히 사용하여야 한다.

다. 피록시캄(Piroxicam)

비스테로이드성 소염진통제(NSAIDs)로, 개에서 근골격계 질환과 관절염의 통증 완화뿐만 아니라 항종양 효과를 보이며, 일부 암 치료 보조제로도 사용한다. COX-1과 COX-2를 모두 억제하는 비선택적 NSAID로, 항염 및 진통 효과가 우수하지만, 위장관 부작용의 위험이 크므로 신중히 사용해야 한다. 장기 사용 시 위장관 궤양, 출혈, 구토, 설사 등의 부작용이 발생할 수 있으며, 콩팥 기능 저하 및 간 독성의 위험이 있어 정기적인 혈액 검사가 필요하다. 탈수 상태에서는 콩팥 손상이 악화될 수 있으며, 스테로이드와 병용하면 위장관 출혈 위험이 증가하므로 동시 투여를 피해야 한다. 고양이에서는 콩팥 독성 위험으로 사용이 제한되며, 위장관 질환, 간 또는 콩팥 질환이 있는 동물에서는 사용을 금한다.

라. 피로콕시브(Firocoxib)

COX-2 선택적 비스테로이드성 소염진통제(NSAIDs)로, 개에서 골관절염 및 수술 후 통증 완화에 사용된다. COX-2를 억제하여 염증과 통증을 줄이면서 COX-1 관련 위장관 및 콩팥 부작용을 감소시키는 장점이 있다. 위장관 장애, 콩팥 기능 저하, 간 독성이 발생할 수 있어 장기 사용 시 정기적인 모니터링이 필요하며, 스테로이드 및 다른 NSAIDs와 병용하면 위장관 출혈 위험이 증가하므로 동시 투여를 금해야 한다. 고양이에서는 사용이 승인되지 않았으며, 위장관 궤양이나 간·콩팥 질환이 있는 동물에서는 사용을 피해야 한다.

❷ 국소 마취제(Local Anesthetics)

가. 리도카인(Lidocaine)

대표적인 국소 마취제(Local Anesthetic)로, 나트륨 이온 통로(Na+ channel)를 차단하여 신경 신호 전달을 억제하고 통증을 차단한다. 작용이 빠르고 지속 시간이 짧아 급성 통증 조절, 신경 차단, 국소 마취 및 항부정맥제로 사용된다. 정맥 투여 시 전신 진통 효과를 나타내어 마취 보조제로 활용되며, 항부정맥제로서 심실성 부정맥을 억제하는 효과를 가진다. 과량 투여 시 신경독성 및 심혈관계 부작용(저혈압, 서맥, 경련)이 발생할 수 있으며, 고용량 정맥 투여 시 중추신경계 억제로 인해 혼수상태가 유발될 수 있어 주의해야 한다.

나. 부피바카인(Bupivacaine)

국소 마취제(Local Anesthetic)로, 나트륨 이온 통로(Na+ channel)를 차단하여 신경 신호 전달을 억제하고 강력한 마취 및 진통 효과를 나타낸다. 리도카인보다 작용 시간이 길고 진통 효과가 강해 수술 후 지속적인 통증 관리 및 신경 차단 마취에 사용된다. 정맥 투여 시 심각한 심장 독성을 유발할 수 있어 절대 정맥 주사로 투여해서는 안 되며, 신경 차단 목적의 국소 투여에만 사용해야 한다. 부작용으로 서맥, 저혈압, 신경 독성이 나타날 수 있으며, 척수 또는 경막외 마취 시 호흡 억제가 발생할 수 있어 신중히 사용해야 한다.

❸ 기타 비마약성 진통제

가. 케타민(Ketamine)

NMDA 수용체 길항제로, NMDA 수용체를 차단하여 중추 감작(central sensitization)을 억제하고 통증 신호 전달을 차단한다. 마취 유도, 수술 후 진통 보조제, 신경병성 통증 치료에 사용되며, 강력한 진통 효과와 해리성 마취 작용을 나타낸다. 단독 사용 시 진정 효과가 적고, 근육 긴장이 유발될 수 있어서 주로 다른 마취제와 병용하며, 고용량 투여 시 환각이나 혈압 상승 등의 부작용이 발생할 수 있어 신중한 용량 조절이 필요하다.

나. 가바펜틴(Gabapentin)

항경련제이며, 칼슘 이온 통로(Ca^{2+} channel)를 차단하여 신경 신호 전달을 조절함으로써 신경병성 통증을 억제한다. 신경병성 통증(Neuropathic pain)과 만성 통증 관리에 사용되며, 특히 만성 신경 손상으로 인한 통증 완화에 효과적이다. 진정 작용이 나타날 수 있으며, 장기간 사용 후 갑작스럽게 중단할 경우 금단 증상이 발생할 수 있으므로 서서히 감량하며 중단해야 한다.

다. 트라마돌(Tramadol)

μ-오피오이드 수용체에 약한 친화력을 가지며, 세로토닌 및 노르에피네프린의 재흡수를 억제하여 중추신경계에서 진통 효과를 나타낸다. 중등도 통증 완화에 사용되며, 일부 개에서 효과가 제한적일 수 있다. 세로토닌 계열 약물과 병용 시 세로토닌 증후군의 위험이 증가할 수 있어 신중한 투여가 필요하다.

(2) 마약성 진통제(Opioid Analgesics)

마약성 진통제는 강력한 진통 효과를 가진 약물로, 주로 급성 통증, 수술 후 통증, 암성 통증 및 중증 외상에서 사용된다. 중추신경계(CNS) 및 말초신경계의 오피오이드 수용체(μ, κ, δ)를 자극하여 강한 진통 효과를 유발한다. 그러나 호흡 억제, 진정, 중독성 등의 부작용이 있을 수 있어 신중히 사용해야 한다. 오피오이드 진통제로 인한 부작용이 심한 경우 날록손(Naloxone)을 해독제로 사용할 수 있다.

❶ 순수 마약성 진통제

가. 모르핀(Morphine)

대표적인 마약성 진통제로, 중추신경계의 μ-오피오이드 수용체에 작용하여 강력한 진통 효과를 나타낸다. 급성 및 만성 중증 통증 관리, 수술 후 통증 완화, 암성 통증 조절 등에 사용되며, 진통 효과 외에도 진정, 호흡 억제, 변비 유발 등의 부작용이 나타날 수 있다. 내성과 의존성을 유발할 가능성이 높아 장기 사용 시 주의가 필요하다.

나. 펜타닐(Fentanyl)

매우 강력한 마약성 진통제로, 모르핀보다 약 100배 강한 진통 효과를 나타내며 μ-오피오이드 수용체에 작용하여 급성 통증, 수술 후 통증, 중환자 관리 및 마취 유도에 사용된다. 작용이 빠르고 지속 시간이 짧아 정맥 주사(IV), 패치(Transdermal), 구강 및 비강 스프레이 등 다양한 형태로 투여할 수 있으며, 특히 펜타닐 패치는 만성 통증 관리에 활용된다. 강력한 진통 효과와 함께 호흡 억제, 진정, 서맥 및 구토 등의 부작용이 발생할 수 있어 고용량 사용 시 신중한 모니터링이 필요하다. 과량 투여 시 심각한 호흡 억제가 나타날 수 있다.

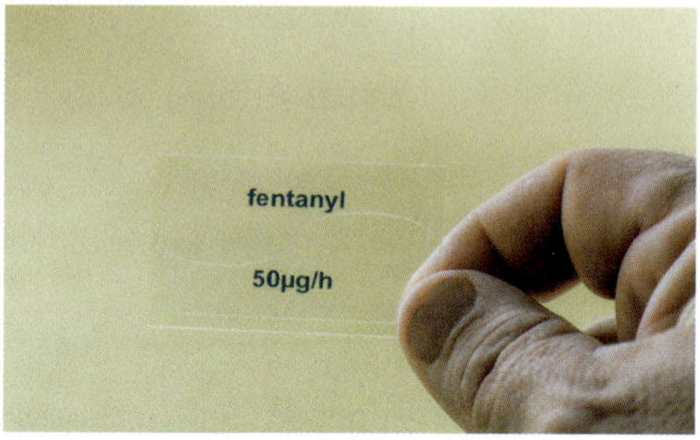

펜타닐(fentanyl patch) 패치로, 피부 표면에 접착하여 약 성분을 흡수시킨다.
[그림 9-3] 펜타닐 패치

다. 하이드로모르폰(Hydromorphone)

마약성 진통제로, 모르핀보다 약 5~7배 강한 진통 효과를 가지며 μ-오피오이드 수용체에 작용하여 급성 및 만성 통증 조절, 수술 후 통증 관리, 암성 통증 완화 등에 사용된다. 모르핀보다 구토 및 히스타민 분비 유발 가능성이 낮아 일부 환자에서 더 적합할 수 있으며, 빠른 작용과 짧은 지속 시간을 가지므로 반복 투여가 필요할 수 있다. 부작용으로 호흡 억제, 변비, 진정, 저혈압 등이 나타날 수 있으며, 특히 고용량 사용 시 호흡 저하가 심각할 수 있어 주의해야 한다.

❷ 합성 마약성 진통제

가. 부토르파놀(Butorphanol)

κ-오피오이드 수용체 작용제이면서 μ-수용체 길항제(Agonist-Antagonist)로 작용하여 중등도의 진통 효과와 강한 진정 효과를 나타낸다. 주로 마취 보조제, 진정제, 기침 억제제로 사용되며, 개와 말에서 진정 및 통증 조절 목적으로 활용된다. 호흡 억제 효과가 순수 μ-작용제보다 적어 비교적 안전하지만, 진통 효과 지속 시간이 짧아 반복 투여가 필요할 수 있다. 구토, 진정, 혈압 저하 등의 부작용이 나타날 수 있으며, 장기간 사용 시 의존성이 발생할 가능성이 있다.

❸ 길항제(Antagonist, 해독제)

가. 날록손(Naloxone)

오피오이드 길항제(Opioid Antagonist)로, μ-오피오이드 수용체에 결합하여 마약성 진통제의 작용을 차단하며, 일부 κ-오피오이드 수용체, δ-오피오이드 수용체에도 결합한다. 마약성 진통제 과다 투여 시 호흡 억제, 진정, 의식 저하 등의 부작용을 신속히 역전시키는 해독제로 사용되며, 정맥(IV), 근육(IM), 피하(SC) 투여가 가능하다. 작용 발현이 빠르지만 지속 시간이 짧아 필요시 반복 투여해야 하며, 오피오이드 의존성이 있는 동물에서 급성 금단 증상을 유발할 수 있다.

2) 진정제(Sedatives & Tranquilizers)

진정제는 동물의 신경계를 억제하여 흥분을 가라앉히고 안정시키는 효과를 가지며, 이 과정에서 일부 약물은 진통 효과도 함께 나타낸다. 특히 $\alpha2$-작용제는 강력한 진정 효과뿐만 아니라 진통 작용도 우수하여 마취 보조제로 널리 활용된다. 하지만 이들 약물은 심혈관계에 부작용을 일으킬 수 있어, 통증 관리 시에도 동물의 건강 상태를 신중히 평가한 후 사용해야 한다.

(1) α2-작용제(Alpha2-Agonists)

$\alpha2$-작용제는 강력한 진정, 진통 및 근이완 작용을 나타내며, 통증 관리의 보조 수단으로 사용된다. 이 약물들은 중추신경계의 $\alpha2$-수용체를 자극하여 노르에피네프린(NE) 분비를 억제함으로써 신경 전달을 차단하고, 결과적으로 통증에 대한 반응을 감소시킨다. 그러나 심박수 감소, 혈압 변화 등 심혈관계 부작용이 있을 수 있으므로, 통증 완화를 위해 사용할 때에도 동물의 상태를 면밀히 모니터링해야 한다.

❶ 자일라진(Xylazine)

대동물에서 많이 사용되며, 진통 효과가 있지만 지속 시간이 짧고, 반복 투여 시 효과가 감소할 수 있다. 통증 관리를 위해 사용될 경우, 다른 진통제(예: NSAIDs, 마약성 진통제)와 병용하는 것이 일반적이다. 특히 고양이에서 흔하게 구토가 유발되므로 사용 시 유의하여야 한다.

❷ 메데토미딘(Medetomidine)

개와 고양이에서 강력한 진정 및 진통 효과를 나타내며, 신경계에서 통증 신호 전달을 차단하는 역할을 한다. 통증 조절을 위한 용량에서 사용하면 마취제 사용량을 줄일 수 있으며, 필요시 길항제(아티파메졸)를 사용하여 효과를 신속히 역전시킬 수 있다.

(2) 페노티아진계(Phenothiazines)

❶ 아세프로마진(Acepromazine)

마취 전 처치 시 통증을 동반한 불안과 스트레스를 완화하는 데 도움을 줄 수 있다. 이는 진정 효과를 통해 동물의 교감신경계 반응을 감소시키고, 마약성 진통제의 효과를 증진하여 통증 조절의 보조 역할을 하기 때문이다. 그러나 말초혈관 확장으로 인해 혈압을 낮출 수 있으므로, 통증이 심한 동물에서 쇼크 위험이 있는 경우 신중하게 사용해야 한다.

(3) 벤조디아제핀계(Benzodiazepines)

벤조디아제핀계 약물은 GABA 수용체를 활성화하여 신경 억제 작용을 나타내며, 항불안 및 근이완 효과를 가지고 있다. 단독 사용 시 깊은 진정 효과는 부족하지만, 다른 진통제 및 마취제와 병용하면 통증 조절을 보조하는 역할을 한다. 특히 근육 경련을 동반한 통증이나 신경병성 통증(Neuropathic Pain)에서 유용하게 사용될 수 있다.

❶ 디아제팜(Diazepam)

디아제팜은 항불안 및 근육 이완 효과가 있으며, 통증을 동반한 근경련 조절에 도움을 줄 수 있다. 또한 항경련 효과가 있어 신경병성 통증이 있는 동물에서 사용될 수 있다. 단독으로는 통증 조절 효과가 크지 않으므로 통증 관리 시 다른 진통제와 함께 사용해야 하며, 특히 고양이에서 간독성이 보고된 바가 있으므로 신중히 사용한다.

❷ 미다졸람(Midazolam)

미다졸람은 디아제팜과 유사하지만, 보다 수용성이 높아 정맥 및 근육 투여가 용이하다. 근육 이완 효과가 뛰어나기 때문에 근육 경련성 통증이나 신경병성 통증 완화에 기여할 수 있다. 특히 통증으로 인해 불안한 동물을 진정시키는 보조제 역할을 할 수 있으며, 마취 유도 시에도 활용된다.

(4) 길항제(Antagonist, 해독제)

일부 진정제 및 진통제의 작용을 역전시키기 위해 길항제가 사용된다. 이는 과다 투여 시 부작용을 줄이거나, 마취 및 진정 상태에서 빠르게 회복시키기 위한 목적으로 활용된다.

❶ 요힘빈(Yohimbine)

$\alpha 2$-작용제인 자일라진(Xylazine)의 길항제로 사용되며, 진정 및 진통 효과를 빠르게 역전시킨다. 하지만 갑작스러운 회복으로 인해 불안이나 흥분 반응이 발생할 수 있어 주의가 필요하다.

❷ 아티파메졸(Atipamezole)

메데토미딘의 길항제로, 이 약으로 인해 유도된 진통 및 진정 효과를 빠르게 해소한다. 그러나 길항제 투여 후 진통 효과가 사라질 수 있으므로, 추가적인 통증 관리가 필요할 수 있다.

❸ 플루마제닐(Flumazenil)

벤조디아제핀계 약물(디아제팜, 미다졸람 등)의 길항제로 작용하여, 과다 투여 시 발생할 수 있는 깊은 진정 및 호흡 억제를 역전시킨다. 하지만 벤조디아제핀의 길항 시 근육 경련성 통증이나 신경병성 통증이 재발할 가능성이 있으므로, 통증 조절 계획을 고려해야 한다.

3. 진통제 및 진정제의 투여 방법

진통제와 진정제는 동물의 통증 완화와 안정적인 진정 상태 유도를 위해 다양한 경로로 투여될 수 있다. 약물의 선택과 투여 경로는 통증의 강도, 지속 시간, 동물의 상태 및 치료 목적에 따라 달라지며, 일반적으로 경구 투여(PO), 피하 투여(SC), 정맥 투여(IV), 국소 투여(Topical) 등의 방법이 사용된다. 경구 투여는 장기간 관리에 적합하지만 흡수 속도가 일정하지 않을 수 있으며, 정맥 투여는 신속한 효과를 기대할 수 있지만 모니터링이 필수적이다. 피하 및 근육 투여는 비교적 간편하지만 약물의 작용 시간이 다양할 수 있으며, 국소 마취제는 특정 부위의 통증을 차단하는 데 효과적이다. 또한 동물 종에 따라 약물의 대사와 부작용이 다를 수 있으므로 정확한 용량 조절과 모니터링이 필수적이다. 이러한 점을 고려하여, 아래 표에 각 진통제 및 진정제의 대표적인 투여 방법과 용량, 특이 사항을 정리하였다.

	약물	경구 투여(PO)	피하 투여(SC)	정맥 투여(IV)	특이 사항
비스테로이드성 소염진통제 (NSAIDs)	카프로펜 (Carprofen)	4.4 mg/kg 1일 1회 또는 2.2 mg/kg 1일 2회	4.4 mg/kg 1일 1회 (초기 용량)	4 mg/kg (수술 후 통증 관리)	고양이에서는 제한적 사용
	멜록시캄 (Meloxicam)	4.4 mg/kg 1일 1회 또는 2.2 mg/kg 1일 2회	0.2 mg/kg 1일 1회 (초기 용량)	0.2 mg/kg (초기 용량)	고양이에서는 제한적 사용
	피록시캄 (Piroxicam)	0.3 mg/kg 1일 1회	사용 제한	사용 제한	항종양 효과
	피로콕시브 (Firocoxib)	5 mg/kg 1일 1회	사용 제한	사용 제한	

<table>
<tr><th></th><th>약물</th><th>국소 투여</th><th>피하 투여(SC)</th><th>정맥 투여(IV)</th><th>특이 사항</th></tr>
<tr><td rowspan="2">국소 마취제</td><td>리도카인
(Lidocaine)</td><td>0.5～2 % 용액을 국소 마취, 신경 차단, 점막 마취에 사용</td><td>1～2 mg/kg SC
(국소 마취, 신경 차단 용도)</td><td>1～2 mg/kg IV
(항부정맥제, 정맥 진통 보조제)</td><td>작용이 빠르고 지속 시간이 짧으며, 전신 진통 보조제로도 사용됨</td></tr>
<tr><td>부피바카인
(Bupivacaine)</td><td>0.25～0.5 % 용액을 신경 차단, 척수 및 경막 외 마취에 사용</td><td>0.25～0.5 % 용액을 피하 주사 가능하지만, 신경 차단 목적이 주된 사용법</td><td>사용 제한
(심장 독성 위험)</td><td>작용 시간이 길고 강한 진통 효과</td></tr>
<tr><th></th><th>약물</th><th>경구 투여(PO)</th><th>피하 투여(SC)</th><th>정맥 투여(IV)</th><th>특이 사항</th></tr>
<tr><td rowspan="3">기타 비마약성 진통제</td><td>케타민
(Ketamine)</td><td>사용 제한</td><td>2～5 mg/kg 1회</td><td>1～2 mg/kg
(마취 유도)
0.2～0.5 mg/kg
(진통 보조)</td><td>강력한 해리성 마취제이며, 단독 사용 시 근긴장 유발 가능</td></tr>
<tr><td>가바펜틴
(Gabapentin)</td><td>5～20 mg/kg
1일 2～3회</td><td>사용 제한</td><td>사용 제한</td><td>신경병성 통증
(Neuropathic Pain)
조절</td></tr>
<tr><td>트라마돌
(Tramadol)</td><td>개 : 4～6 mg/kg
8～12시간 간격
고양이 : 2～4 mg/kg
12～24시간 간격</td><td></td><td>1～2 mg/kg</td><td>세로토닌 증후군 유의</td></tr>
<tr><td rowspan="4">아편계 및 아편유사제
(Opioid)</td><td>모르핀
(Morphine)</td><td>0.2～0.5 mg/kg</td><td colspan="2">0.05～0.5 mg/kg</td><td>진정, 호흡 억제, 구토 유발, 서맥 및 저혈압 유의</td></tr>
<tr><td>펜타닐
(Fentanyl)</td><td></td><td>2～5 μg/kg</td><td>2～5 μg/kg,
혹은 CRI 투여</td><td>진정 및
호흡 억제 유발</td></tr>
<tr><td>하이드로모르폰
(Hydromorphone)</td><td>0.1～0.2 mg/kg</td><td>0.05～0.2 mg/kg</td><td>0.05～0.1 mg/kg
혹은 CRI 투여</td><td>구토, 진정,
호흡 억제 가능</td></tr>
<tr><td>부토르파놀
(Butorphanol)</td><td>사용 제한</td><td colspan="2">0.2～0.4 mg/kg</td><td>경미한 통증 조절</td></tr>
<tr><td>마약성 진통제 길항제</td><td>날록손
(Naloxone)</td><td></td><td colspan="2">0.01～0.04 mg/kg</td><td>아편계 및
아편유사제(Opioid)
과다 투여 해독제</td></tr>
<tr><td rowspan="2">진정제</td><td>자일라진
(Xylazine)</td><td>사용 제한</td><td colspan="2">0.5～1.1 mg/kg</td><td>진정, 진통,
근이완 효과</td></tr>
<tr><td>메데토미딘
(Medetomidine)</td><td>사용 제한</td><td>5～20 μg/kg</td><td>2～10 μg/kg</td><td>강력한 진정, 진통,
근이완 효과</td></tr>
</table>

<table>
<tr><th></th><th>약물</th><th>경구 투여(PO)</th><th>피하 투여(SC)</th><th>정맥 투여(IV)</th><th>특이 사항</th></tr>
<tr><td rowspan="3">진정제</td><td>아세프로마진
(Acepromazine)</td><td>0.5～2 mg/kg</td><td>0.02～0.1 mg/kg</td><td>0.02～0.05 mg/kg</td><td></td></tr>
<tr><td>디아제팜
(Diazepam)</td><td>0.5～2 mg/kg</td><td>사용 제한</td><td>0.2～0.5 mg/kg</td><td>항불안, 항경련,
근육 이완 효과</td></tr>
<tr><td>미다졸람
(Midazolam)</td><td>사용 제한</td><td colspan="2">0.1～0.3 mg/kg</td><td></td></tr>
<tr><td rowspan="2">진정제 길항제</td><td>요힘빈
(Yohimbine)</td><td>사용 제한</td><td colspan="2">0.1 mg/kg</td><td>자일라진(Xylazine)
해독제</td></tr>
<tr><td>플루마제닐
(Flumazenil)</td><td></td><td></td><td>0.01～0.02 mg/kg</td><td>벤조디아제핀
(Benzodiazepine)
해독제</td></tr>
<tr><th></th><th>약물</th><th colspan="3">근육 투여(IM)</th><th>특이 사항</th></tr>
<tr><td>진정제 길항제</td><td>아티파메졸
(Atipamezole)</td><td colspan="3">100 μg/kg(0.1 mg/kg)</td><td>메데토미딘
(Medetomidine)의
길항제</td></tr>
</table>

4. 통증 완화를 위한 비약물적 방법

통증 관리는 단순히 약물 투여에 의존하는 것이 아니라, 비약물적 접근법을 병행할 때 더욱 효과적으로 이루어진다. 만성 통증을 겪는 동물이나 수술 후 회복 중인 환자에게는 약물의 부작용을 최소화하면서 장기적인 관리가 필요하며, 이러한 경우 물리 치료, 재활 치료, 행동 조절, 환경 개선, 보조 요법 등이 중요한 역할을 한다.

비약물적 통증 완화 방법은 동물의 생리적·정신적 안정을 도모하면서도 신체적 기능을 유지 및 회복하는 데 초점을 맞춘다. 이는 단순한 일시적 통증 완화가 아니라 근본적인 치유와 회복을 촉진하는 데 기여한다. 특히 동물의 자연적인 움직임을 유도하고, 염증을 줄이며, 스트레스를 관리하는 접근법을 병행함으로써 보다 지속적이고 효과적인 통증 관리를 가능하게 한다.

환경적인 요인과 보호자의 역할도 중요한 요소이다. 동물의 생활 공간을 개선하고, 정서적 안정을 제공하는 것만으로도 통증에 대한 민감도를 줄일 수 있다. 편안한 환경 조성, 체중 관리, 스트레스 감소, 보호자와의 긍정적인 교감 등이 통증 완화에 긍정적인 영향을 미친다.

1) 물리 치료(Physical Therapy) 및 보조 치료

물리 치료는 통증을 완화하고 근육과 관절의 기능을 회복하는 데 도움을 주는 치료법으로, 다양한 기법이 적용될 수 있다.

온열 치료(Heat Therapy)는 근육의 혈류를 증가시키고 근육 긴장을 완화하여 통증을 감소시킴으로써, 특히 관절염이나 만성 근육통이 있는 동물에서 효과적이다. 냉찜질(Cryotherapy)은 급성 염증과 부종을 줄이며, 외상 후 초기 통증을 완화하는 데 유용하며, 근육 손상 후 빠른 회복을 돕는다. 마사지(Massage Therapy)는 근육의 긴장을 풀어 주고 혈류를 촉진하여 통증을 완화하는 동시에, 신경 감각을 자극하여 이완 효과를 증진한다. 레이저 치료(Low-Level Laser Therapy, LLLT)는 조직 재생을 촉진하고 염증을 감소시켜 신경병성 통증 완화에도 효과적이며, 세포 수준에서 치유 과정을 가속화한다. 전기 자극 치료(Electrical Stimulation, TENS)는 신경을 자극하여 통증 신호 전달을 차단하고 근육 이완을 유도하며, 이를 통해 통증의 인식을 줄이고 회복을 촉진한다.

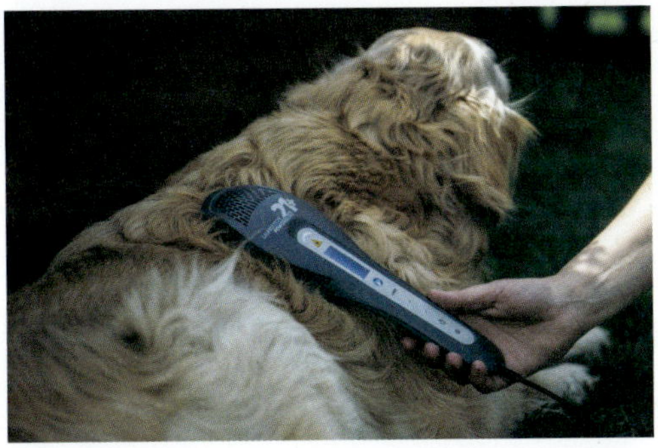

[그림 9-4] 동물의 통증 조절을 위한 레이저 치료의 예

2) 운동 요법(Exercise Therapy)

운동 요법은 관절 가동성을 유지하고 근육 위축을 예방하며, 통증을 줄이는 데 도움을 주는 치료법이다. 수중 운동(Aquatic Therapy, Hydrotherapy)은 물의 부력을 활용하여 체중 부담을 줄이고, 관절에 가해지는 압력을 최소화하면서 근력을 유지하도록 한다. 단, 수중 운동은 관절염이 있는 동물에서 유용하지만, 심한 근골격계 손상이 있는 경우 주의해야 한다. 스트레칭 및 관절 가동 운동(Range of Motion Exercises, ROM)은 근육과 관절의 유연성을 높이고 경직을 완화하여 통증을 감소시키며, 관절 기능의 향상을 돕는다. 저강도 근력 운동은 근육량을 유지하고 신체 균형을 잡도록 하며, 체중 부하를 감소시켜 관절에 가해지는 스트레스를 줄이는 역할을 한다.

[그림 9-5] 동물의 수중 운동 요법

3) 행동 조절 및 환경 변화

행동 조절 및 환경 변화는 동물의 생활 환경을 개선하여 통증을 줄이고 삶의 질을 향상시키는 접근법이다.

편안한 침구 등을 통해 관절염이나 근육통이 있는 동물의 부담을 줄이고, 푹신한 쿠션이나 정형외과용 침구를 사용하여 관절 압력을 최소화한다. 미끄럼 방지 매트는 관절이 약한 동물의 미끄러짐을 방지하고, 안정적인 보행을 도울 수 있다. 적절한 체중 관리를 통해 관절과 근육에 가해지는 부담을 줄이며, 과

체중으로 인해 발생하는 추가적인 통증을 예방할 수 있다. 마지막으로 스트레스 관리를 통해 신경계를 안정시키고 통증을 완화하며, 불안과 스트레스가 통증을 증폭시킬 수 있기 때문에 보호자의 안정적인 상호작용이 필수적이다.

4) 침술 및 보조 요법

침술(Acupuncture)은 신경계를 자극하여 통증 신호 전달을 차단하고, 혈류를 증가시켜 회복을 촉진하며, 특히 신경병성 통증이나 만성 관절염 치료에 효과적이다. 또한 특정 한약 성분이 신경 및 면역계를 조절하여 통증을 줄이는 데 도움을 줄 수 있다.

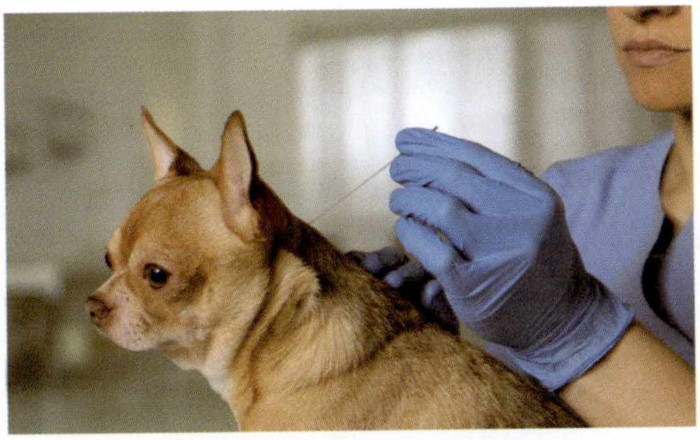

[그림 9-6] 동물의 침술 요법

5) 영양 요법 및 보충제

영양 요법 및 보충제는 염증 조절과 통증 완화에 도움을 주는 방법이다.

오메가-3 지방산(Omega-3 Fatty Acids)을 포함한 식단을 통해 염증을 감소시키고 관절 건강을 유지하며, 항염 효과를 극대화한다. 글루코사민 및 콘드로이틴(Glucosamine & Chondroitin) 보충제를 사용하여 연골 보호 및 관절 기능을 개선하며, 관절염의 진행을 늦춘다. 항산화제(Antioxidants)를 포함한 식단을 통해 조직 손상을 줄이고 신경 보호 효과를 높이며, 신체 회복 과정을 지원할 수 있다.

5. 장기 진통제 사용의 윤리적 고려

통증 관리는 동물 복지의 핵심 요소이며, 효과적인 진통제 사용은 동물의 삶의 질을 유지하는 데 필수적이다. 그러나 장기적인 진통제 사용은 약물의 부작용, 내성, 윤리적 문제 등을 동반할 수 있으며, 이에 대한 신중한 고려가 필요하다.

1) 동물 복지와 통증 관리의 중요성

모든 동물은 불필요한 고통 없이 생존할 권리가 있으며, 적절한 통증 관리가 이루어지지 않는 것은 동물 복지의 심각한 침해로 간주될 수 있다. 특히 만성 통증을 겪는 동물에게 적절한 진통제를 제공하지 않는 것은 비윤리적인 행위로 볼 수 있다. 그러나 동시에 과도한 약물 사용으로 인한 부작용과 삶의 질 저하 또한 윤리적으로 문제가 될 수 있다. 따라서, 진통제 사용의 목적이 단순히 생명을 연장하는 것이 아니라, 동물이 고통 없이 삶을 유지할 수 있도록 하는 것인지를 고려해야 한다.

2) 장기 진통제 사용의 문제점

(1) 약물 내성(Tolerance)과 의존성(Dependence)

마약성 진통제(Opioid)나 일부 신경계 약물(예: 가바펜틴, 벤조디아제핀계 약물)은 장기간 사용 시 내성과 의존성이 발생할 가능성이 있다. 시간이 지남에 따라 동일 효과 유지를 위해 더 높은 용량이 필요할 수 있으며, 이는 부작용 증가로 이어질 수 있다. 내성이 생긴 동물에서 갑작스러운 약물 중단은 금단 증상을 유발할 수 있으며, 이는 신경학적 문제나 극심한 불안을 초래할 수 있다.

(2) 부작용과 삶의 질 저하

장기 NSAIDs(비스테로이드성 소염진통제) 사용은 위장관 손상, 콩팥 독성,

간 기능 저하 등의 부작용을 유발할 수 있다. 마약성 진통제의 장기 사용은 호흡 억제, 소화기 장애, 면역 억제 등의 문제를 초래할 수 있다. 만성적인 약물 부작용이 동물의 삶의 질을 악화시킨다면, 약물 사용이 윤리적으로 적절한지 재검토해야 한다.

(3) 진통제 사용과 생명 연장의 경계

진통제가 통증을 조절하더라도 동물의 전반적인 삶의 질이 현저히 저하된다면, 계속해서 약물을 투여하는 것이 윤리적으로 올바른 선택인지 고려해야 한다. 생명을 연장하는 것만이 목적이 아니라, 동물이 편안한 상태에서 남은 생을 보낼 수 있도록 하는 것이 더 중요한 가치일 수 있으므로, 다각적으로 검토하여야 한다.

3) 윤리적 고려 사항

동물 보호자는 단순히 동물의 생명을 연장하는 것이 아니라, 동물의 삶의 질을 최우선으로 고려해야 한다. 진통제 사용에 대한 보호자의 결정을 내릴 때, 동물의 행동 변화, 통증 반응, 전반적인 행복도를 면밀히 평가해야 한다. 보호자는 의료진과 긴밀히 협력하여, 동물에게 최적의 치료 방법을 선택해야 한다. 의료진은 동물의 통증을 완화하는 것을 최우선 목표로 삼아야 하지만, 장기적인 약물 사용이 동물에게 미치는 영향을 고려해야 한다. 필요한 경우 보호자에게 진통제 사용의 한계와 위험성을 충분히 설명하고, 비약물적 대안(물리 치료, 보조 치료 등)을 함께 고려하도록 해야 한다. 동물이 극심한 통증 속에서 삶을 지속해야 하는 경우, 보호자와 함께 '삶의 질 평가(Quality of Life Assessment, QOL)'를 통해 윤리적 결정을 내릴 수 있도록 조언해야 한다. 동물의 통증 조절이 어려워지고, 삶의 질이 현저히 저하될 경우, 윤리적으로 '안락사(Euthanasia)'를 고려하는 것도 하나의 선택지가 될 수 있다.

제 4 부

응급 상황별 동물 환자 처치 보조

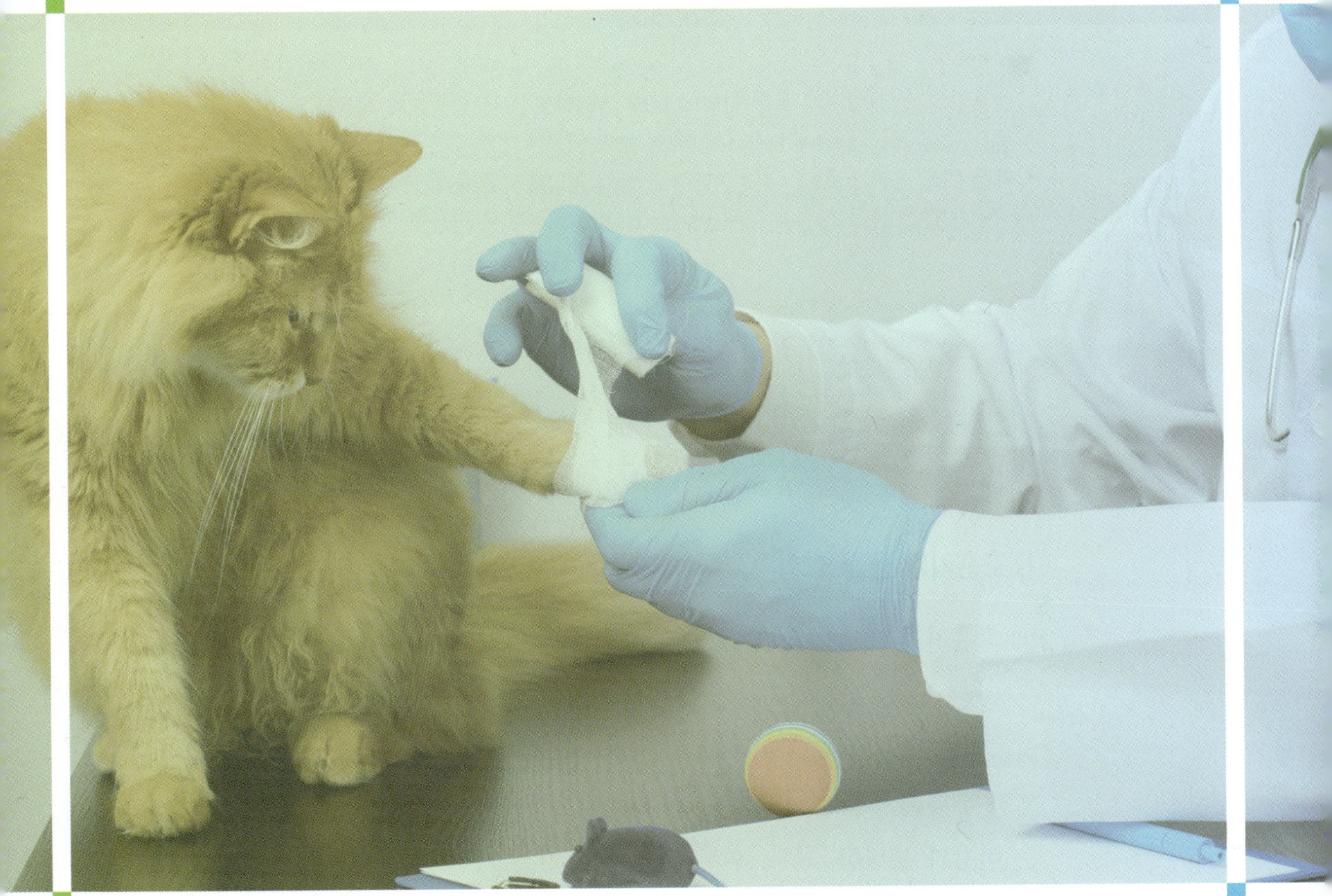

제 10 장

전신적 응급 상황 관리

학·습·목·표

* 호흡기계 및 심혈관계 응급 상황에 대해 이해하고 실제 임상에서 적용해 본다.
* 중독 관련 응급 상황에 대해 이해하고 실제 임상에서 적용해 본다.
* 체온 이상 응급 상황에 대해 이해하고 실제 임상에서 적용해 본다.
* 경련과 같은 응급 상황에 대해 이해하고 실제 임상에서 적용해 본다.

1. 호흡기계 및 심혈관계 응급 동물 처치 보조

1) 호흡기계 응급 상황

(1) 호흡기계 개요

호흡기계란, 공기 중의 산소를 흡입하고 에너지 대사의 결과로 발생한 이산화탄소를 배출하는 기능을 하는 데 관여하는 계통을 말한다. 개와 고양이를 비롯한 동물에서 호흡기계는 상부 호흡기와 하부 호흡기로 나뉘며, 상부 호흡기는 비강과 부비동, 인두, 후두, 하부 호흡기는 기관, 기관지, 폐를 말한다. 호흡기는 동물의 체내에서 조직 산소 공급, 이산화탄소 제거, 산-염기 균형 유지, 발성, 체액의 균형 조절, 체온 조절 등의 중요한 기능을 담당한다. 대표적인 호흡기 응급 상황으로는 폐부종(pulmonary edema), 흉막 삼출(pleural effusion), 폐렴(pneumonia), 기도 폐쇄(airway obstruction), 외상(trauma) 및 호흡마비(respiratory paralysis) 등이 있다.

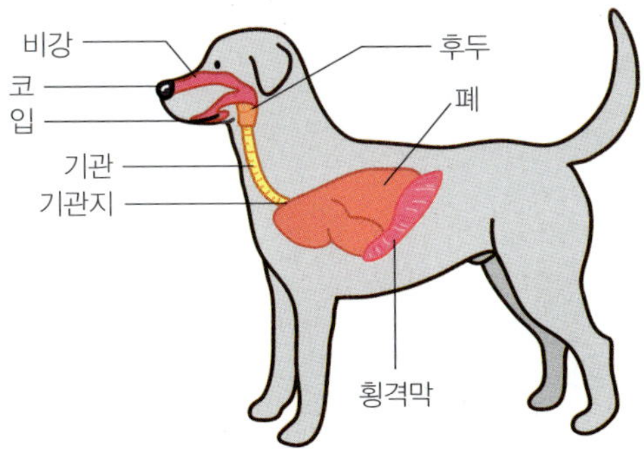

[그림 10-1] 개의 호흡기계 모식도

(2) 호흡기계 응급 상황의 정의

호흡기계 응급 상황이란, 정상적인 호흡을 하지 못하는 상황을 말한다. 이러한 급성 호흡 곤란을 겪는 동물의 경우, 동물병원에서 볼 수 있는 응급 상황 중 가장 시급하고 어려운 경우로 볼 수 있다. 그 이유는 어떻게 대처하느냐에 따라 호흡기계 중증 응급 환자의 생사를 결정할 수 있기 때문이다.

(3) 호흡기계 응급 상황의 특징

호흡 곤란의 임상 징후는 호흡수의 급격한 증가, 호흡음의 이상, 혀와 잇몸 점막의 청색증 등 뚜렷하게 확인되는 경우와 호흡 곤란의 증상이 뚜렷하지 않은 경우로 나뉠 수 있다. 호흡 곤란의 가장 큰 위험은 산소 결핍으로 호흡 기능이 저하되어 전신 조직에 산소 공급이 원활하지 않은 경우이다. 이때에는 안정 시에도 정상 호흡수인 분당 30회 이상의 지속적인 빠른 호흡, 머리와 목의 늘어짐, 팔꿈치가 바깥으로 늘어짐, 입을 벌리고 호흡을 하는 개구호흡, 혀와 잇몸 색깔이 파랗게 변하는 청색증, 불안해하며, 쉬거나 눕지 못하고 호흡의 깊이가 얕아지면서 목을 하늘로 길게 빼는 증상 등을 보일 수 있으며, 흉부와 복부의 정상적이지 않은 움직임 등이 나타난다. 특히 호흡 곤란의 응급 상황에서 임상 징후는 고양이보다 개에서 흔하게 관찰된다. 고양이는 개에 비해 호흡 곤란의 심각한 상태를 숨기며, 호흡 곤란 시에는 바로 앉은 자세를 유지하면서 빠른 호흡을 보이는 것이 일반적이다. 극심한 호흡 곤란의 경우, 입을 벌리고 호흡하는 증상을 보일 수도 있다.

(4) 호흡기 응급 환자의 분류 및 대응

호흡기 환자는 다음과 같이 여섯 가지 호흡 패턴으로 나뉠 수 있다.

❶ 상부 기도 폐쇄

흡기 시 발작적인 호흡 및 시끄러운 호흡의 특징을 보인다. 대표적인 원인 질환으로는 비강 내에 이물질, 비인두의 신생물, 인두 또는 후두의 부종, 종괴, 출혈, 후두마비, 기관 허탈, 단두종 증후군 등이 있으며, 이러한 경우에는 상부 호흡기 부분에서 공기의 흐름이 원활하지 않아 호흡음이 시끄럽게 코를 고는 소리처럼 증가한다. 심각한 중증의 상기도 폐쇄가 의심되는 경우, 우선 상부 기도의 흐름을 유지하기 위하여 필요한 경우 진정이나 삽관 등의 준비나 기관 절개술을 통해 상부 호흡기를 통하지 않고 바로 기관으로 들어갈 수 있는 방법을 찾아야 한다. 환자의 흥분이 상부 호흡기의 부기를 가속화시키며, 호흡 상황을 악화시킬 수 있어 저용량의 진정제(아세프로마진, 부토판올, 미다졸람)의 투여 및 호흡의 항진으로 인해 체온이 상승할 수 있어 정맥 수액 투여, 물을 몸에 발라준 후 선풍기로 말려 주는 등 체온 상승에 대해서도 즉각적으로 대처해야 한다.

❷ 흉막 공간 질환

폐를 둘러싸고 있는 흉막강 부위에 문제가 생겨 폐가 충분히 확장되지 못하는 형태의 질병을 말하며, 빠르고 얕은 호흡과 청진 시 심음이 뚜렷하지 않고 멀고 둔탁하게 느껴지는 특징이 있다. 상태가 심각한 경우, 호흡의 효율성이 떨어지는 흉부와 복부가 일치하지 않게 움직이는 호흡 형태를 보이기도 한다. 대표적인 원인 질환으로는 공기가 차 있는 기흉부터 혈액이 차 있는 혈흉, 유미액이 차 있는 유미흉, 횡격막 탈장 등이 있으며, 이러한 질병의 원인으로, 개의 우심부전, 고양이의 심근병증, 종격동 림프종, 늑막염 등이 있다. 이러한 형태의 호흡기 질환은 산소 공급이 되더라도 폐가 충분히 팽창하지 못하는 것이 원인으로, 호흡을 못 하기 때문에 응급 흉강 천자를 통해 축적되어 있는 흉막 공간의 물질을 배출시켜 주는 것이 가장 좋은 치료법이다. 이후에도 문제가 계속 재발되면 흉부 배액관을 삽입하고 지속적으로 배출시켜 주기도 한다.

❸ 기관 허탈

기관 허탈은 기관 자체의 연골 탄력이 감소하여 공기의 흐름이 원활하지 않은 형태의 호흡기계 응급 상황을 말한다. 나이 든 소형견에서 많이 발생하며, 거위 울음소리라고 불리는 특징적인 호흡음을 나타낸다. 기관 직경이 기침 시 감소하는 정도에 따라 기관 허탈의 단계가 나뉘며, 응급 상황에서는 항염증제(코르티코스테로이드, 마로피턴트)나, 기침을 억제하는 진해제나 진정제(부토판올), 기관 확장제(테오필린)를 투여하고, 산소를 공급하여 치료하며, 장기적인 관리는 기관 확장제를 복용하거나 좁아진 기관 직경 부위에 기관 스텐트 삽입술을 하여 치료하는 경우도 있다. 기관 허탈은 흥분하거나 급하게 먹을 때 특히 많이 발생하여 삶의 질을 저하시키기 때문에 평소 흥분하지 않거나, 기침을 하지 않는 생활 환경을 만들어 줌으로써 기관 허탈이 더 이상 진행되지 않게 관리하는 것이 무엇보다 중요하다.

❹ 작은 기도 질환

작은 기도는 폐의 말초 부위에 있는 직경 2 mm 이하의 기관지를 말한다. 이 부위에 질환이 발생하면, 호흡 시에 숨을 내뱉는 호기가 길어지는 특징이 있다. 염증, 평활근 비대, 점액 축적 및 기관지 수축으로 인해 공기가 정체되며 호흡곤란이 유발되기 때문이다. 질환의 원인으로는 만성 폐쇄성 폐 질환, 만성 기관지염, 고양이 천식 등이 있다. 치료법으로는 기관지 확장제나 항염증제 등을 흡입제, 주사제, 경구제 등 가능한 방법으로 투여하는 것이 추천된다. 고양이 천식의 응급 치료에는 항염증제(코르티코스테로이드), 기관 확장제(알부테롤) 등의 주사제나 경구제가 추천되고, 항염증 성분이 있는 흡입제 치료도 효과적이다. 약물이 효과를 보이면, 1시간 이내에 호흡이 개선되는 것을 확인할 수 있다.

❺ 폐 실질 질환

호흡의 가장 마지막 단계인 폐포 실질에서 문제가 생긴 경우를 말하며, 쌕쌕거리거나 비닐이 움직일 때 나는 것 같은 수포음이나 거친 형태의 호흡음이 청진되는 특징이 있다. 대표적인 원인으로는 폐포에 염증이 차 있는 폐렴, 폐종양, 침윤성 질환, 폐 타박상이 있으며, 심장이 원인인 경우에는 액체가 폐포에 저류되어 있는 심인성 폐수종, 심장 이외의 원인으로 발생한 비심인성 폐수종 등이 있다. 호흡음 이외에도 심장 질환이 있는 경우, 심잡음이나 비정상적인 리듬의 심음을 청진할 수 있다. 폐렴은 염증 완화를 위한 항생제를 투여하거나 폐수종은 액체를 제거하기 위한 이뇨제(푸로세마이드) 등을 투여할 수 있다.

❻ 기타 빠른 호흡

단순하게 정상보다 빠른 호흡(개와 고양이의 경우 안정 시 호흡수 1분당 30회 이상)은 폐의 원인이 아닐 수 있다. 빈혈, 쇼크, 통증, 흥분, 불안, 발열 등 다른 원인이 호흡수를 증가시키지 않는지 확인해야 하며, 이러한 경우에는 산소 처치와 더불어 호흡을 빠르게 하는 원인에 대한 치료가 이루어져야 문제를 해결할 수 있다.

(5) 호흡기계 응급 상황 시 알아두어야 할 점(산소 공급 방법)

❶ 스스로 호흡을 할 수 있는 호흡 곤란 환자

조심스러운 취급, 스트레스 최소화가 가장 우선되어야 하며, 산소 공급이 부족한 경우, 즉시 산소 공급을 통해 환자의 안정화가 가장 우선되어야 한다.

산소 공급은 산소 캔, 산소 배출기 등을 코 앞에 대고 산소를 공급하는 방법과 산소 케이지 치료(폐쇄된 공간을 만들어 내부에 산소를 공급해 주는 방법)를 일반적인 의식이 있는 상태에서 호흡 곤란의 일차적인 처치에 많이 사용한다. 중증도의 호흡 곤란의 경우, 안면 마스크 또는 넥 칼라를 씌운 상태에서 앞을 막은 형태로 산소를 공급하는 방법, 고유량의 가온, 가습 산소를 하이플로우 기계를 통해 직접 공급해 주는 방법 등을 사용해 볼 수 있다.

산소 캔이나 배출기를 코 앞에 대어 주는 방법은 환자에게 쉽게 적용하고 스트레스를 적게 주는 장점이 있는 반면, 외기와 함께 산소가 공급되어 산소 농도가 낮은 단점이 있다. 산소 케이지 치료의 경우, 넓은 공간을 제공하기 때문에 호흡을 하는 동안 불필요한 조작 등의 스트레스를 적게 받는 장점이 있으나, 넓은 공간에 산소를 채우기 때문에 시간이 오래 걸리며, 높은 농도의 산소를 공급하는 데 한계가 있고 호흡과 산소 공급으로 인한 밀폐된 내부 온도 상승을 아이스팩 등으로 억제해 주어야 하며, 완전 밀폐되지 않거나 문을 열게 되면 산소 농도가 크게 변화하는 등의 단점이 있다. 넥 칼라를 씌워 랩으로 밀폐하는 경우, 건조한 산소 공급이 지속되면 폐에 손상을 줄 수 있어 장기간 유지에 부적당하며, 고유량 비강 캐뉼라(HFNC-High Flow Nasal Cannula) 등을 통해 가습으로 공급해 주는 방식의 경우, 산소 농도를 조절하며 비교적 오랫동안 충분한 산소 공급이 가능하나, 개와 고양이의 콧구멍 크기와 맞지 않거나 의식이 있는 경우 불편해하는 경우가 많아 제대로 유지되지 않고 수분 등으로 산소 공급이 막히는 경우가 많이 있어 관리가 필요하다.

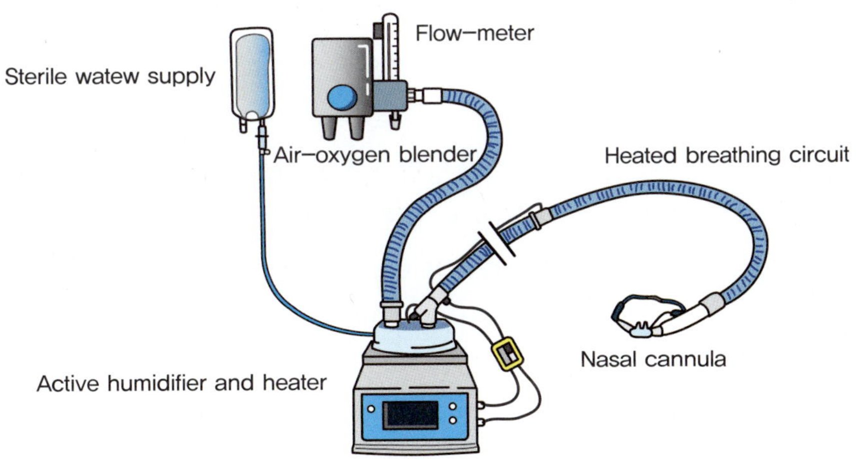

캐뉼라를 개의 코 부분에 착용하여 사용

[그림 10-2] 고유량 비강 캐뉼라(HFNC)

❷ 스스로 호흡을 할 수 없는 호흡 곤란 환자

스스로 호흡을 할 수 없는 상태, 이물, 분비물, 장애물 등으로 공기의 흐름이 막혀 있는 경우에는 그 문제를 해결해야 하며, 그렇지 않은 경우 즉시 폐까지 관을 삽입하는 삽관을 수행해야 한다. 이후, 분당 20~30회의 호흡 속도로 100 % 산소 농도를 유지하며 자동 또는 수동으로 환기를 해 주어야 하며, 상부 호흡기의 폐쇄로 기관 삽관 자체가 불가능한 상태에서는 응급 기관 절개술을 진행하여 기관에서 폐로 직접 공기가 들어갈 수 있도록 해야 한다.

2) 심혈관계 응급 상황

(1) 심혈관계 개요

심혈관계란, 동물에서 심장, 혈관 등을 포함하는 혈액, 림프액 등 체액의 흐름에 관여하는 기관계를 의미한다. 동물의 순환계는 외부와 단절되어 있는 폐쇄형 순환계로, 폐순환과 전신 순환의 두 가지 순환이 심장을 통해 연결되어 있으며, 혈액의 이동 경로는 우심실 - 폐동맥 - 폐 - 폐정맥 - 좌심방 - 좌심실 - 대동맥 - 조직 - 대정맥 - 우심방으로 이어진다. 심혈관계에서 혈액의 순환은 심장의 운동에 의해 이루어지게 된다. 순환 중인 혈액은 산소 운반, 영양분 공급, 대사 과정에서 생긴 노폐물 제거, 체온 유지, 호르몬 운반과 같은 역할을 담당한다. 이를 통해 생명 활동에 필요한 산소와 영양소를 몸 안의 각 기관에 공급하고 그 결과로 생기는 이산화탄소와 노폐물을 호흡계통이나 비뇨계통으로 전달하여 몸 밖으로 배출하게 된다. 개와 고양이를 비롯한 포유류는 2심방 2심실의 심장 구조를 가지고 있고, 심실에서 혈액이 빠져나오는 혈관을 동맥이라고 하며, 들어가는 혈관을 정맥이라고 한다.

(2) 심혈관계 응급 상황의 정의

심혈관계 응급 상황이란, 심장이 멈추어 혈류 순환이 정지된 상태를 말한다. 혈류의 공급이 중지되면 뇌를 비롯한 전신 각 조직의 산소 공급이 중단되어 의식이 소실되며, 호흡도 함께 멈춘다. 다른 모든 신체 기능이 빠르게 멈추기 시작하고, 몇 분 안에 심장 박동이 돌아오지 않으면 환자는 사망하게 된다.

(3) 심혈관계 응급 상황의 특징

심장이나 고혈압 또는 저혈압 등 심혈관계의 문제로 인한 응급 상황은 흔한 편으로, 호흡 곤란, 의식 소실 등의 유사한 증상을 가진 심혈관계가 아닌 질환과 구별하기 어려울 수 있다. 그러므로 청진기를 사용하여 심장 박동을 확인하거나 대퇴동맥 등을 촉진하여 맥박을 확인하는 것이 가장 정확하지만, 과거 병력, 기저 질환 유무, 심장 청진, 혈압 측정, 의식 소실 여부 등을 종합적으로 판단하여 심혈관계 질환과 비심혈관계 질환을 구분하여 심폐소생술을 비롯한 혈압 조절 약물 투입 등 의료적 치료가 지체없이 진행되어야 한다.

(4) 심혈관계 응급 환자의 분류 및 대응

❶ 울혈성 심부전(congestive heart failure)

울혈성 심부전이란, 심장에서 체내로 내보내는 펌프 기능이 저하되어 신체 각 조직에 충분한 혈액 및 산소를 공급하지 못하는 상태를 말한다. 그 결과, 몸의 각 장기와 조직에는 산소가 부족해지며, 간, 폐, 말초기관으로의 혈액 저류로 인한 부종을 동반하게 되고, 이로 인하여 발생할 수 있는 병태생리학적 상태를 총칭하는 질환이다. 대표적인 울혈성 심부전의 원인으로는 개에서는 판막변성에 의한 울혈성 심부전이 흔하며, 고양이에서는 심근비대증으로 인한 울혈성 심부전이 많이 발생한다. 이외에도 만성 고혈압, 관상동맥 질환, 부정맥, 심장 독성 약물 등 다양한 원인이 있을 수 있으며, 나이가 들면서 심장 자체의 기능이 감소하여 발생할 수도 있다. 이러한 원인으로 폐에 부종이 생겨 호흡을 하지 못하는 폐수종이 대표적인 증상이며, 혈액 관류량이 감소하여 점막의 창백, 실신 등을 동반하여 응급 내원하게 된다. 전신 수축력을 청진 및 신체검사, 흉부 방사선, 심전도 검사, 심초음파 검사 등을 통해 진단할 수 있다. 호흡이 힘든 경우, 우선 진단보다는 최대한 안정 상태에서 및 산소 처치를 진행하도록 한다. 환자에게 충분한 산소 공급을 진행해 주는 것이 가장 중요하다. 안정된 후 원인에 따라 폐에 수분이 저류된 경우, 이뇨제 투약 등을 통해 폐부종을 완화시켜 주며, 심근 수축력이 감소한 경우, 심근 수축력을 증가시키는 강심제와 같은 약물을 투약하는 것이 도움이 된다. 고혈압이 원인인 경우에는 혈압약을 투약하여 전신적인 상태를 완화해 줄 수 있다.

❷ 심낭 삼출(pericardial effusion)

심낭에 체액이 비정상적으로 축적되는 질환으로, 심장을 둘러싸고 있는 막인 심낭의 두 층 사이에 비정상적으로 수분이 쌓이는 것을 의미한다. 심장은 수축과 이완을 반복하여 우리 몸 곳곳에 혈액을 공급할 수 있는 펌프 역할을 해야 하는데, 심장을 둘러싼 액체로 인해 심장의 수축-이완 기능을 제한하게 되면 심박출량이 감소하게 되고 동물의 체내에서 원활한 혈액 순환이 이루어지지 않게 된다. 심장을 압박하는 원인 질환은 종양, 바이러스 등 다양하며, 심장 박동에 영향을 주지 않을 정도의 소량의 심낭 삼출은 특별한 처치가 필요하지 않지만, 일정량 이상의 심낭 삼출이 확인될 경우에는 수분량이 조금만 더 증가하더라도 심낭 내 압력이 급격히 상승하여 심장의 수축과 이완 기능이 급격히 저하될 수 있다.

개와 고양이가 심낭 삼출의 원인으로 응급 내원 시, 이미 일정 수준 이상의 심낭 삼출이 진행된 것으로 판단해야 한다. 청진을 통해 심음의 이상을 확인할 수 있으며, 초음파 또는 흉부 방사선 검사를 통해 심낭 삼출을 확진할 수 있다. 이미 순환의 이상이 발생한 응급 상황에서 초음파 장비를 통해 다량의 심낭 삼출이 확인되는 경우, 응급 흉강천자를 통해 심낭 삼출액을 제거하는 것이 유일한 해결책이다. 다만, 이러한 심낭 천자의 경우 원인을 제거하는 것이 아닌 증상에 대한 처치이기 때문에, 외상에 의한 심장 눌림증을 제외하고는 천자 이후에도 원인에 따라 다시 심장 삼출액이 생길 수 있다. 그러므로 삼출액 세포 분석, 배양 검사 또는 심장막 생검 등을 추가로 진행하여 원인 질환을 찾아보는 것이 추천된다. 지속적으로 심낭 삼출이 발생한다면 심장막 절제술을 통해 심낭 자체에 수분이 고이지 않도록 교정해 볼 수 있다.

❸ 대동맥 혈전색전증(arterial thromemlolism)

대동맥 혈전색전증은 혈액 속에서 혈전이 형성되고, 이 혈전이 혈류를 타고 이동하여 특정 혈관을 막아 혈류에 장애를 일으키는 질환을 말한다. 개와 고양이에서 드물게 관찰되는 질환이다. 혈전색전증이라는 용어는 혈관 내에서 발생하는 덩어리인 '혈전'과 이 혈전이 혈관을 통해 형성된 위치에서 먼 위치로 이동했음을 나타내는 '색전'이라는 단어가 합쳐져 만들어졌다. 혈전이 생성되는 대표적인 질환은 개에서는 심장 판막의 염증인 심내막염, 전신 감염증인 패혈증, 암, 면역 매개 혈액 질환, 신장 질환, 부신피질기능항진증 등 다양한 원인이 있을 수 있으며, 고양이에서는 주로 심근비대증과 같이 심장의 문제로 인해 많이 발생한다. 혈전은 신체 어느 부위에서도 생성될 수 있으며, 주로 양측 뒷

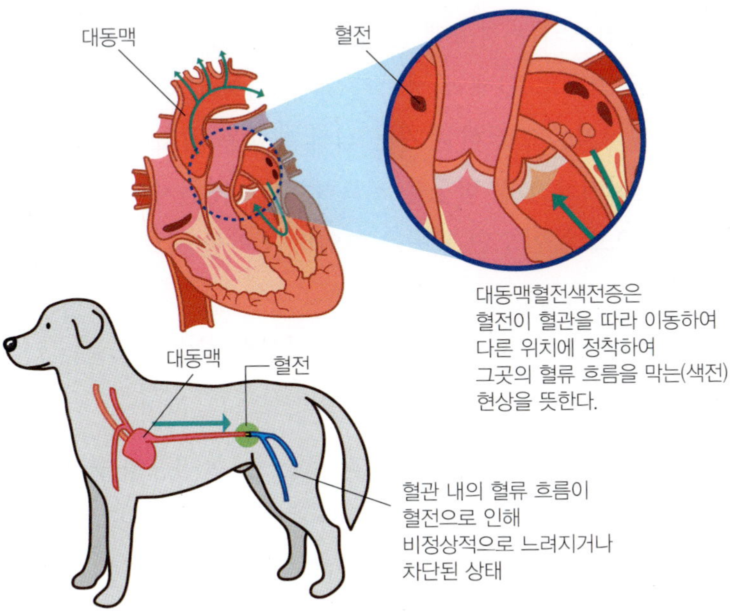

[그림 10-3] 동맥혈전색전증

다리로 갈라지는 대동맥 부위에서 많이 발생한다. 혈류가 통하지 않는 부위에서 극심한 통증, 마비, 냉감 등을 일으킬 수 있다. 신장, 심장, 뇌, 간 등의 중요 장기에서 혈전이 혈액의 흐름을 막는 경우, 해당 장기에서 산소가 부족해지면서 장기 부전이나 신경 증상을 유발할 수 있는 질환이다. 따라서 뒷다리의 냉감이나 마비 등의 증상을 보일 때, 허리디스크와 증상이 유사하여 반드시 감별해야 하며, 네 다리의 혈당 및 젖산 등을 검사하고, 초음파를 통해 혈전을 확인한다면 빠르게 진단할 수 있다. 혈전색전증의 골든타임은 4시간 이내에 혈전을 감소시킬 수 있는 치료 약물을 주입해야 최대한 생존 확률을 높일 수 있으며, 응급 치료 이후 항혈전제, 항응고제 사용 등으로 인한 합병증을 꾸준히 관리해야 하며, 혈전이 생성되는 원인에 대한 치료가 뒷받침되어야 한다.

❹ 부정맥(cardiac arrhythmia)

심장 박동이 규칙적이지 않거나 횟수나 리듬이 정상과 다른 경우, 이를 부정맥이라고 한다. 심장을 이루는 심근세포 중 스스로 전기적 신호를 만들어 내는 심박 조율기 세포로부터 리듬이 생성되는데, 심박 조율기 세포에 문제가 생기거나 전기 신호가 전도되는 경로에 문제가 생기는 등의 원인으로 부정맥이 발생할 수 있다. 부정맥으로 인해 심정지가 발생할 수 있으며, 이 경우에는 심장 압박 및 전기적 에너지를 전달하는 자동 심장 제세동기(AED)를 사용하여 전기적 에너지를 복원시키고 심장 박동을 회복해야 한다. 환자의 심장 박동의 횟수나 리듬이 규칙적으로 돌아오면 원인을 확인하여 약물 치료 등을 병행한다.

(5) 심혈관계 응급 상황 시 알아두어야 할 점(실신과 경련의 구분)

심혈관계 응급 상황에서는 흔히 기절이라고 불리는 실신이 자주 발생한다. 실신은 혈압이 순간적으로 많이 떨어져 뇌로 가는 혈액량이 줄어들며 발생하며, 혈액 공급이 회복되면 다시 의식이 즉시 돌아오는 특징이 있다. 하지만 경련은 뇌의 비정상적인 전기적 활동으로 인해 발생한다. 경련은 침을 흘리거나 사지가 뻣뻣해지거나, 몸을 떠는 등의 전조 증상이 있고, 회복 이후에도 정상으로 돌아오기까지 상당한 시간이 걸리는 경우가 많다. 실신은 전조 증상이 없으며, 직후 정상으로 회복된다. 두 질병은 진단 및 치료법이 전혀 다르므로 보호자에게 위와 같은 사항을 꼭 확인하여야 한다. 실신은 심혈관계 응급 상황으로 혈압, 심박출량 등을 확인하여 순환계에 관련된 치료를 진행해야 하며, 경련은 원인이 되는 고암모니아혈증이나 대사성 질환, 뇌 질환에 대한 치료를 진행해야 한다.

2. 중독 응급 동물 처치 보조

1) 중독 응급 상황

(1) 중독 응급 상황의 정의

'중독'의 사전적 의미는 독성을 지닌 음식물이나 약물 등의 물질이 몸에 들어와서 이상 반응이나 질병이 발생하는 것을 뜻하는 신체적 중독과 약물, 사상 등에 빠져 정상적으로 사물을 판단할 수 없는 상태를 뜻하는 정신적·의존적 중독으로 나뉜다. 개와 고양이에서 중독은 독성을 지닌 음식물이나 약물을 섭취, 흡입, 피부를 통해 흡수 후 몸의 이상 반응이나 질병이 발생하는 것을 뜻하는 신체적 중독을 주로 말한다. 신체적 중독을 일으키는 종류에는 사람 약 또는 약의 용량을 초과 복용하여 생기는 약물 중독, 먹을 수 없는 플라스틱, 비닐, 동물의 뼈 등의 이물 섭취, 포도, 초콜릿, 자일리톨 등 사람에게 문제는 없으나 특정 종에게 문제를 일으키는 음식물 중독 등이 대표적인 사례로 볼 수 있다.

(2) 중독 응급 상황의 특징

중독을 일으키는 물질은 종류에 따라 다양하지만, 개나 고양이 신체의 조직, 기관 또는 과정의 기능을 손상시키거나 방해하는 특징이 있다. 따라서 어떤 독성 물질인가에 따라 임상 징후는 심박수 증가, 몸 떨림, 헐떡임, 구토, 설사 등의 경미한 증상부터, 장기에 영구적인 손상을 가하는 심각한 증상, 때로는 생명을 앗아가는 치명적인 증상까지 다양하게 나타날 수 있다. 뿐만 아니라, 섭취 후 시간의 경과, 환자의 기저 질환 등에 따라 증상도 다양하게 나타날 수 있다. 가장 기본적인 치료 원칙은 중독과 관계된 물질의 제거 및 해독 또는 지지 치료 방법이다. 체내 유입 후 흡수가 되지 않고 식도나 위에 남아 있으며, 구토 시 위험성이 낮은 경우 구토를 유도해 볼 수 있으며, 장에 남아 있는 경우 장세척을 시도해 볼 수 있다. 중독을 치료할 수 있는 해독제가 있는 경우 우선 사용이 지시되며, 해독제가 없는 경우 체내에서 중독을 일으키는 원인 물질의 흡수를 방해하고, 빠른 배출을 도우며, 환자가 경련, 저혈압, 고체온증 등 중독으로 인해 야기되는 이차적인 신체 손상을 막아 주는 치료를 진행하는 것이라 볼 수 있다.

(3) 중독 응급 환자의 분류 및 대응

❶ 음식에 의한 중독

사람은 섭취 가능하지만 개와 고양이에게는 치명적인 음식이 많이 있다. 초콜릿, 커피, 카페인은 개와 고양이에게 구토와 설사, 헐떡임, 과잉 행동, 떨림, 발작 및 심장에 부담을 줄 수 있다. 이유는 초콜릿, 커피, 카페인에는 중추신경계 자극제인 메틸크산틴이 포함되어 있기 때문이다. 메틸크산틴은 위장관에서 빠르게 흡수되며, 메틸크산틴 중독증에 대한 해독제는 없기 때문에 치료는 위장에서 최대한 빠르게 배출하며, 수액 치료를 병행하여 각종 부작용과 합병증을 조절하고 완화시키는 지지 요법을 기반으로 치료가 이루어지게 된다.

마늘과 양파의 경우, 개 고양이 모두에게 위장 자극 및 적혈구 손상을 일으켜 빈혈을 유발할 수 있다. 가열 조리, 분말 형태 모두 문제를 일으킬 수 있으며, 초기에는 구토, 설사, 우울, 탈수 등의 증상을 나타내며, 이후 1~7일 동안 적혈구 손상이 지속되어 잇몸이 창백해지고 심박수 및 호흡이 증가하며, 전신적인 기력 저하, 갈색뇨 및 황달 등이 발생할 수 있다. 해독제가 없기 때문에 초기에 구토를 유발하거나, 수액 치료를 병행하여 각종 부작용과 합병증을 조절하고 완화시키는 지지 요법을 기반으로 치료가 이루어진다.

포도와 건포도 또한 개와 고양이에게 급성 신부전을 유발할 수 있다. 포도 한 알의 소량으로도 신부전을 유발할 수 있으며, 이와 관련된 초기 진단 검사와 해독제는 없다. 첫 번째 임상 징후는 구토로, 섭취 후 몇 시간 이내에 시작될 수 있으며, 이후 설사, 기력 저하, 몸 떨림 등의 증상을 동반할 수 있다. 포도에 의한 급성 신부전은 며칠 동안 진행될 수 있으며, 신장 기능 손상은 돌이킬 수 없어 사망이나 만성 신부전으로 이어지는 경우가 많다. 포도를 섭취하였을 때 식도나 위 내에서 구토를 유발하여 흡수 정도를 줄이는 것이 가장 좋은 치료법이며, 장에서 흡수가 진행되는 경우 수액 치료를 병행하여 각종 부작용과 합병증을 조절하고 완화시키는 지지 요법을 기반으로 치료가 이루어지게 된다.

이외에도 마카다미아 넛트의 경우에도 개에서 기력 저하, 우울증, 구토, 떨림 및 체온 상승을 유발할 수 있으며, 해독제가 없어 위장 내 제거 또는 빠른 배출을 도와주는 수액 처치 등의 지지 요법이 일반적이다. 자일리톨 역시 개와 고양이 모두에게 문제가 될 수 있으며, 특히 개에게 소량 섭취 후 한 시간 이내에 간 기능 부전이나 심각한 저혈당을 유발하였다는 연구 결과가 있다. 위장 내 제거 또는 빠른 배출을 도와주는 수액 처치 등의 지지 요법과 혈당을 모니터링하여 정상 범위로 유지하는 것이 추천되는 치료법이다. 이스트 반죽도 가스가 생성되어 복부 팽만을 유발하여 위 확장과 장꼬임 등을 유발할 수 있다. 이외에도 주의해야 하는 음식으로는 중추신경계를 저하시키는 술과 관련된 알코올류, 위장관 자극 및 중추신경계를 억제하는 감귤류의 줄기, 잎, 껍질 및 씨앗류, 위를 자극하고 설사를 유발하는 코코넛 오일, 살모넬라 및 대장균, 장천공, 질식 위험이 있는 날고기, 계란 및 뼈, 고양이에서는 구토, 설사를 유발하는 아보카도 등이 있다.

고양이가 개 전용 간식을 먹는 경우, 반건조 사료에서 수분 유지 및 질감 개선을 위해 첨가물로 추가되는 프로필렌 글리콜(propylene glycol) 성분이 빈혈을 유발할 수 있어 개와 고양이를 함께 키우는 가정에서는 주의하여야 한다.

❷ 가정 환경에서의 중독

가정에서 사용하는 용품으로 인해 중독을 일으킬 수 있다. 일반적으로 가정 용품은 식용에 적합하지 않기 때문에 무엇이든 문제를 일으킬 수 있으며, 가정 내에서 흔한 유독 물질은 다음과 같다.

첫 번째는 살서제 중독으로, 살서제란 쥐를 제거하기 위한 목적으로 놓은 약을 말한다. 살서제는 보통 바닥에 두기 때문에 개와 고양이가 쉽게 접근할 수 있어 위험성이 높다. 살서제의 주성분은 출혈을 유발하는 항응고제로 작용하며, 다른 형태의 성분으로는 뇌부종과 발작을 일으켜 쥐를 제거하는 신경독성 계열인 브로메탈린으로 구분할 수 있다. 항응고제 쥐약의 경우, 조기에 발견하여 일찍 치료를 시작하면 지지 요법과 수개월 동안 비타민 K 등을 보충하여 항응고제 쥐약의 중독에서 벗어날 수 있으나, 브로메탈린 약물에 의한 중독은 해독제가 없어 중독이 된 경우 치료가 어렵다. 따라서 구토, 위세척, 장세척 이후 지지 요법을 통한 수액 치료 등이 추천된다.

두 번째는 중금속에 대한 중독으로, 소량의 중금속이라도 개나 고양이를 중독시킬 수 있다. 특히 동전을 삼키는 것에 의한 구리나 아연 중독의 가능성이 높으며, 납 중독 또한 많이 발생하는 중독의 한 종류이다. 중금속 종류에 따라 빈혈, 구토, 기력 저하 등을 일으키며, 금속은 부식성이 있어 구토를 할 경우 식도나 위에 손상을 가할 수 있으므로, 응급 수술을 통한 중금속 제거 및 위세척, 장세척, 흡수 지연 약물 치료 등이 동반되어야 한다.

이외에도 가정용 세제나 샴푸, 섬유유연제, 살충제, 부동액 등도 개, 고양이에서 구토나 설사 및 위장관 화상, 궤양, 협착 및 부식 등을 일으킬 수 있다.

가정 환경에서 살서제를 비롯한 가정용품에 의한 중독은 접근하지 못하도록 예방하는 것이 가장 우선이나, 중독이 되었다면 어떤 형태, 얼마나, 언제 복용했는지를 확인 후, 빠르게 관련 처치 및 지지 요법을 진행하여 흡수를 막고, 배출을 시켜 주어야 한다.

❸ 식물과 꽃 중독

집이나 화단 등에서 키우는 식물과 꽃도 개와 고양이에게 독성을 나타내는 경우가 있다. 튤립은 구토, 설사, 기력 저하, 침 흘림 등을 유발할 수 있고, 진달래는 구토, 설사, 기력 저하, 심장기능부전 등을 유발할 수 있으며, 알로에도 구토, 무기력 설사 등을 유발할 수 있다. 특히 백합과 수국은 고양이에서 섭취 시 심각한 독성을 유발할 수 있어 주의해야 한다.

이러한 중독을 예방하기 위해서는 식물이나 꽃을 키우기 전에 중독과 관련한 내용을 반드시 확인해야 하며, 야외에서 식물이나 꽃을 섭취하지 못하도록 예방하여야 한다. 섭취 이후에는 해독제가 없어 구토, 위세척, 장세척 이후 지지 요법을 통한 수액 치료 등이 추천된다.

❹ 약물 중독

개와 고양이에서의 약물 중독은 동물병원에서 가장 흔하게 볼 수 있는 중독의 원인이다. 개와 고양이의 약 용량을 과다하게 투약하는 경우도 있지만, 일반적으로 가정 환경에서 상비약으로 많이 보관해 두는 약이나 보호자가 지속적으로 투약 중인 약은 사람의 몸무게에 맞춰 약이 조제되었기 때문에 대부분의 약은 개와 고양이가 섭취 시 중독 증상이 나타나게 된다. 특히 내복약은 체내에서 빠르게 소화 흡수되는 형태로 조제되어 있어, 약물 복용 이후 1~2시간 이내로 빠르게 구토나 위세척 등을 진행하더라도 상당량의 약물이 흡수되었을 수 있어 주의가 필요하다.

사람에게 처방된 비스테로이드성 진통소염제는 개나 고양이가 복용 시, 위장관 궤양, 급성신부전, 신경 증상 등을 유발할 수 있고, 항우울제는 개나 고양이에게 신경 증상을 유발할 수 있으며, 부비동염이나 상기도 알레르기에 많이 사용하는 슈도에페드린 성분은 개와 고양이에게 신경 증상, 근육 이상, 심장기능장애 등을 유발할 수 있다. 이외에도 바셀린 연고는 호흡기 문제를 유발할 수 있으며, 피부 크림과 연고 등은 위장관 장애를 유발할 가능성이 높다.

이외에도 개와 고양이의 심장사상충 구제제, 진드기 구제제 등도 체중에 비해 과도한 용량을 사용했을 때, 피부 가려움증, 구토, 신경 증상을 유발할 수 있으므로 반드시 정해진 용량을 사용해야 하며, 비용을 절감하기 위해 대용량 약을 구매하여 임의로 체중으로 나누어 복용하는 것은 금지해야 한다.

사람이나 개, 고양이에게 처방된 약을 과량 복용하였을 경우, 2시간 이내에 치료가 가능하다면 구토를 유도하여 최대한 약이 체내에 남아 있지 않도록 하는 것이 추천된다. 이후 지지 요법을 통한 수액 치료, 약물의 흡수를 차단하는 활성탄을 투여하거나 위장관 점막에 부착되어 흡수를 지연시키는 약물의 투약, 설사를 유도하는 하제의 투약, 신장이나 간에 손상을 줄여 주는 보존 치료 등이 추천된다.

(4) 중독 응급 상황 시 알아두어야 할 점(구토 유도, 최토제)

구토를 유발하는 약물은 최토제라고도 부른다. 구토는 중독 응급 상황에서 중독 원인 물질을 물리적으로 제거할 수 있다는 점에서 상당히 좋은 치료법이지만 아래와 같은 상황에서는 구토 처치를 진행하는 것이 추천되지 않는다.

① 환자가 의식이 없는 경우
② 이미 식도와 위를 통과한 경우(구토는 식도와 위 내 이물까지 가능하며, 십이지장까지 내려간 물질은 구토를 시도하더라도 십이지장-위의 연결 부위인 유문 괄약근을 통과하지 못함)
③ 세제, 세정제 등과 같이 위나 식도 점막을 부식시킬 가능성이 있는 물질
④ 닭 뼈(부러질 때 날카로운 단면을 가짐), 길쭉한 이물, 끝이 날카로운 이물 등 형태가 날카로워서 구토 중 식도나 위에 천공을 유발할 가능성이 있는 물질

구토를 유발하는 방법은 개와 고양이에서 서로 다르다.

개에서 구토를 유발하는 첫 번째 방법은 과산화수소를 경구로 투여하는 것이다. 단점으로는 과산화수소를 먹이는 것이 쉽지 않으며, 위장관의 자극이나

억지로 먹이는 경우 폐로 들어가면서 흡인성 폐렴을 일으킬 수 있다. 동물병원에서는 주사제(트라넥사민산)를 정맥 투여하거나, 구토 중추에 작용하는 결막하 투여 제제(하이드로클로라이드) 방법을 시도해 볼 수 있다.

고양이의 경우, 위에서 설명한 방법들은 추천되지 않으며, 중추 작용 구토제(자이라진)를 사용할 수 있다. 하지만 구토 확률이 낮고 부작용(서맥, 진정, 떨림, 호흡 억제 등)을 유발할 수 있어 일반적으로 추천되지 않으며, 보호자와 구토 처치에 대한 충분한 논의 후 진행해야 한다.

민간요법으로 알려져 있는 효과가 검증되지 않은 약물을 투여(비누, 겨잣가루, 소금, 이페칵 시럽) 및 손가락을 입에 넣는 행위 등은 구토를 유발하지 못하며, 환자의 상태를 오히려 악화시키므로 사용해서는 안 된다.

3. 체온 이상 응급 동물 처치 보조

1) 고체온증 응급 상황

(1) 고체온증 응급 상황의 정의

고체온증이란, 체내가 외부 환경이나 체내의 발열 등으로 체온 조절에 실패하여 지속적으로 체온이 정상보다 높게 유지되는 증상을 총칭하며, 고온장애라고도 한다. 개와 고양이의 정상 체온은 일반적으로 37.5 ~ 39.2 ℃이며, 고체온증은 심부 온도(직장 체온)가 39.5 ℃ 이상 지속되는 경우를 말한다. 원인에 관계없이 체온 상승의 결과로 인해 체내 조직 단백질의 변성이나 전신 염증, 응고 합병증과 같은 심각한 문제가 발생하며, 체온이 지속적으로 높게 유지되면 다발성 장기 부전으로 이어져 사망에 이른다.

(2) 고체온증 응급 상황의 특징

원인에 관계없이 고체온증이 지속되면 신체에 극심한 손상을 일으킨다는 특징이 있다. 처음에는 괴로워하거나 헐떡이며, 불안정한 모습을 보일 수 있으며, 시간이 지남에 따라 침을 흘리거나 잇몸이 빨갛거나 파랗게 변할 수 있으며 시간이 지남에 따라 극도의 기력 저하를 동반한 의식 저하, 지속적인 출혈, 탈수, 경련, 혼수상태 등의 증상을 보일 수 있다. 따라서 고체온증 응급 상황의 경우, 다른 질환과는 달리 원인을 찾고 치료하는 원인 치료가 아닌 우선 체온을 낮추어 증상을 완화시키는 대증 치료가 진행되어야 한다.

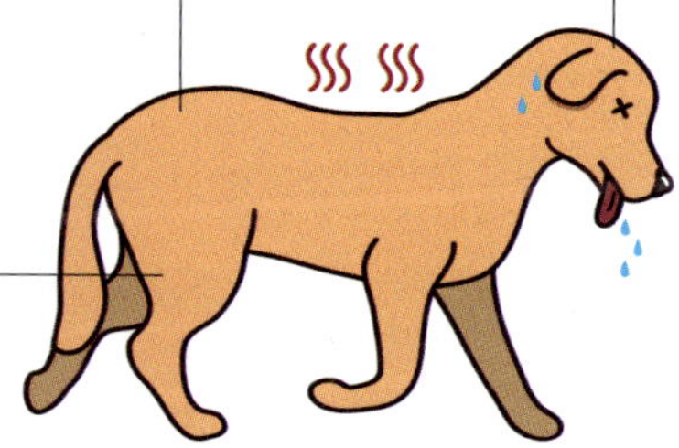

[그림 10-4] 고체온증의 증상

(3) 고체온증 응급 환자의 분류 및 대응

고체온증 응급 환자는 크게 두 분류로 나뉠 수 있다.

① 감염(세균, 곰팡이균 또는 바이러스) 또는 약물, 독성 물질, 과도한 운동 등에 의한 체내 발열 반응으로 심부 온도가 상승하는 경우

② 고온 다습한 환경, 직사광선에 의한 복사열 등 외부 요인으로 인해 심부 온도가 상승하는 경우

위의 두 가지 상황 모두 직장 체온을 측정하여 고체온증을 확진할 수 있으며, 신체 손상 여부를 확인하기 위해 전혈구 검사, 혈청화학 검사, 요 검사 등이 추가로 진행될 수 있다. 고체온증 환자는 찬물이나 얼음 등을 사용하면 혈관 수축

을 일으켜 냉각을 지연시킬 수 있으므로, 차갑지 않은 미지근한 물이나 에탄올과 선풍기를 이용해 개와 고양이의 배를 포함한 사타구니, 겨드랑이, 목 등 머리를 제외한 전신을 냉각시켜 주는 것이 추천된다. 물을 삼킬 수 있다면 조금의 물을 급여하거나 수액을 적용하는 것도 체온을 떨어트릴 수 있는 좋은 방법이다. 체온이 정상 범위까지 돌아온 상태에서 감염이나 약물 등 원인에 대한 치료가 이루어져야 하며, 후유증이 생기지 않도록 맥박, 호흡, 혈액 응고 여부 등을 입원하여 지속적으로 모니터링하는 것이 필요하다. 일반적으로 고체온증 이후 저혈당, 응고계 이상, 부정맥, 신장 손상이 있는 환자는 생존 가능성이 낮다.

(4) 고체온증 응급 상황 시 알아두어야 할 점(고체온증 위험이 높은 개의 품종)

사람과 달리 개와 고양이는 체온을 땀으로 조절할 수 없어 헐떡임을 이용하여 체온을 낮춘다. 평평한 얼굴을 가진 퍼그와 불도그처럼 단두종 품종은 다른 품종에 비해 효율적으로 열을 발산할 수 없으며, 호흡 문제가 있을 확률이 높다. 사냥, 하이킹, 조깅을 즐겨 하는 개는 고양이보다 야외 활동이나 운동의 강도가 높으며, 이러한 과도한 근육 활동으로 인해 체온이 위험 수준까지 쉽게 올라간다. 추운 지방에서 진화한 견종의 경우 과체중이 되기 쉬우며, 털이 체온을 보호하기 위해 이중모를 가진 경우가 많아 열 발산에 불리하다. 또한 개는 보통 집이 아닌 차량 또는 야외 견사 등 좁은 장소에 있는 경우가 많아 고체온증 위험에 노출되기 쉽다. 아래의 품종은 고체온증에 더 취약할 수 있어 평소 주의가 필요하다.

- 세인트 버나드
- 레브라도 리트리버
- 그레이하운드
- 보더콜리
- 잉글리시 스프링거 스패니얼
- 아이리쉬 울프하운드
- 코커 스파니엘
- 도베르만 핀셔
- 시베리안 허스키
- 포인터

2) 저체온증 응급 상황

(1) 저체온증 응급 상황의 정의

저체온증이란, 심부 체온이 정상보다 현저하게 낮은 상황을 말한다. 일반적으로 고체온증은 정상 체온 범위의 끝부분과 큰 차이가 없지만, 저체온증은 정상 체온보다 낮은 36.5 ℃ 이하로 지속될 때 발생한다고 판단한다.

(2) 저체온증 응급 상황의 특징

저체온증이 유발되면 처음에는 개나 고양이의 몸 표면 근처의 혈관이 수축하여 피부, 다리, 귀, 발 등에서 창백하고 만지면 차가운 증상을 보인다. 몸의 떨림, 근육 경직, 신체 활동 저하, 보행 장애, 잇몸의 창백 등의 증상을 시작으로 중증으로 발전하면 열을 생성하기 위해 근육의 떨림이 심해지며 움직임이 뻣뻣하고 부자연스럽게 된다. 이러한 상황을 지나 심한 저체온증이 시작되면 근육 세포의 에너지가 고갈되어 떨림이 멈추고 쓰러짐, 동공 확장, 느리고 불규칙한 심장 박동과 호흡 속도를 보이는 증상을 통해 쇼크, 장기 부전, 혼수상태를 지나 사망에 이른다.

(3) 저체온증 응급 환자의 분류 및 대응

저체온증 응급 환자는 아래와 같이 분류할 수 있다.

① 추운 외부 날씨 또는 젖음으로 인해 저체온증이 유발된 경우
② 마취 및 수술로 인해 저체온증이 유발된 경우
③ 기저 질환이나 병적인 원인에 의해 저체온증이 유발된 경우

첫 번째, 자견, 자묘, 노령견, 노령묘, 소형견, 털이 짧거나 얇고, 추운 온도에 익숙하지 않은 경우 발생할 확률이 높아지며, 특히 바람이 많이 불고, 털이 물에 젖는 경우에는 생각보다 낮지 않은 온도에서도 저체온증이 생길 수 있다. 두

번째, 마취 및 수술 시 사용되는 마취 약물과 면도된 수술 부위, 소독액, 차가운 수술방 온도, 알코올 등의 소독약, 수액 처치 등의 다양한 처치와 더불어 피부와 호흡기를 통한 열 손실을 증가시키고 신체의 체온을 올리기 위한 보상 작용도 제한된다. 수술 시간이 짧게 유지되는 것이 가장 좋으나, 길어질 경우 수액줄에 핫팩을 감아 주거나 수액가온기를 이용하고 수술대 아랫부분을 따뜻하게 유지하는 것도 도움이 된다. 세 번째, 신장 질환, 심부전, 당뇨병, 중독 및 외상으로 인한 출혈 등으로 인해 저체온증이 유발되며, 이와 같은 경우에는 뜨겁지 않고 따뜻하게 점진적으로 체온을 올려 주며, 원인 질병을 함께 치료하는 것이 도움이 된다.

(4) 저체온증 응급 상황 시 알아두어야 할 점(체온을 상승시킬 때 주의점)

저체온증 치료에서 가장 중요한 점은 체온을 무리하게 급격히 올려서는 안 된다는 것이다. 저체온증은 고체온증과 달리 일부의 경우 혼수상태에 있어도 소생 가능하며, 낮은 온도에서는 신체 세포의 산소요구량 및 에너지요구량이 감소되는 특징이 있다. 체온을 올리기 위해 환자에게 담요를 덮어 주거나 따뜻하게 해 주는 것은 좋지만, 뜨거운 패드나 전기 기기는 화상을 입거나 순간적으로 너무 많은 혈류가 피부로 향하게 하여 쇼크 상태를 악화시킬 수 있으므로 치료 시 주의해야 한다.

4. 경련 응급 동물 처치 보조

1) 경련 응급 상황

(1) 경련 응급 상황의 정의

경련은 발작이라고도 하며, 일반적으로 뇌 내에서 통제할 수 없는 전기 활동의 갑작스러운 급증으로 인해 발생한다. 발작의 중증도와 임상 징후는 뇌의 어느 부분에서 영향을 받았는지에 따라 다르다. 따라서 경련의 유형은 전신 발작과 부분 발작으로 구분할 수 있다. 전신 발작은 개와 고양이의 뇌 대부분이 비정상적인 전기 활동의 영향을 받아 일어나며, 전신적인 강직, 떨림, 페달링(다리를 젓는 행동), 서클링(같은 자리를 원을 그리며 도는 행동) 증상을 보이는 경우가 많다. 부분 발작은 전신 발작과 달리 뇌의 특정 영역에서만 비정상적인 전기 활동이 일어나는 경우로, 신체의 특정 부분에 국한되어 비정상적인 움직임을 보이는 경우가 많다. 한쪽 다리를 반복적으로 걷어차거나 입술을 핥는 행동, 허공을 향해 무는 행동 등이 있을 수 있으며, 이와 함께 의식 소실이 동반될 수도 있다.

(2) 경련 응급 상황의 특징

경련의 응급 상황이 발생하면, 원인과 관계없이 경련이 지속되는 것만으로도 뇌의 영구적인 신경 손상이나 사망을 유발할 수 있다. 따라서 경련 증상이 1분 이상 지속되면, 우선 안구 뒤쪽의 미주신경을 자극하여 경련을 억제하기 위한 안구 압박 및 신속한 항경련제 사용 등 경련 응급 처치를 통해 경련 자체를 억제하는 것이 가장 중요하다.

경련의 증상은 크게 전조 증상, 경련 증상, 후 증상 세 가지로 구분할 수 있다. 전조 증상에서는 경련을 보이기 몇 초 또는 몇 분 전 안절부절못하며, 비정상적인 행동, 허공을 보며 짖음, 약한 마비 증상 등을 보이며, 이후 인지 저하, 몸의 뻣뻣함, 팔다리를 젓는 행동, 턱을 계속 움직이는 반복 행동, 배뇨, 배변 등의 경련 증상이 본격적으로 나타난다. 이후 후 증상에서는 기력이 없으며, 안절부절못하며 불안정한 모습을 보이는 경우가 많다. 이러한 단계는 몇 분에서 몇 시간 동안 지속되는 경우가 많으며, 경련 증상이 심할수록 후 증상도 심하게 나타나는 경우가 많다. 경련이 1분 이내로 짧게 지나간다면, 연 1회 정도 발생하는 경우가 많고, 장기적인 후유증이 나타나는 경우는 드물어 항경련제 사용으로 얻는 이득보다 부작용이 많아 일반적으로 약은 처방하지 않는다. 다만, 경련이 5

분 이상 지속되거나 24시간 이내에 2회 이상 발생하면 군집 발작으로 분류하며, 이 경우에는 적극적인 입원 치료 및 항경련제 치료가 필요하다.

(3) 경련 응급 환자의 분류 및 대응

경련 응급 환자는 원인에 따라 크게 머리(뇌) 자체의 문제에서 기인한 환자와 머리를 제외한 고암모니아혈증, 말기 신부전, 고인혈증, 전해질 불균형 등 머리 외의 외부 요인으로 인한 경련 환자로 구분할 수 있다. 대표적인 머리 자체의 문제로는 뇌의 감염이나 염증, 종양, 간질증, 머리 부분의 외상, 뇌수두증, 기타 바이러스의 뇌신경계 감염 등이 있으며, 그 외의 문제로는 저혈당증, 간 질환, 저칼슘혈증, 신부전, 혈중 산소포화도 감소, 납 중독, 유기인 중독, 진균 독성, 카페인 독성, 향정신성 약물의 노출, 부동액 중독, 고암모니아혈증(간문맥단락), 열사병 등의 원인이 있을 수 있다. 대개 머리 자체의 문제는 뇌의 전기적신호를 막아주는 항경련제에 대한 반응이 좋은 편이지만, 머리 외적인 이유로 인해 경련이 발생한 경우에는 원인 질환을 치료하지 않는 경우, 경련 증상이 지속될 가능성도 존재한다. 뇌 쪽의 문제를 확인하기 위해서는 MRI 검사 및 필요시 뇌척수액 검사를 진행해야 하며, 그 외에는 혈액 검사, PCR 검사 등을 통해 진단할 수 있다. 그중 특발성 간질이라는 진단의 경우 MRI 상에서 뇌 부분에 특이 사항이 확인되지 않은 경우로, 근본적인 원인을 알 수 없는 경련 증상이 있을 수 있다는 점은 인지해야 한다. 아래 견종은 특발성 간질이 발생할 위험이 높다고 알려진 견종이다.

- 슈나우져
- 콜리
- 셰퍼드
- 보더콜리
- 오스트레일리안 셰퍼드
- 비글
- 버니즈 마운틴 독
- 아이리쉬 세터
- 세인트 버나드
- 푸들
- 와이어 폭스 테리어
- 코커 스파니엘
- 래브라도 리트리버
- 골든 리트리버

(4) 경련 응급 상황 시 알아두어야 할 점(경련 증상에 대처하는 방법)

경련 응급 상황이 발생했을 때에는 주변의 넘어질 수 있는 물건은 모두 제거하고 최대한 신속하게 주변에 경련 발생을 알려 도움을 받아야 한다. 또한 저혈당성 경련을 제외한 상황 중에 물을 준다거나 음식을 주는 경우는 기도를 막을 수 있어 반드시 주의해야 한다. 환자의 몸이 떨어지지 않도록 바닥에 눕히고, 목 부위를 최대한 펴 주고 안구를 지긋이 압박하여 경련 증상을 멈출 때까지 도와 주고, 충격을 완화할 수 있도록 바닥에 수건 등을 깔아 주면 도움이 된다. 경련 중 의식이 없을 때 침, 토사물, 분비물이 분비되어 폐로 들어가면 질식사를 할 수 있으므로 머리가 몸보다 높지 않도록 주의한다. 경련이 반복되거나 지속되는 경우 항경련제를 투약하고, 미리 추가 경련에 대비해야 한다. 안정을 취하고 의식이 확연히 돌아온 이후에는 스스로 마실 수 있다면 약간의 물을 공급하거나, 산소 케이지 내에서 충분한 휴식을 취할 수 있도록 도와주는 것이 좋다.

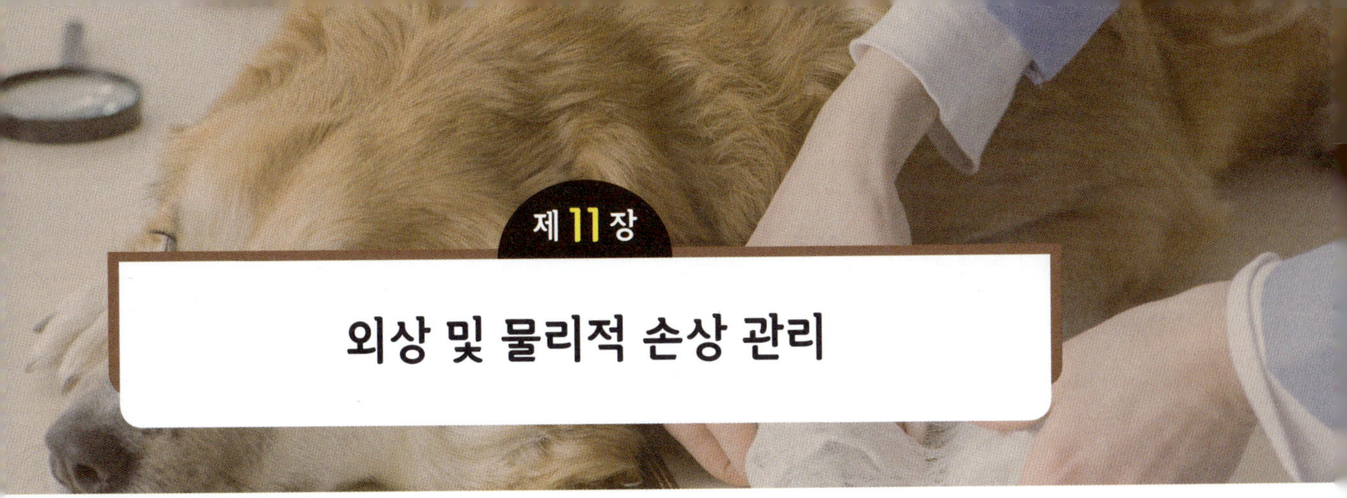

제 11 장

외상 및 물리적 손상 관리

학·습·목·표

* 교상 시 응급 동물 처치 보조에 대해 학습한다.
* 교통사고 시 응급 동물 처치 보조에 대해 학습한다.
* 화상 시 응급 동물 처치 보조에 대해 학습한다.
* 탈장 시 응급 동물 처치 보조에 대해 학습한다.
* 이물 섭취 시 응급 동물 처치 보조에 대해 학습한다.

1. 교상 응급 동물 처치 보조

1) 교상 사고의 정의

교상(bite wound, 咬傷)은 개, 고양이, 들짐승 등 동물에게 물려 피부 및 내부 장기가 손상되는 사고를 의미한다. 교상은 겉에서 보면 단순한 상처처럼 보일 수 있지만, 안쪽 조직은 광범위한 손상을 입을 수 있다. 교상은 오염 조직이 넓고 피부를 분열시키며 타박상을 유발할 수 있으며, 심할 경우 신경이나 혈관 손상도 발생할 수 있다.

2) 응급 처치 방법

(1) 안전 확보

신체검사 전 동물이 흥분 상태일 수 있으므로 입마개나 엘리자베스 칼라를 착용시켜 검사자의 안전을 확보한 후 모든 외상 부위를 검사한다.

(2) 출혈 확인 및 지혈

출혈이 심하면 깨끗한 거즈나 천으로 상처 부위를 압박하여 지혈한다. 심한 출혈이 없더라도 즉시 상처를 깨끗한 물로 씻고 소독한다. 필요하다면 압박 붕대를 이용하여 지혈한다.

(3) 환자 처치

환자가 쇼크 상태라면 산소와 수액을 공급해 준다. 또한 광범위 항생제를 투여하여 상처의 오염이 광범위하게 퍼지지 않도록 하며 환자가 고통을 호소할 시 진통제 등을 투여한다.

오염 부위가 광범위하거나 깊을 경우 마취 후 상처 부위를 삭모하고 상처 부위의 모든 이물을 세척한다. 흉부와 복부가 관통해 있다면 필요에 따라 배액관을 설치할 수 있으며, 얕은 상처 시에는 봉합사를 이용하여 상처 부위를 봉합해 준다.

수술 후에는 환자가 신부전, 패혈증, 수술창 개방, 복막염 등이 올 수 있으므로 모니터링한다.

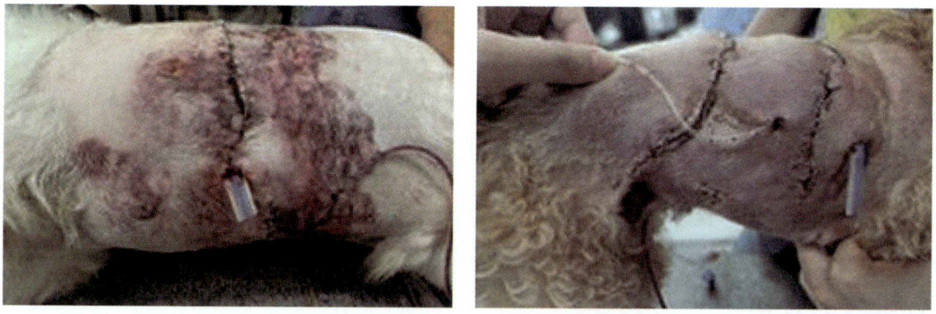

[그림 11-1] 교상 사고 배액관 설치 사진

출처: 24시 분당 리더스 동물의료원

(4) 방사선 검사

흉부나 복부의 창상이 관찰되지 않더라도 방사선 검사가 필요할 수 있으며, 전반적인 신체의 시진(visual inspection) 후 손상 정도를 정확히 파악하기 위해서 창상 부위의 방사선 검사가 필요할 수 있다.

(5) 실험실 검사

교상 환자는 상처 부위를 소독하거나 세정하기 전에 항생제 감수성 검사를 실시하기 위해 배양 검사를 실시하는 것이 도움이 될 수 있다. 필요에 따라 혈구 검사, 혈액 화학 검사, 응고 검사 등이 필요할 수 있다.

2. 교통사고 응급 동물 처치 보조

1) 사고 현장에서의 응급조치

(1) 안전 확보 및 이동

반려동물이 도로에 있는 경우, 차량을 멈추고 안전한 장소로 이동하며, 주위 차량 및 주변 사람들에게 경고하여 추가 사고를 방지한다. 안전한 장소로 이동 시에 반려동물이 급하게 움직이지 않도록 주의하며, 특히 작은 동물은 담요로 감싸서 이동장에 넣도록 하며, 가능한 경우 단단한 플라스틱 재질의 이동장에 넣어 외부 충격으로부터 보호하도록 한다. 반려동물이 스트레스로 인해 예측 불가능한 행동을 할 수 있으므로 주의해서 접근하며, 필요한 경우 입마개를 사용하여 의료진의 안전을 확보한다.

(2) 반려동물 상태 평가

눈을 깜빡이는지, 반응이 있는지 등의 의식 여부 확인 및 호흡 여부 및 호흡 상태를 확인한다. 가슴이 함몰되거나 비정상적으로 부풀어 오를 수 있으므로 체크한다. 심장 박동 및 맥박 체크(예: 대퇴동맥 촉진)를 한다. 심한 출혈이 있는 경우 깨끗한 천이나 붕대로 압박하고 골절 의심 시에는 부상을 최소화하기 위해 움직임을 제한하여 판자나 담요를 이용하여 골절 의심 부위를 지지한 상태로 이동한다. 숨을 쉬지 않는다면 심폐소생술(cardiopulmonary resuscitation, CPR)을 실시한다.

2) 동물병원에서의 평가 및 치료

(1) 신체검사 및 영상 검사

- 신체검사(Physical Examination) : 생체 징후(체온, 심박수, 호흡수 등) 확인
- 방사선 검사(X-ray, CT) 및 MRI 검사: 내부 장기 손상, 골절, 기흉(pneumothorax), 출혈 여부 확인 및 뇌 및 척수 손상을 평가
- 초음파 검사(ultrasound, sonogram) : 복부 및 흉강 내 출혈 여부 확인
- 실험실 검사(cbc, chemystry) : PCV, TP, BUN, CRE 등을 체크

(2) 치료 방법

❶ 출혈

압박 지혈 후 봉합 또는 외과적 처치를 시행하고 심한 출혈 시 수혈(Blood Transfusion)을 고려한다.

❷ 골절

단순 골절 시에는 부목(Splint) 또는 석고 붕대를 적용하고 복합 골절 시에는 외과적 수술(핀 고정, 플레이트 삽입)이 필요하다고 사료되면 수술을 시행한다.

❸ 흉부 장기 손상[기흉(Pneumothorax), 혈흉(Hemothorax) 등]

기흉이 의심된다면 흉강천자(Thoracocentesis)를 실시하여 바늘이나 카테터로 가능한 한 많은 공기를 제거하는데, 의인성 폐 손상이 생기지 않도록 주의하여 천자한다. 기흉이 있는 환자는 흉관 삽입을 고려한다. 혈흉 의심 시에는 응급 수액 요법 및 수혈을 한다.

❹ 복부 장기 손상

복부 통증 여부 확인과 함께 강아지는 최소 1 ~ 2 ml/kg/h, 고양이는 0.5 ~ 1 ml/kg/h 소변 배출이 되는지 확인한다. 복부 통증이 있다면 방광 파열 가능성이 있으므로 복부 방사선을 일반상과 조영상 두 가지 모두 촬영하며 양성 조영, 방광 이중 조영 등을 실시하여 진단하고 복부 천자와 복막 세척을 실시한다.

❺ 쇼크 상태(Shock)

신속한 수액 치료(IV Fluid Therapy) 및 산소 공급(Oxygen Therapy)을 실시하고 저혈압 시 혈압 상승제를 투여한다.

(3) 사고 후 회복 및 관리

수술 후 안정적인 휴식 공간을 제공하고 진통제 및 항생제를 투여하여 통증과 염증을 관리한다. 정기적인 방사선 촬영 및 혈액 검사를 하여 합병증을 체크한다. 보행 보조 기구가 필요한 동물 환자는 재활 치료를 지속적으로 행한다.

(4) 예방 방법

교통사고를 당한 동물의 응급 처치는 빠르고 올바른 대처가 중요하므로 보호자가 기본적인 응급 처치 방법을 숙지하도록 교육시키고 병원으로 올 수 있도록 한다. 무엇보다 가장 중요한 것은 사고 예방이다. 그러므로 외출 시 항상 목줄을 착용하고 짧은 길이로 유지하여 사고 위험을 줄이며, 좁은 골목길에서는 반려견을 안고 이동하거나 주의를 기울이도록 보호자를 교육시킨다.

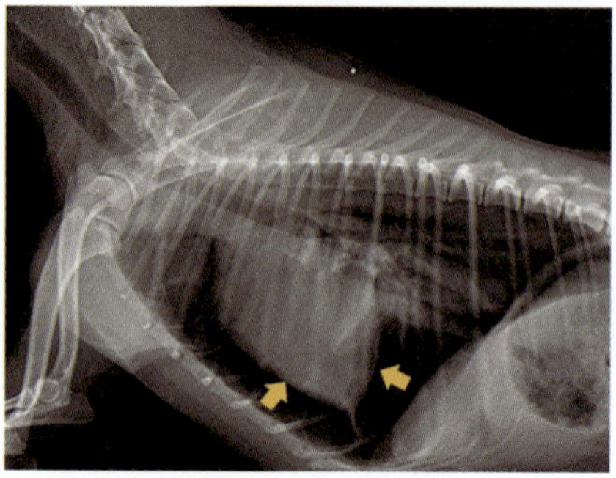

[그림 11-2] 교통사고로 기흉 진단을 받은 강아지 방사선 사진

출처: 천안나우동물의료센터 사이트.

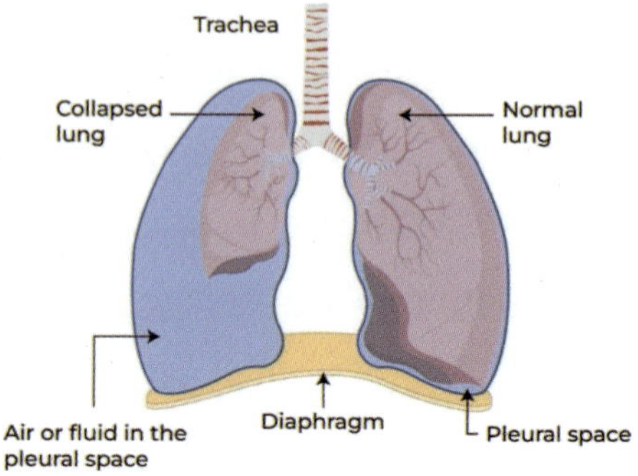

[그림 11-3] 기흉 모식도

출처: 해마루 사이트(https://blog.naver.com/haemaruah/223372473783).

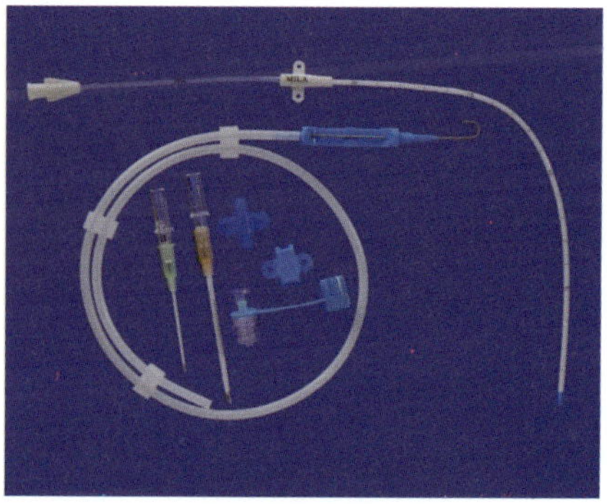

[그림 11-4] 흉관 키트

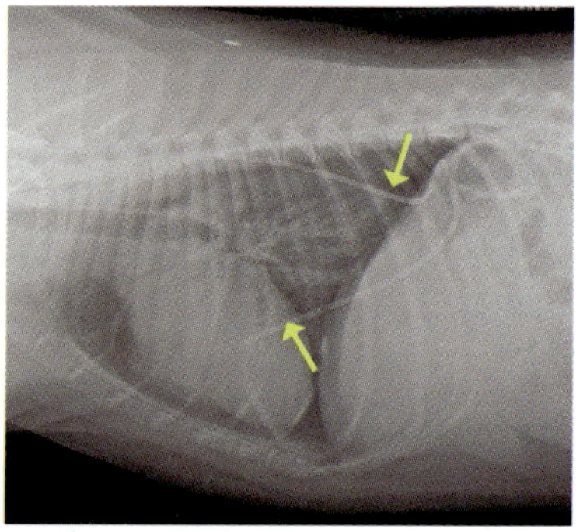

[그림 11-5] 흉관 장착 후 방사선 사진

출처: 해마루 사이트(https://blog.naver.com/haemaruah/223372473783).

3. 화상 응급 동물 처치 보조

1) 화상의 원인

반려동물은 예상치 못한 상황에서 화상을 입을 수 있다. 화상은 즉각적인 대처가 필요한 응급 상황으로, 상황에 맞는 적절한 대처는 반려동물의 고통을 줄이고, 2차 감염 및 상태 악화를 막을 수 있다. 화상의 주요 원인은 다음과 같다.

- 열화상: 뜨거운 물이나 음식물(예: 국물이 쏟아짐), 난로, 전기 히터, 촛불
- 전기 화상: 전선 씹기, 전기 장치에 접촉 시, 특히 겨울철 전기장판이나 핫팩에 장시간 노출 시 저온 화상 가능성 높음
- 화학화상: 화학물질(표백제, 세정제 등), 겨울철 제설제에 의한 화상
- 햇볕 화상: 뜨거운 도로(특히 여름철 아스팔트)

2) 화상의 종류와 심각도

화상은 피부 손상의 깊이에 따라 1도, 2도, 3도로 나눌 수 있다.

- 1도 화상: 표피층을 포함하며, 통증과 홍반 동반. 수포가 있거나 없음(예: 가벼운 햇볕 화상), 상피가 벗겨지면 치유 속도는 빠른 편
- 2도 화상: 표피층과 진피의 손상을 포함하며, 부분적으로 두껍게 형성. 1도 화상보다 큰 손상과 통증을 수반. 수포가 있고 피하부종이 생김(예: 뜨거운 물이 닿은 경우), 가피가 생긴 이후 천천히 치유됨
- 3도 화상: 진피 전체 두께와 더 깊은 층까지 손상되며, 매우 두껍게 형성. 완전히 피부가 손상되어서 오히려 통증을 못 느낄 수 있음. 피부가 하얗거나 검게 괴사하며 감각이 둔해짐(예: 심한 화염 화상), 피부 이식을 받지 않으면 치유는 느림

3) 화상 응급 처치 방법

① 화상 부위를 즉시 식힌다.

- 물이나 생리식염수에 30분간 화상 부위를 담그거나 환부에 흘려주어 환부의 온도를 식힌다. 화학물질 화상의 경우, 최소 15분 이상 물로 씻어낸다.
- 얼음은 피부 손상을 악화시킬 수 있으므로 사용하지 않는다.
- 체온을 체크하여 저체온이 되지 않도록 유의한다.

② 털을 제거하여 상처 확인
- 화상 부위 주변 털을 조심스럽게 밀어 상처 상태를 확인한다.
- 심한 화상일 경우 털이 피부에 달라붙을 수 있으므로 억지로 떼지 않는다.

③ 소독
- 멸균 거즈나 깨끗한 천으로 부드럽게 닦아낸다.
- 적어도 하루에 한 번 무균적으로 환부를 세척하고 괴사 조직을 제거하고 붕대로 감는다.
- 필요시에 실버 설파디아진(Silver sulfadiazine) 연고나 무균 밀봉 붕대를 사용한다.

④ 통증 관리 및 치료
- 동물이 상처를 핥지 않도록 엘리자베스 칼라를 착용시킨다.
- 진통제 필요시 모르핀, 옥시몰폰 0.04 ~ 0.06 mg/kg과 케타민 1 ~ 2 mg/kg을 정맥 주사하는 것이 유용하다.
- 화상 입지 않은 다리에 정맥 내 카테터를 장착시킨다.
- 수액은 처음 1시간 동안 개는 90 ml/kg, 고양이는 45 ~ 60 ml/kg 용량으로 투여한다. 폐수종 환자의 경우, 수액 요법에 신경을 많이 써야 한다.
- 쇼크 이후 수액은 유지량에 손실량을 더해서 투여한다.
- 환자가 화상을 입은 후 처음 6 ~ 8시간 동안은 폐수종 감수성이 증가할 수 있기 때문에 혈액량 감소 쇼크가 심각하지 않다면 교질액이나 고장성 생리식염수는 투여하지 않는다.
- 환자가 쇼크, 인두 또는 후두부종 등의 스테로이드(Corticosteroid)가 꼭 필요한 상태가 아니라면 가능한 한 스테로이드의 사용을 피한다.

4) 실험실 평가

CBC, 혈청 화학 검사, 전해질 검사, 요 검사 등을 실시한다.

5) 예후

아주 어리거나 나이 든 환자에게는 위험도가 증가하고 머리나 관절에 화상을 입으면 예후가 좋지 않은 편이다. 2도나 3도 화상이 몸의 15 %가 안 되면 예후가 양호하고 15 ~ 50 %이면 다소 불량하며, 50 % 이상일 때는 예후가 불량하다. 또한 화상이 다른 장기에 손상을 주거나 영향을 주었는지 평가해야 한다. 손상이 심할 경우는 안락사를 신중히 고려할 수 있다.

6) 화상 치료 중 식이 조절

수분 섭취를 충분히 하도록 하여 탈수를 방지하고, 화상 회복을 돕기 위해 고단백, 고영양 식단을 제공하는 것이 좋다.

7) 화상 예방 및 응급 키트 준비

주방에서는 반려동물이 뜨거운 음식이나 물에 닿지 않도록 주의한다. 난로, 전기 히터 주위에 안전 펜스를 설치하고 전선을 씹지 않도록 보호 튜브를 씌우거나 접근을 막는다. 여름철 뜨거운 아스팔트에서는 산책을 피한다.

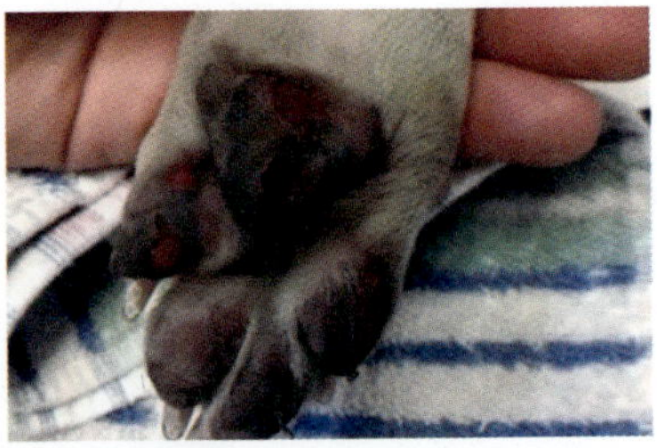

[그림 11-6] 뜨거운 아스팔트 위에서 산책 후 입은 패드 화상

출처: YTN(https://www.ytn.co.kr/_ln/0104_201807241700062961).

8) 응급 처치 키트 준비

생리식염수(상처 세척용), 멸균 거즈 및 붕대, 일회용 장갑, 엘리자베스 칼라(상처 핥기 방지) 등을 준비한다.

4. 탈장 응급 동물 처치 보조

반려동물에서 발생할 수 있는 탈장은 복강 내 장기나 조직이 정상적인 위치에서 벗어나 돌출되는 상태를 말한다. 탈장은 복벽이 완전하게 형성되지 않은 선천적 요인이나 교통사고, 낙상 등의 외상, 수술 후 합병증, 강도 높은 운동이나 갑작스러운 돌발 행동으로 인한 복벽 손상 등의 후천적 요인에 의해 발생할 수 있으며, 적절한 진단과 치료가 필요한 중요한 질환이다.

1) 탈장의 종류

(1) 배꼽 탈장(제대 허니아, umbilical hernia)

배꼽 탈장은 가장 흔한 형태의 탈장으로, 주로 어린 강아지에게서 발견된다. 이는 태어날 때 탯줄이 통과하던 구멍이 제대로 닫히지 않아 발생한다. 배꼽 부위에 동그랗고 말랑한 혹 형태로 나타나며, 대부분 복강 내 지방이 돌출된다.

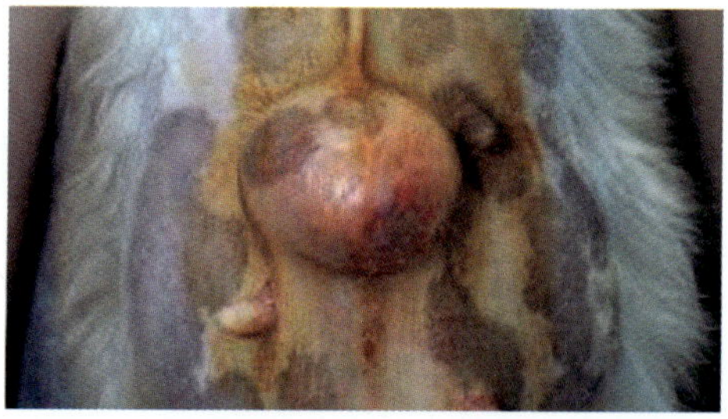

[그림 11-7] 제대 허니아

출처: 평생피부과동물병원.

(2) 서혜부 탈장(inguinal hernia)

서혜부 탈장은 사타구니 부위에서 발생하며, 주로 노령견이나 노령묘에서 근육 약화로 인해 발생한다. 몸과 뒷다리가 만나는 부위에 볼록한 혹이 관찰된다. 중성화하지 않은 암컷의 경우 자궁이 탈출할 수도 있다.

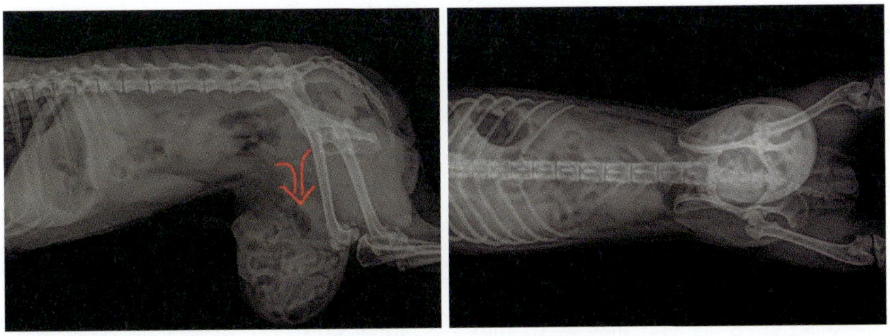

[그림 11-8] 강아지 서혜부 탈장

출처: 24시 우리들동물병원(https://blog.naver.com/truthy2000/40165574993).

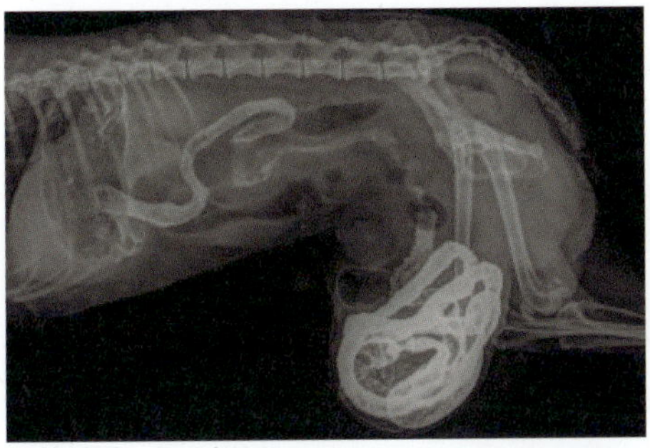

[그림 11-9] 서혜부 탈장 시 조영제 투여 후 촬영 영상

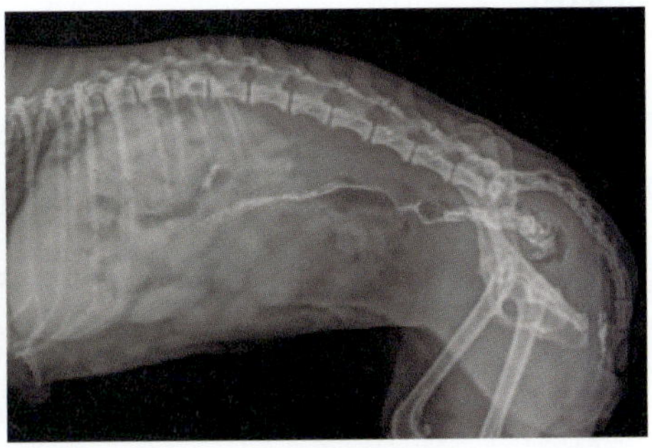

[그림 11-10] 서혜부 탈장 환납 후 조영제 투여 촬영 영상

출처: 24시 우리들동물병원(https://blog.naver.com/truthy2000/40165574993).

(3) 회음부 탈장

회음부 탈장은 항문 주변 근육 사이로 장기가 탈출하는 것을 말한다. 주로 중성화하지 않은 수컷 노령견에서 발생하며, 항문 옆 엉덩이 부위에서 관찰된다. 장이나 방광이 탈출할 경우 배변/배뇨 장애가 나타날 수 있다.

(4) 횡격막 탈장

횡격막 탈장은 흉부와 복부를 분리하는 횡격막에 구멍이 생겨 복부 장기가 흉강으로 탈출하는 경우이다. 물리적 외상이나 선천적 기형으로 인해 발생할 수 있으며, 초기에는 증상이 없을 수 있지만 나이가 들면서 호흡 곤란과 기침 등의 증상이 나타날 수 있다.

2) 탈장의 증상

해당 부위의 볼록한 혹 또는 부종, 탈장 부위 촉진 시 통증, 식욕 감소와 구토, 복통으로 인한 등 굽힘, 배뇨 또는 배변 장애, 호흡 곤란(횡격막 탈장의 경우) 등의 증상을 주로 보인다.

3) 진단

탈장의 진단은 주로 신체검사와 영상 진단을 통해 이루어진다. 탈장이 경미한 경우, 특히 지방이 내부를 이루고 있는 배꼽 탈장은 큰 문제가 없을 수 있으나 대부분의 탈장은 수술적 교정이 필요하다. 탈장이 단단하고 붉거나 검게 변색된 혈류가 차단된 탈장의 경우에는 즉시 수술이 필요하며, X-ray나 초음파 검사를 통해 탈장의 정확한 위치와 크기, 탈출한 장기를 확인하여야 한다.

4) 치료

탈장의 치료는 대부분 외과적 수술을 통해 이루어진다. 환자의 전반적인 건강 상태를 평가하고 혈구 검사, 혈액 검사, 방사선 검사 및 필요한 검사를 실시하여 수술 준비를 한다. 환자의 상태가 마취를 하는 데 무리가 없다면 전신 마취를 하여 수술을 진행한다. 탈장이 발생한 부위를 절개하고, 탈출한 장기나 조직을 원래의 위치로 돌린 후 복벽 강화를 위해 약해진 복벽을 봉합하거나 필요한 경우 인공 망을 이용해 보강한다. 수술 후에는 감염 예방을 위한 항생제 투여, 통증 관리, 활동 제한 등의 관리가 필요하다.

5) 수술 후 관리

수술 부위를 보호하기 위해 엘리자베스 칼라를 착용시키며, 2주 이상 격리 및 안정적인 환경을 제공한다. 또한 점프나 과격한 움직임 금지 등의 활동을 제한하고 진통제, 항생제 등을 복용시킨다.

6) 예후 및 주의 사항

대부분의 탈장은 조기에 발견하여 적절한 수술적 치료를 받으면 예후가 좋은 편이다. 그러나 만성화된 경우 장기와의 유착 등으로 인해 수술 난이도가 높아질 수 있다. 따라서 반려동물의 신체에 이상한 혹이나 부종이 발견되면 즉시 수의사의 진단을 받는 것이 중요하다. 예방을 위해서는 비만한 동물은 복압 상승 등으로 일부 탈장의 발병률이 높아질 수 있으므로 반려동물의 체중 관리, 적절한 운동, 정기적인 건강 검진 등이 도움이 될 수 있다. 중성화 수술은 일부 탈장의 위험을 줄일 수 있는 방법이 될 수 있다.

5. 이물 섭취 응급 동물 처치 보조

반려동물의 이물 섭취 중 식도 이물은 심각한 건강 문제를 일으킬 수 있는 응급 상황이므로 이물 섭취가 의심되는 경우, 신속한 진단과 적절한 치료가 필수이다. 진단은 주로 방사선 촬영과 조영제 검사를 통해 이루어지며, 방사선 촬영에서 이물이 보이지 않으면 조영제를 투여하여 소화관 내 이물의 위치를 확인한다. 식도 이물 치료는 시간이 중요한데, 초기에 발견하면 내시경을 통해 이물을 제거할 수 있다. 그러나 시간이 지체되면 식도염이 진행되거나 심각한 경우 식도 천공이 발생할 수 있다.

1) 진단

반려동물은 뼈, 장난감, 나무 막대기, 동전, 바늘 또는 핀과 같은 물체를 씹거나 삼킬 수 있다. 증상으로는 과도한 침 흘림, 호흡 곤란, 입을 긁는 행동, 구토, 불안, 식욕 부진 등이 나타난다.

- 신체검사: 식도 내 이물질이 기도를 압박하면 상부 기도 폐색 등이 일어날 수 있으므로 수의사는 환자의 호흡 및 맥박과 전반적인 상태를 확인한다.
- 방사선 검사(X-ray): 금속성 이물이나 뼛조각 등을 확인할 수 있으며, 정확한 진단을 위해서는 조영검사 등이 필요하다.
  ※ 주의: 식도 천공이나 위 또는 장 파열이 의심될 시에는 바륨을 사용할 시 천공 부위로 조영제가 새어 나가 육아종 등을 일으킬 염려가 있으므로 요오드계 조영제를 사용한다.
- 내시경 검사: 식도나 위, 상부 소장의 이물을 직접 관찰하고 제거할 수 있다.
- 혈액 검사: 전해질 불균형이나 염증 상태를 확인한다.

2) 치료법

(1) 하임리히법(Heimlich)

동물에서 하임리히법을 수행하는 방법은 동물의 크기와 상태에 따라 달라질 수 있다. 일반적으로 반려동물이 기도에 물체가 걸렸을 때 빠르게 반응할 수 있도록 해야 한다. 아래는 동물(특히 중소형 크기의 개와 고양이)에서 하임리히법을 수행하는 방법이다.

❶ 반려동물의 상태 확인

반려동물이 기도에 물체가 걸려 호흡을 못 하고 있는 경우, 먼저 반려동물이 의식이 있는지 확인하고 기도를 막고 있는 물체를 찾아본다. 반려동물이 기침을 하거나 이상한 소리를 낸다면 물체가 기도를 막고 있을 가능성이 높다.

❷ 중소형 개와 고양이에서 하임리히법 수행 방법

가. 반려동물 고정

반려동물이 겁을 먹고 움직이거나 싸우면 더 위험할 수 있으므로 먼저 반려동물을 안정시키고, 가능한 한 조용하게 유지한다. 반려동물이 작은 경우에는 두 손으로 가슴과 배를 고정시키고, 큰 개의 경우에는 한 손으로 목을 잡고 다른 손으로 배를 누른다.

나. 위쪽으로 압박하기

손을 반려동물의 배, 즉 갈비뼈 아랫부분에 놓는다. 한 손은 주먹(fist) 모양으로 하여 복부 위쪽에 놓고, 다른 손으로 이를 감싸서 압박한 후 빠르고 강하게 위쪽(머리 방향)으로 압박을 한다. 이때 반려동물의 배가 약간 들어가도록 강하게 압박해야 한다. 만약 물체가 나오지 않으면, 이 방법을 한두 번 더 시도할 수 있다.

❸ 큰 개에서 하임리히법 수행 방법

큰 개의 경우, 하임리히법을 수행하는 것이 조금 더 어렵기 때문에, 반려동물을 엎드리게 하고 배 부분을 압박하여 물체를 빼내는 방법이 유용하다. 개의 몸이 뒤로 기울지 않도록 주의하며, 복부를 강하게 눌러 물체를 제거한다.

❹ 반려동물이 의식을 잃었을 때

만약 반려동물이 의식을 잃은 상태라면, 즉시 CPR을 시행한다. 반려동물이 의식을 잃었을 때는 물체가 더 깊숙이 들어갈 수 있으므로, 신속하게 적절한 조치를 취하는 것이 중요하다.

(2) 일반적인 수의학적 처치법

작고 부드러운 이물의 경우, 수액 요법과 함께 경과를 관찰할 수 있다. 식도 내에 창상을 유발할 가능성이 낮은 이물의 경우, 구토 유발제를 사용하여 이물을 제거할 수 있으며, 일부 경우에는 물체를 위로 밀어 넣는 것이 더 안전한 방법일 수 있다. 구토 유발 등으로 식도염을 일으키거나 식도 내 창상을 유발할 이물은 내시경을 이용하여 비침습적으로 이물을 제거할 수 있다. 이물이 위장관 하부로 내려가 장폐색이 발생했거나 내시경으로 제거가 불가능한 경우 개복술을 통해 이물을 제거하고 손상된 장을 복구한다.

3) 수술 후 및 합병증 관리

항생제 투여로 감염을 예방하고 수액 요법으로 전해질 균형을 유지하며 통증 관리를 위해 진통제를 투여한다. 장폐색 및 장폐색으로 인한 복막염이 발생한 경우 집중적인 항생제 치료와 복강 세척을 시행하고 장유착이나 협착이 발생할 경우 추가적인 수술이 필요할 수 있다.

4) 예방

이물 섭취는 시간이 지날수록 합병증 위험이 증가하므로, 의심되는 즉시 수의사의 진단을 받는 것이 중요하다. 조기 발견과 적절한 치료를 통해 대부분의 경우 완전한 회복이 가능하다. 예방을 위해 반려동물이 삼킬 수 있는 물건을 주변에 두지 않도록 주의해야 한다.

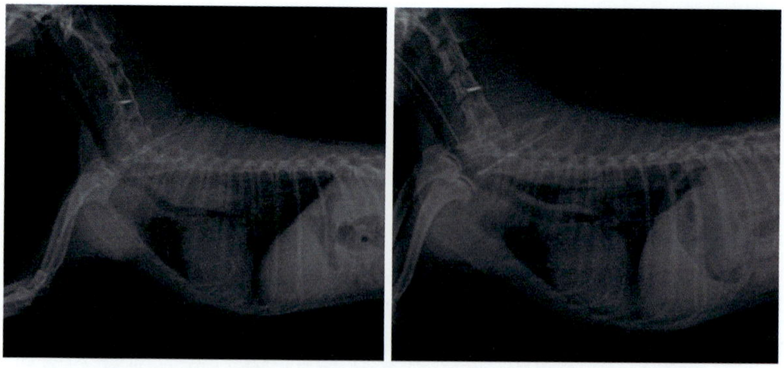

[그림 11-11] 개껌을 삼킨 강아지의 식도 이물 방사선 사진

출처: 로얄동물메디컬센터(https://royalamc.com/bbs/board.php?bo_table=royal_case&wr_id=256&sca=%EC%99%B8%EA%B3%BC&sst=wr_datetime&sod=desc&sop=and&page=2).

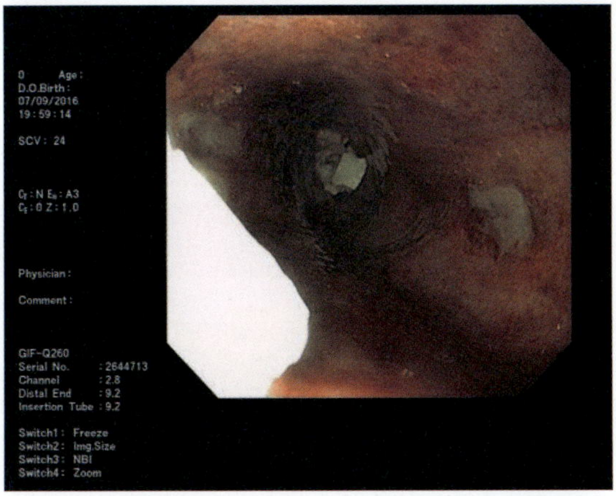

식도 내에 이물이 섞여 꽉 막혀 있는 것을 볼 수 있어 내시경을 이용해 위 안으로 밀어 넣음

[그림 11-12] 그림 11-11 강아지의 내시경 사진

출처: 로얄동물메디컬센터(https://royalamc.com/bbs/board.php?bo_table=royal_case&wr_id=256&sca=%EC%99%B8%EA%B3%BC&sst=wr_datetime&sod=desc&sop=and&page=2).

제 12 장

기타 응급 상황 관리

학·습·목·표

* 안과 응급 질환과 관련된 내용을 학습하고 보조할 수 있다.
* 사지마비와 관련된 응급 동물의 질환을 학습하고 보조할 수 있다.
* 배뇨장애와 관련된 응급 동물의 질환을 학습하고 보조할 수 있다.
* 알레르기 관련 응급 동물의 질환을 학습하고 보조할 수 있다.

1. 안과 응급 동물 처치 보조

1) 안과 응급의 기본 대처

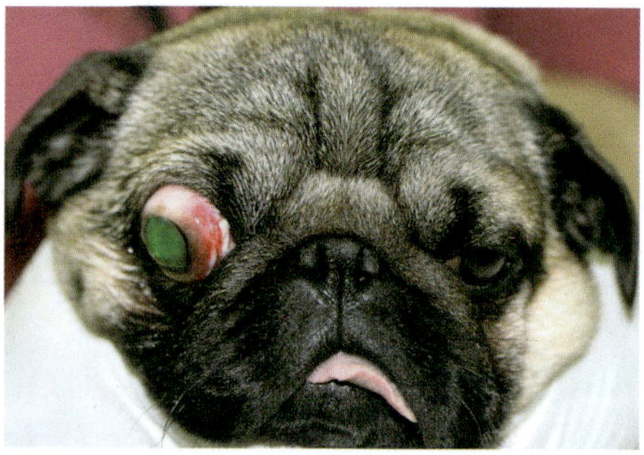

단두종 퍼그에서 발생한 안구돌출(Proptosis)/형광색소는 각막손상 검사를 실시한 것임

[그림 12-1] 안과 응급 사례: 안구돌출

출처: https://ar.inspiredpencil.com/pictures-2023/pug-eye-problems

안과 응급의 경우, 외상에 의한 안구돌출이나 눈 및 주변의 출혈로 인해 보호자가 놀라서 바로 응급으로 오는 경우가 많다. 많은 응급 상황의 경우, 해당 동물은 종종 심한 통증, 경련, 과량의 눈물 등을 동반하며, 가능한 한 빠른 대처가 필요하다.

안과 응급 상황은 전문 수술을 요할 수도 있으므로, 많은 임상 수의사가 직접 치료하기 어려운 경우가 있을 수 있다. 심각한 안과 응급 상황의 경우, 치료가 지연되면 영구적인 시력 상실이나 안구 손실로 이어질 수 있다. 따라서 적절한 치료기기를 보유한 안과 전문병원에 가급적 빠르게 의뢰하는 것이 적절하며, 1차 진료를 실시하는 주치의의 역할 중 하나는 긴급한 전문병원 의뢰가 필요한 경우를 구별할 수 있어야 한다는 것이다. 주치의는 전문병원 의뢰 전에 적절한 초기 치료를 실시하고, 동물보건사는 이를 원활하게 보조하도록 한다.

2) 동물보건사의 초기 안내 및 조치

동물보건사는 안과 전문병원의 정보를 미리 알아 두고, 수의사와 상의하여 전문병원에 의뢰가 필요한 경우, 적절하고 빠르게 대처하도록 한다.

주말이나 저녁의 경우 안과 전문병원의 연락이 어려울 수도 있으므로 안과 전문병원 진료진의 비상 연락처를 미리 적어 두고, 필요시 보호자의 동의를 얻어 동물의 눈 상태에 대한 사진(안과 전문병원 발송용)의 촬영 및 빠른 송부가 가능하도록 해야 한다.

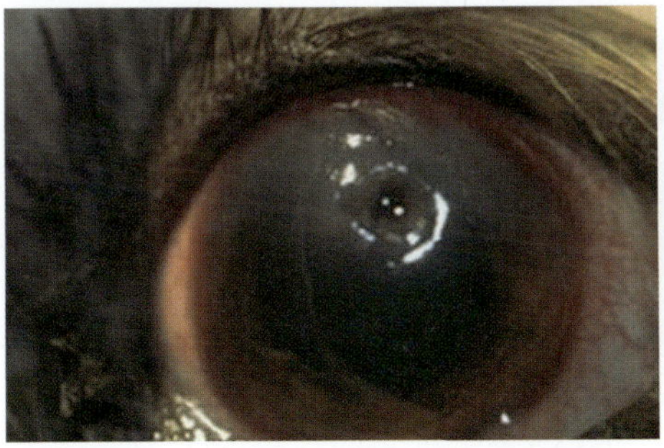

천공의 케이스(Corneal ulcer–perforation)

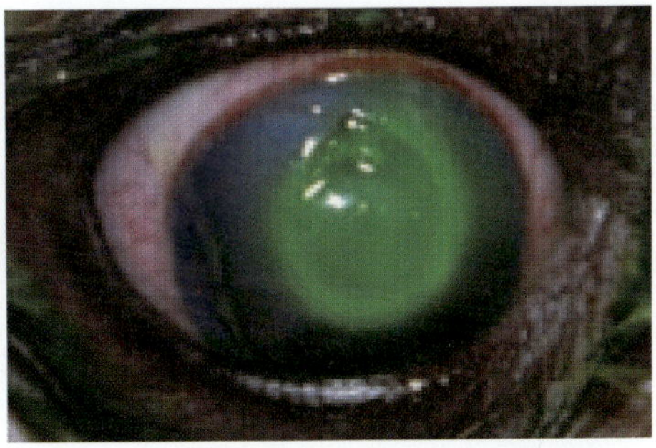

형광염색이 되어 각막 손상 부위를 초록색으로 보여 준다.

[그림 12-2] 긴급 수술을 요하는 각막 궤양

출처: https://www.indyanimaleyeclinic.com/animal-eye-conditions/corneal-ulcers-dogs-cats/

많은 안과 응급 상황의 경우, 외상으로 인해 발생하기 때문에 부상당한 눈 자체도 중요하지만, 눈에만 집중하기 전에 전체 신체검사를 통하여 전반적인 상태를 안정화하는 것이 필수적이다. 특히 외상성 안과 부상의 경우, 추가적인 머리 부분의 손상이 있는지를 함께 점검하여 두부 외상 및 두개 내 고혈압 여부도 고려하도록 한다.

안과 응급 환자는 진정제나 전신 마취로 반드시 안정을 먼저 시켜야 한다. 이 때 시간이 지연될 수밖에 없다. 눈의 치료가 지연되면 시력 상실이나 눈 자체를 잃을 수도 있으나, 신체 시스템의 심각한 이상을 충분히 컨트롤하지 못하면 사망에 이를 수도 있기에, 이러한 위험은 보호자에게도 미리 적절하게 설명을 해 두어야 한다.

일부 의식이 있는 환자는 국소 마취를 실시하여 검사를 용이하게 하며, 이때 동물보건사는 수의사가 시행하는 비침습적 임시 조치(예: 안구 윤활제 및 항생제 투여 등)를 위한 보정과 보조를 실시하도록 한다.

보호자로부터 안과 응급 상황에 대한 전화를 받았을 때, 동물보건사로서 안내해 줄 수 있는 내용은 아래와 같다.

(1) 동물보건사 안과 응급 통화 관련 안내 사항

- 가급적 빨리 동물병원으로 오시되, 아이가 직접 눈을 긁거나 하여 더 큰 상처가 나지 않도록 엘리자베스 칼라를 장착해 주세요.
- 엘리자베스 칼라가 없을 경우에는 큰 수건이나 목도리를 접어서 목 부분에 두껍게 말아 임시로 도넛 칼라 스타일로 만들어 주고 빠지지 않도록 잘 고정해 주어야 합니다.
- 엘리자베스 칼라, 도넛 칼라 등 목에 하는 칼라의 목적은 상처 난 눈 부위를 긁지 못하도록 하는 것입니다.
- 눈 주위를 힘주어 닦거나 누르지 않도록 합니다. (안압 상승 주의)
- 눈 부위가 마르지 않도록 식염수, 인공눈물로 습윤하게 합니다.
- 이물질이 보이는 경우, 억지로 이물질을 빼내려고 하지 마시고, 가급적 식염수, 안약, 인공눈물 등을 뿌려 주신 뒤 빨리 가까운 동물병원으로 내원하세요.

(2) 안과 검사 종류

동물병원 도착 이후 기본 검사로 진행할 수 있는 사항들은 아래와 같으며, 동물보건사는 어떤 종류의 검사가 있는지 알아 두고, 수의사가 검사를 진행할 때 보조를 실시한다.

〈표 12-1〉 안과 검사 종류 및 내용

안과 검사 종류	내용
1. 육안 검사	• 검안경/밝은 빛을 비추어 관찰 • 안구 비대칭성, 눈곱 유무, 안검 경련, 부종, 통증, 이물, 외상 유무 등
2. 시각 검사	• 위협반사(손을 눈앞으로 갖다 대면 깜빡거리는지 확인) • 면구(cotton ball) 낙하시험: 흰 면으로 된 공(또는 물체)을 떨어뜨려서 개가 공의 움직임을 쳐다보는지 확인
3. 배양 검사	• 눈의 분비물 검사 – 원인균 분리 동정, 항생제 감수성 검사
4. 동공반사 시험	• 직접 반사(한쪽 눈에 불빛 → 그 눈의 동공 축소 확인)와 간접 반사(불빛을 비춘 반대쪽 눈의 동공 축소 확인)로 눈의 동공 축소 반사 확인 • 정상일 경우 직접·간접 반사 확인 시 모두 동공이 축소됨
5. 눈물양 검사(STT)	• STT 테스트 용지의 윗부분 5 mm 정도를 접어 하안검 외측 1/3 부위에서 하안검과 각막 사이에 넣고 60초 방치하여 젖은 부분 측정 • 정상은 15～25 mm/min
6. 안압 측정	• 토노벳(Tonovet): 점안마취가 필요 없는 자동안압측정기 • 토노펜(Tonopen): 점안마취 이후 사용하는 안압측정기 • 녹내장 예후 판단을 위해 측정 • 개와 고양이의 정상 안압(IOP): 12～25 mmHg
7. 각막 염색	• 플루오레세인(Fluorescein): 각막궤양 등이 있을 때 사용하면 각막의 실질과 결막하 조직의 세포가 형광녹색으로 염색됨(각막상피와 결막, 데스메막은 염색되지 않음) • 로즈뱅갈(Rose Bengal): 1 % Rose Bengal 염색액(또는 strip)을 하안검 결막낭에 넣고 눈을 몇 번 깜박이게 한 후, 생리식염수로 닦은 뒤 각결막의 염색 상태 확인
8. 슬릿 검사	• 트로피카마이드(Tropicamide) 1 %(20분간) 산동 후 검사
9. 안저 검사	• 산동 후 검사
10. 초음파 검사	• 수정체, 초자, 망막, 종양 등 질환 검사 가능

3) 안과 응급 상황 및 예상 조치

안과 응급 상황을 초래하는 질병들과 원인, 검사 결과, 조치를 〈표 12-2〉로 정리하였다.

〈표 12-2〉 일반적인 안과 응급 상황과 동물병원 방문 이후의 예상 조치

질병명	원인	검사 결과	응급 처치 및 의견
급성 전방 포도막염 (AAU – Acute anterior uveitis)	외상성 부상, 전신 감염성 질환, 렌즈 이상(백내장, 탈구), 면역 매개 신생물(예 : 림프종), 특발성	통증이 있는 붉은 눈, 축소된 동공(홍채섬모체경련), 방수 혼탁(전방의 투명도 상실), 결막 충혈, 공막 또는 공막 위 혈관 울혈, 비정상적인 홍채, ±시력 상실, ±고름층, 혈전, 낮은 안압(< 10 mmHg)	• <u>국소 치료 :</u> – 코르티코스테로이드 – 아트로핀(산동제) – 항생제 • <u>전신 치료 :</u> – 필요시 코르티코스테로이드 또는 비스테로이드성 항염증제(NSAIA) – 필요시 Opioid 진통제 – 원인이 확인된 경우 원인 치료
급성 결막염 (Acute conjunctivitis)	알레르기(특히 개에서), 감염성 질환(고양이에서 흔한 원인), 건성 각결막염(KCS)(개), 이물질(예 : 풀씨, 씨앗)	붉은 눈, 가변적인 통증, 결막 충혈, 결막 부종, 눈 분비물, 시력 손실 없음, 건성각결막염(KCS)에서는 감소된 Schirmer 눈물 검사 결과(STT) 관찰됨	• <u>국소 치료 :</u> – 형광염색으로 확인하여 궤양이 없으면(음성) 코르티코스테로이드 점안제 활용 • <u>항생제 치료 :</u> (고양이에서 클라미디아 감염을 커버) – 가능하면 항바이러스 치료(고양이) – 사이클로스포린 : 2회/일 – 인공 눈물 : 수시 점안 – 젤 : 수시 점안이 어려울 경우
급성 녹내장 (Acute Glaucoma)	<u>일차성</u>(예 : 코커 스패니얼, 바셋 하운드, 비글) <u>이차성</u>(특히 고양이에서) : 전방 포도막염, 렌즈 탈구(예 : 테리어 품종), 혈전, 백내장, 안구 내 신생물	통증이 있는 붉은 눈, 산동된 반응 없는 동공, 각막 혼탁, 결막 충혈, 공막 또는 공막 위 혈관 울혈, 정상적인 홍채, 시력 상실, 상승된 안압(보통 > 40 mmHg) *(녹내장의 경우, 안압을 저하시키는 것을 목적으로 하여 약물을 사용하거나 전안방 천자를 실시한다).*	• <u>신속한 안압(IOP) 감소</u> : 영구적인 시력 상실 방지를 위해 필수적 • <u>전신 치료 :</u> – 만니톨 : 1.0～1.5 g/kg IV, 20 % 용액 5～7.5 ml/kg 20～30분 점적 – 아편유사제 진통제 • <u>국소 치료 :</u> – 프로스타글란딘 유사체(예 : 라타노프로스트) : 1회/일 – 탄산탈수효소 억제제(예 : 도르졸라마이드) : 2～3회/일

질병명	원인	검사 결과	응급 처치 및 의견
각막 이물질 (Corneal foreign body)	식물, 나뭇조각 등 작은 이물질	눈에 보이는 이물질과 함께 자극 및 염증의 징후	• **<u>각막 표면에 존재하는 이물질:</u>** – 국소 마취 후 부드럽고 풍부한 멸균 식염수 세척으로 제거 시도, ±25게이지 바늘 또는 면봉을 사용하여 제거 – 제거 후 각막 궤양 치료 • **<u>각막 전체를 깊게 침범한 이물질:</u>** 추가 치료를 위해 전문병원에 의뢰할 것
각막 열상 (Corneal laceration)	외상성 부상(특히 고양이 발톱에 의한 상처), 이물질	각막 부종으로 둘러싸인 열상, 각막 부종이나 혈전이 있는 경우 열상을 식별하기 어려울 수 있음	• **<u>국소 치료:</u>** 항생제 치료, 축동이 있는 경우 아트로핀 사용 • **<u>각막 전체적으로 깊은 열상:</u>** 수술을 위해 전문병원에 의뢰, 전방 렌즈 캡슐 손상 및 렌즈 물질 누출은 심각한 포도막염을 유발할 수 있음
각막 궤양–표재성 (Corneal ulcer–superficial)	외상성 부상, 감염성 질환, 국소 자극, 노출성 각막염, 건성 각결막염(KCS), 이물질, 안검내반	통증이 있는 눈, 결막 충혈, 눈 분비물(눈물 과다 분비), 각막 부종, 축동된 동공(반사성 포도막염), 플루오레세인(형광염색) 양성	• **<u>국소 치료:</u>** – 아트로핀 : 1회/일(축동 있을 때) – 항생제 점안 : 4~6회/일 – 국소 코르티코스테로이드는 각막 궤양 치유를 지연시키므로 금기 • **<u>수술적 치료:</u>** – 면봉을 사용한 제거 ± 각막 절개술(치유되지 않는 표재성 궤양이 있는 개에서) – 깊고 감염되지 않은 기질 궤양의 경우 전문병원 의뢰
각막 궤양–심부 기질 염증성 [(Corneal ulcer–infected stromal(deep)]	표재성 각막 궤양으로부터 심해진 상태	점액성 농성 분비물이 있고 궤양 주위에 황백색 기질 침윤이 보이는 표층 각막 궤양	• **<u>국소 치료:</u>** – 항생제 점안제 : 가능한 한 슈도모나스 감염을 대비하여 플루오로퀴놀론제 사용 : 4~6회/일 – 아트로핀 : 1회/일 – 콜라겐 분해효소 억제제(자가 혈청, 아세틸시스테인) 4~6회/일 • **<u>전신 치료:</u>** – NSAIA(비스테로이드성 항염증제) – 필요시 오피오이드 주사 – 공격적인 의료 요법에도 불구하고 증상이 진행되면 수술 진행

질병명	원인	검사 결과	응급 처치 및 의견
각막 궤양–데스메토셀 (Corneal ulcer–descemetocele)	표재성 각막 궤양으로부터 심해진 상태	깊은 감염성 기질 궤양에서 데스메트 막이 노출되고, 앞으로 돌출되었으며, 형광염료를 유지하지 않으므로 중심부가 어두운색이고 그 주위에 형광염료–양성 경계가 있는 각막 궤양	• **긴급 수술 의뢰:** 빠른 치료가 필요 • **적극적인 의학적 치료:** 감염된 기질 궤양에 대한 치료, 환자가 잘 준수하는 경우에 한함 • **참고: 케이지 휴식을 권장**하며, 최소한의 보정, 안압 상승이 각막 파열을 유발할 수 있으므로, 목 부위의 압박을 피할 것
각막 궤양–천공 (Corneal ulcer–perforation)	표재성 각막 궤양으로부터 심해진 상태	통증 있는 눈, 각막 부기, 변형된 각막, 변형된 동공, 각막 결함 위에 가능한 섬유소 응고(분홍색 또는 빨간색 조직), 홍채 탈출 가능성	• **응급 수술 의뢰할 것** • 그 외에는 감염된 기질 궤양 치료 및 전신 항생제 치료 참고 : 케이지 휴식, 최소한의 보정, 부드러운 보정 필요
전방 출혈 (Hyphaema)	외상성 손상, 포도막염, 녹내장, 응고 장애(예 : 혈소판 감소증, 폐선충증), 신생물(종양), 전신성 고혈압, 망막 박리	전방 출혈, ± 통증 있는 눈, 가변적인 안압	• 전방 출혈이 전신 응고 장애의 유일한 징후일 수 있음 • **근본 원인 치료** : 혈액은 재흡수될 것 • 이차성 포도막염 치료가 필요할 수 있음
일차 전방 수정체 탈구 (Primary anterior lens luxation)	유전적 질환	통증 있는 눈, 눈물 과다, 각막 부기, 이차성 녹내장 또는 전방 포도막염과 일치, 수정체 가장자리가 보이는 경우도 있음	• 녹내장 치료가 필요한 경우, **응급 수술 의뢰**
안구 돌출 (Proptosis)	특히 단두종에 발생하는 외상성 손상	안구가 안와 소켓 밖으로 전방 이동하고 눈꺼풀에 갇힌 상태 시력검사 시에 동공 반응, 빛에 대한 동공 축소 반응 및 위협 반응을 정상적으로 보이면 시력이 보존될 수도 있음	• **주요 신체 시스템 안정화**(두개 내 고혈압 포함) : 국소 멸균 눈 윤활제(1～2시간마다) 및 임시 항생제 치료, 전신 마취를 하여 안구 복원 및 결막 봉합술(또는 손상이 너무 심한 경우 안구 적출술) : 수술 후 국소 및 경구 항생제 치료, 국소 아트로핀, 단기 코르티코스테로이드 사용

• NSAIA(Nonsteroidal Anti-inflammatory Agent) : 비스테로이드성 항염증제
• IOP(Intraocular pressure) : 안압– 개와 고양이의 정상 IOP : 15～25 mmHg
• STT(Schirmer Tear Test) : 개의 정상 STT > 15 mm/min(고양이는 다양할 수 있음)

안구 외상의 경우, 개나 고양이에서는 나이, 품종이나 성별의 선호도 없이 싸움이 발생하였거나, 잘 흥분하는 동물의 급작스러운 행동, 건조하고 우거진 초목에서 활동 중 눈이 찔린 경우나, 그 외에 작은 총알이나 돌조각, 유리 조각 등 뾰족한 것에 의해 응급 상황이 발생하는 경우가 많다.

강아지 같은 경우는 조심하지 않고 발톱이 날카로운 고양이에게 공격을 받아 눈이 상하게 될 수 있으니 조심해야 한다. 또한 우거진 수풀 속의 뾰족한 나뭇가지나 식물 등에 눈이 찔려 상처를 입게 되는 경우가 많다. 안구가 노출된 단두종의 경우는 더욱 이러한 위험이 많으므로 유의해야 한다.

노령견의 경우에는 시력의 문제가 있는 개가 장애물을 확인하지 못하여 눈에 상처를 입는 경우가 많다.

4) 처치 보조

안과 응급은 우선 눈의 손상 정도를 파악해야 한다. 또한 안구에 압력이 가해지지 않도록 조심하며, 안구 주위의 피부와 안와도 검사한다.

외상에 의해 안구 탈출이 발생하는 등 외상성으로 안구 이상이 바로 보이는 경우, 우선 안구가 마르지 않도록 식염수 등으로 촉촉한 상태가 유지되도록 해야 하며, 2차 외상이 일어나지 않도록 주의한다. 점안액이나 연고 사용 시 각막 궤양이 있을 경우는 코르티코이드 제제가 포함된 점안액은 궤양의 치유를 지연시키므로 금기임을 명심한다.

동물병원에서는 수의사의 진료/진단 이후 최대한 해부학적으로 바른 위치로 돌아가도록 교정을 하거나 수술을 실시하게 된다.

5) 보호자 안내 - 활동 제한

동물보건사는 안구 손상으로 출혈이 발생한 개체의 경우, 환자의 활동을 제한하도록 안내한다. 병원 방문 시에는 입원장 내에 있게 하거나 진정제 등을 사용하여 활동을 제한하도록 한다.

2. 사지마비 응급 동물 처치 보조

사지마비 상태로 발견된 동물은 보호자가 불러도 반응이 없고 누워 있는 상태이며, 보호자는 원인을 모르기 때문에 매우 다급하게 응급으로 전화를 하게 된다.

동물보건사가 응급 전화를 받은 경우, 상세한 원인을 알지 못하는 경우도 있으나, 간단한 초기 통화상의 병력 청취를 통해 해당 마비의 원인이 외상에 의한 것인지, 질병에 의한 것인지, 독성물질 섭취에 의한 것인지, 기타 신경학적인 원인에 의한 것인지를 파악할 수 있다면, 동물병원에서는 그에 따른 응급 처치를 실시해야 한다.

상태에 따라 구체적으로 분류하는 것이 중요하나, 일반적으로 사지마비의 환자는 다음과 같은 경우로 생각해 볼 수 있다.

- 심혈관계 문제: 심장 질환, 심부전, 혈전
- 호흡기 문제: 호흡 곤란, 폐색
- 신경계 문제: 발작, 신경 이상
- 대사 문제: 저혈당증, 전해질 불균형
- 중독: 독소 노출, 약물 과다 복용

수의사의 정확한 분류와 진단은 응급 상황에서 적절한 처치와 관리에 매우 중요하다.

1) 외상에 의한 사지마비 응급 상황

두부 외상은 높은 곳에서 떨어지거나 교통사고 또는 크게 부딪혀서 발생하는 응급 상황이다.

일반적으로 사지마비를 동반하는 큰 응급 상황은 눈, 귀, 입, 코 주변의 출혈과 찰과상, 개방성 골절을 함께 관찰할 수 있다.

(1) 외상 환자 응급 보조

동물의 상태는 의식이 전혀 없을 수도 있고, 비틀거리거나 발작 · 경련과 같은 행동이 나타날 수도 있다. 동공은 비정상적이거나 비대칭적으로 관찰될 수 있다.

뇌 손상 정도에 따라 완전마비 또는 불완전 마비가 일어날 수 있다.

두부 외상의 경우, 호흡계 및 심혈관계의 손상에 따라 전신 손상이 발생할 수 있으므로, 뇌간(뇌신경) 반사 손실과 동공 반응 약화가 나타날 수 있다. 이러한 두부 외상 환자는 혈압이 떨어지거나 저산소증이 나타나지 않도록 처치를 보조하는 것이 1차 목표가 되어야 한다. 정맥을 확보하여 링거 용액이나 고장성 식염수, 교질 용액을 IV로 투여하여 저혈압이 되지 않도록 관리한다.

혈액 검사를 통해 PCV가 낮다면, 수혈(농축 적혈구)을 실시하여 저산소증에 의한 2차 피해를 최소화해야 한다. 동맥혈가스 분석이나 맥박 산소 측정을 통해 산소포화도를 확인하여 98 % 이상으로 산소포화도를 유지하는 것을 목표로 한다.

두개골 내의 압력을 최소화하기 위해 만니톨을 투여하여 직접적으로 증가된 두개 내 압을 낮출 수 있다. 만니톨을 2 ml/kg/min 투여하여 혈관 내 체액량을 증가시키고 혈액 점도를 낮추면 뇌혈류가 개선된다. 만니톨 투여와 더불어 퓨로세마이드와 같은 약물을 사용하면 이뇨 효과를 통한 부종 완화를 볼 수 있다.

(2) 기계적 환기

사지마비로 혼수상태에 있는 동물의 경우, 호흡이 어려울 수 있으므로 기관 삽관이 필요하며, 상태에 따라 진정 조치 이후 기관 내 삽관을 통해 산소/이산화탄소의 분압과 정상이산화탄소 분압을 확인하는 것이 좋다.

2) 말초신경 마비에 의한 응급 상황

중증 근무력증, 다발성 신경근염, 보툴리누스 중독 및 진드기 마비 등과 같은 원인에 의해 사지마비의 응급 상황이 야기될 수 있다. 이러한 질환은 운동신경을 마비시켜서 근육의 정상적인 운동이 어렵게 되어 반사가 소실되고, 안면근과 식도근, 호흡근 등이 약화되며, 이완성 마비가 발생하게 된다. 이로 인해 역류나 흡인성 폐렴의 2차 위험이 있는 위험한 상황이 된다.

보툴리누스 중독은 부패한 동물(날고기, 생선) 등에서 발생한 보툴리누스균의 독소 섭취로 인해 신경물질인 아세틸콜린의 분비가 차단되어 근육의 정상적인 운동이 저해된다.

진드기 마비의 경우, 진드기에 물려서 타액에 의한 신경독으로 마비가 일어날 수 있다.

(1) 마비 환자의 처치 보조

이러한 마비를 보이는 동물은 우선 호흡을 안정시키는 것이 가장 중요하며, 동물이 호흡하기 어려운 경우, 삽관과 환기가 필요하다.

마비로 인해 누워 있는 동물의 욕창 예방을 위해 수면 공간에 패드를 깔고 자세를 자주 바꿔 준다. 소변 열상 예방을 위해 방광 관리를 실시하며, 안면 신경마비로 인해 눈을 깜박일 수 없다면 안구 윤활제를 수시로 주입하는 등의 처치 보조가 필요하다.

또한 매일 물리 치료를 실시하여 관절의 운동성을 유지하고, 근육 수축을 예방해 주는 것도 필요하다. 근 위축이 발생된다면 이를 회복하기에는 수개월이 필요하기 때문에 근위축이 발생하지 않도록 꾸준히 운동을 실시해 준다.

방사선 사진에서 흡인성 폐렴이 보인다면 항생제 처치가 필요하다.

3) 척추 손상에 의한 응급 상황

척추 손상의 원인은 여러 가지가 있을 수 있으나, 대표적으로는 교통사고, 침대나 높은 곳에서 떨어지는 낙상사고, 학대에 의한 골절사고나 탈구 등이 있다.

척추의 대표적인 손상은 추간판탈출증이다. 추간판은 경추에서 천골까지 모든 척추체의 사이에 있다. 이러한 추간판은 충격의 흡수체 역할을 하며, 척추의 유연한 운동을 가능하게 한다.

척추 손상에 의해 응급으로 하지마비가 발생한 동물의 경우, 요추 쪽의 추간판이 탄력을 잃고 약화된 고리섬유를 통해 등 쪽으로 파열되어 척수를 압박하거나 척추신경을 압박하는 형태로 나타난다. 경추 쪽에서 발생한 추간판 퇴행이나 파열/탈출은 목 통증과 더불어 사지마비나 신경 이상을 가져올 수 있다. 통증이 발생하면 울부짖고 상태가 좋지 않기에 참고하도록 한다.

외상 환자의 심혈관계가 안정되어 있다면, 신경학적 검사를 통해 특정 척수 부위의 손상을 추가적으로 판단하는 것이 좋다.

(1) 척추 환자의 처치 보조

척추의 골절 가능성이 있는 동물은 이송에 많은 주의를 기울여야 한다. 이는 동물보건사가 전화상으로 1차 응급 문의를 받았을 때 바로 보호자에게 교육을 시켜야 하는 부분이기도 하다.

동물은 극심한 통증에 시달리고 있기 때문에 보호자나 수의사를 물 수도 있음을 반드시 알려야 한다. 척추 골절이 예상되는 동물은 이송 시 가급적 평평한 판에 테이프나 끈 등을 활용하여 조심히 고정시킨 뒤에 응급 의료기관으로 이송하거나 전원시켜야 한다. 동물병원에 도착하면 동물을 지지하는 구조물을 건드리지 말고 그대로 신체 및 신경 검사를 실시한다. 호흡기 및 심혈관계 조치를 취할 때에도 가급적 동물의 움직임을 최소화하여야 한다.

환자의 극심한 통증을 컨트롤하기 위해 진통제를 투여하는 것이 좋으며, 사용 가능한 진통제는 아래의 〈표 12-3〉과 같다.

〈표 12-3〉 통증 관리를 위한 약물

약품명	사용 용량/주사 방법
Hydromorphone	0.05～0.1 mg/kg IV, IM, SC
Buprenorphine	0.01～0.03 mg/lg IV, IM
Diazepam	0.21～0.4 mg/kg IV

3. 배뇨장애 응급 동물 처치 보조

1) 배뇨 관련 응급 사항

동물보건사는 보호자와 가장 먼저 배뇨 응급 관련 상황을 통화하게 되기도 한다. 혈뇨의 경우는 보호자가 놀라서 응급으로 방문하는 경우가 많다. 요로폐색은 심각한 응급 상황이므로 빠른 방문을 해야 함이 맞지만, 대부분의 보호자는 배뇨장애에 대한 응급의 개념이 없기 때문에 초기 치료 시기를 놓칠 수도 있다. 실제로 일부 요도폐쇄 사례에서 보호자는 고양이가 힘주고 있는 모습을 보고 변비인지, 소변을 보고 싶어 하는데 안 나오는 것인지 구분하기 어렵다고 말하는 경우도 종종 있다. 따라서 동물보건사는 배뇨곤란, 배뇨통, 빈뇨 또는 혈뇨를 보이는 모든 고양이는 응급으로 될 소지가 항상 있음을 염두해야 한다.

(1) 요로폐색(Urinary obstruction)과 기본 처치

배뇨장애 관련 응급 상황은 요로폐색이 가장 흔하며, 이는 수컷 고양이와 특정 견종에서 나타날 수 있다. 이러한 배뇨장애는 신부전과 폐사로 이어질 수 있기 때문에 추가 합병증을 예방하기 위하여 즉각적인 치료를 실시해야 한다.

특히 수컷 고양이는 요도폐쇄(Urethral obstruction)에 걸리기 쉬운데, 이는 신속하게 치료하지 않으면 생명을 위협할 수 있다. 요도폐쇄는 극심한 통증과 고통을 유발할 수 있으며, 심한 경우 치명적인 상태로 빠르게 전개될 수 있다. 따라서 요도 폐쇄가 없는 고양이와 있는 고양이 모두 성별에 관계없이 증상에 따른 불편함을 완화하기 위해 최소한의 진통제를 즉시 투여받아야 한다.

배뇨장애는 초기에 보호자가 눈으로 식별하기 어려우며(그림 12-3), 어떤 경우에 보호자는 고양이가 이상한 자세로 걷는다고 이야기하는데, 외상 이후에 보행 이상이 관찰될 수도 있다. 또는 고양이가 평소와 달리 이상한 소리를 내거나, 특히 안아 올릴 때 할퀴려고 하거나 많이 불편해하기도 한다. 따라서 수컷 고양이가 방문 시에는 요도폐쇄와 유사한 증상이 있는지 확인할 필요가 있다.

최소한으로, 즉 잠재적으로 하부 요로폐쇄 증상이 예상되는 모든 수컷 고양이를 검사하는 것이 좋다. 특히 하부 요로질환 병력이 있거나 실내에만 있는 고양이(요도폐쇄 위험이 높음)의 경우 더욱 검사가 필요하다.

요도 카테터는 마취 후 삽입하며, 환자는 옆으로 눕힌다. 카테터 삽입 전에 음경/회음 주변을 소독하고 주변의 털을 깎아 주고, 무균적으로 장갑을 착용하고 손을 소독한 뒤 카테터 삽입을 진행한다. 외부로 노출된 음경은 부드럽게 마사지하여, 끝에 덩어리진 혈전이나 플러그가 있다면 먼저 짜서 빼 주도록 한다. 카테터 삽입 시에는 끝에 윤활제를 바르고 넣는다.

카테터 삽입이 어려운 경우, 초음파 유도하에 방광천자로 소변을 빼는 것이 도움이 될 수 있다. 카테터 삽입이 불가능한 경우, 환자가 안정될 때까지 반복적인 완화적 방광천자나 방광 절개관의 삽입이 권장된다. 이후 요도폐색 제거를 위한 외과적 치료(요도 수술)가 시행될 수 있다.

카테터 삽입이 가능하다면, 소변 검사와 배양 샘플을 얻은 후 따뜻한 식염수(37 ℃)로 방광을 세척하고, 카테터를 멸균 수집 시스템에 연결한다. 요도 카테터는 질소혈증(Azotemia)이 해소되고 환자의 증상이 개선될 때까지 유지되어야 한다. 카테터는 정기적으로 점검하여 제자리에 잘 고정되어 있고, 누수가 없으며, 막히거나 분리되지 않았는지 지속적으로 확인한다.

[그림12-3] 배뇨 곤란을 보이는 고양이의 자세

출처: https://view.mk.co.kr/tr/life/article/82671/

(2) 처치 보조

동물보건사는 배뇨 문제로 내원하여 요도 카테터 삽입을 진행한 고양이를 세심하게 모니터링하고 간호해야 한다.

임상 증상으로는 배뇨통(고통스러운 배뇨), 배뇨곤란(배뇨 시 긴장), 빈뇨(빈번한 배뇨), 혈뇨(소변에 피가 섞임) 등이 일반적인 지표이다.

원인은 요로결석(방광결석), 고양이 특발성 방광염(FIC), 요로감염, 해부학적 결함, 행동장애, 신생물(암) 등이 있을 수 있다. 실내에서 생활하는 고양이와 물 섭취가 부족한 건사료 식단을 먹는 고양이는 위험군으로 볼 수 있다. 관련된 증상은 주로 2~6세 고양이에서 가장 많이 나타난다.

기저 질환의 유무에 따라 요도완전폐색이 동반되기도 하는데, 요도폐색이 발생하면 응급 상황의 심각도가 더 커진다고 볼 수 있다. 요도완전폐색은 거의 수컷 고양이에게서만 발생하며, 매우 치명적인 상황이 된다. 하부 요로 증상을 보이지만 폐색이 없는 동물은 주로 소변이 적거나 방광이 비어 있으며, 증상 치료와 특히 진통제 치료가 필요하다. 하부 요로 증상이 있는 고양이 중 많은 수는 특발성 방광염을 가지고 있으며, 적절한 치료 시 3~5일 내에 호전될 수 있다.

(3) 입원 환자 간호 보조 관련 고려 사항

단기적으로 우선순위는 환자가 먹도록 유도하는 것이다. 따라서 처음에 단기적으로는 처방된 요로 건강식을 바로 주어서 먹지 않는다면, 환자가 좋아하는 음식을 제공하는 것도 좋다. 중요한 것은 동물이 충분한 영양을 섭취하는 것이다. 일단 식욕이 안정되면 필요에 따라 더 특정한 식단으로 점진적으로 전환할 수 있다. 동물의 건강 회복이 최우선이며, 맛과 건강 요구 사항 사이의 적절한 균형을 찾는 것이 중요하다.

요도 카테터 삽입, 엘리자베스 칼라 착용 등으로 스트레스를 받아서 단기적으로 식욕이 떨어질 수 있음을 감안하고, 가급적 스트레스를 주는 강제 급이는 피한다.

4. 알레르기 관련 응급 동물 처치 보조

알레르기는 동물의 성별이나 품종, 나이와 상관없이 내 몸의 물질이 아닌 외부의 항원 요소나 이전에 감작 유무와 함께 과거에 접촉했던 항원에 대한 노출, 약물, 생물학적 물질, 혈액제제, 독성물질 등 여러 가지 원인에 의하여 체내에서 반응이 일어나는 현상을 말하며, 두드러기, 구토, 불안, 호흡수 증가나 허탈을 동반한 응급 상황이 발생하기도 한다.

알레르기의 원인이 될 수 있는 것은 많겠으나, 임상 현장에서 응급으로 많이 오는 동물의 알레르기 유발 원인이 되는 성분은 아래의 〈표 12-4〉와 같다.

〈표 12-4〉 개와 고양이에서 알레르기를 일으킬 수 있는 물질의 예

구분	성분 예
독 (Venomes)	• 곤충의 쏘임(벌, 말벌, 개미) • 뱀(일반 독사 포함) • 거미, 도마뱀
약품 (Drugs)	• 항생제 : 페니실린, 클로람페니콜, 설폰아미드, 세팔로스포린, 테트라사이클린 • 비스테로이드성 항염증제 : 아스피린, 이부프로펜 • 마취제/진정제 : 아세프로마진 말레산염, 케타민 염산염, 바르비투레이트, 국소 마취제, 디아제팜 • 구충제(일반적으로 오래된 제품 또는 슈퍼마켓 제품) • 기타 : 아편제, 아미노필린, 아스파라기나제, 네오스티그민, 암포테리신 B
호르몬 (Hormone)	• 인슐린 • 외인성 부신피질자극호르몬(ACTH) • 바소프레신(항이뇨 호르몬, ADH) • 발정기 호르몬 • 옥시토신
기타 성분/ 요인들	• 음식 과민증 • 아토피성 피부염 • 혈액 제품 • 식물 • 헤파린 • 백신 • 비타민 : 비타민 K, 티아민, 엽산 • 덱스트란, 젤라틴 • 방사선 조영제 • 햇빛 • 과도한 열 또는 추위 • 땅콩(개에서)

1) 과민반응(anaphylaxis)에 의한 응급 상황

과민반응은 전신적으로 발생하는 1형 과민성 반응(Type 1 Hypersensitivity: HS)으로 비만세포와 호염구로부터 혈관 활성 물질이 배출되는 특징이 있다.

1형 과민반응은 항원에 노출된 후 몇 초 또는 몇 분 이내에 반응이 발생하기 때문에 '즉시형'으로 분류된다. 이러한 반응은 활성화된 호산구(및 호중구)에서 매개체가 방출되어 6~12시간 후에 추가적인 반응이 나타날 수도 있다.

IgE가 관여하며, 저혈압과 기도 손상이 함께 발생하기도 한다. 유사과민반응(anaphylactoid)은 이전에 감작된 적이 없고, IgE의 중재가 없음에도, 전신적으로 과민성의 임상 증상이 발생될 때 사용되는 용어이다.

과민반응을 일으킬 수 있는 물질은 매우 다양하다. 일반적으로 백신과 같은 생물학적 물질이나 약물, 혈액제제, 곤충 독뿐만 아니라 음식물이나 첨가물에 의해서도 과민반응이 발생하기도 한다.

(1) 처치 보조

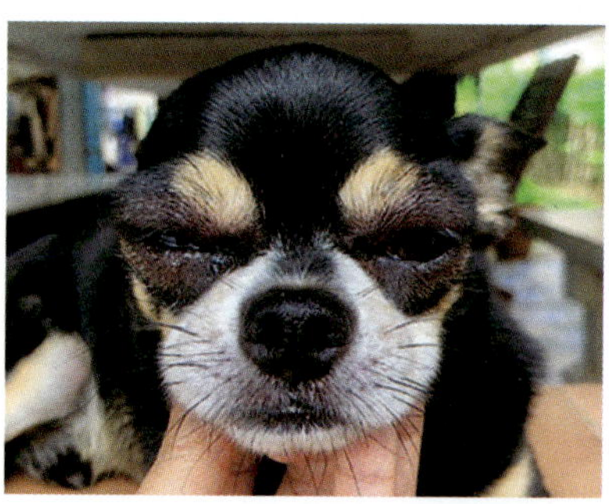

[그림12-4] 벌에 쏘여 알레르기 반응을 나타내며 응급으로 내원한 개

출처: https://www.pdsa.org.uk/

과민반응의 임상 증상은 비만세포(및 호염기구)와 이어서 호산구에서 염증 매개체가 급격하고 과도하게 방출되면서 발생하며, 눈에 보이는 피부 증상 및 두드러기, 소양감이 나타날 수도 있고, 구토, 배변, 설사가 관찰될 수도 있다.

이러한 과민반응은 항원에 노출된 지수 분 내지 수 시간 내에 발생하며, 개에서는 불안, 두드러기, 혈관 신경성 부종, 오심, 구토, 설사, 허약, 허탈 등의 임상 증상이 나타날 수 있고, 고양이에서는 불안, 소양감, 소리 지름, 구토, 배변, 허약, 호흡수 증가, 기관지 수축, 후두기능 부전, 폐수종 등이 나타날 수 있다.

〈표 12-5〉 알레르기 물질(항원)에 따른 여러 임상 증상 구분

항원 구분	임상 증상
피부에 영향을 미치는 항원	국소 피부염, 두드러기 및 혈관부종을 유발
흡입/에어로졸화된 항원	호흡기 반응을 유발, 눈에 닿아 결막염과 눈물 분비 초래
섭취된 항원	설사(때로는 출혈성), 복통을 유발

(2) 아나필락시스의 응급 치료 보조

과민반응의 적절한 처치 시기를 놓칠 경우, 폐사에 이를 수 있다.

아나필락시스는 신속하고 적극적인 치료가 필요한 대표적인 응급 상황이다. 처치 보조의 주된 목표는 혈액순환을 개선하고 염증 반응을 억제하는 것이다.

〈표 12-6〉 아나필락시스의 응급 치료 접근법

치료(투여)	기능
에피네프린 투여	아나필락시스의 주요 치료제로 혈관 수축을 유도하고 심박수를 증가시켜 전신 저관류를 교정
수액 요법	저혈압을 교정하고 혈액순환을 개선하기 위해 정맥 내 수액을 투여
항히스타민제	히스타민에 의한 반응을 억제하여 증상을 완화
코르티코스테로이드	염증 반응을 억제하고 증상의 재발을 예방
산소 요법	호흡 곤란을 완화하고 혈중 산소 농도를 유지

아나필락시스로 진단이 내려지면 적절한 수액 요법과 함께, 아드레날린(에피네프린)을 즉시 투여해야 하며, 필요시 20~30분 후에(필요하다면 더 일찍) 다시 투여할 수 있다. 에피네프린 주사는 아래와 같이 권장한다.

- 0.01 mg/kg 느리게 정맥 주사(심각하지 않은 경우 근육 주사 또는 피하 주사)
- 정맥 접근이 불가능할 경우:
  - 0.01 mg/kg 혀 정맥이나 실질에 주사
  - 0.02 mg/kg 기관지에 도달하는 요도 카테터를 사용하여 기관 내 튜브로 주사

아나필락시스 치료의 초기 단계에서는 에피네프린이 주요 치료제로 사용되어야 하며, 코르티코스테로이드는 보조적인 역할로 사용될 수 있다. 이러한 치료법을 적절하게 활용하여 환자의 상태를 안정시키는 것이 중요하다.

- 코르티코스테로이드:
  - 메틸프레드니솔론 나트륨 숙시네이트 1~2 mg/kg 15~20분간 정맥 주사
  - 덱사메타손 0.25~1 mg/kg 정맥 주사

추가적인 치료법으로는 기관지 확장제(예: 테르부탈린, 아미노필린), 푸로세마이드, 항히스타민제 사용이 포함될 수 있다.

이러한 약물들은 호흡기 반응을 개선하고, 부종을 줄이며, 알레르기 반응을 완화하는 데 도움이 될 수 있다. 그러므로 환자의 상태에 따라 적절한 약물을 선택하여 사용하는 것이 중요하다.

참고문헌

한세명, 강민희, 김주완, 윤서연, 한상훈 (2024). 동물보건내과학. 서울: 박영스토리.

Andrea M. Battaglia & Andrea M. Steele 저, 동물보건응급간호학 교재연구회 역 (2024). 동물보건응급간호학. 서울: 범문에듀케이션.

Amy D. Shojai (2001). *The First Aid Companion for Dogs and Cats*. Rodale Book.

Bernie Hansen (2009). Care of the Critically Ill: Initial Exam and Patient Monitoring. North Carolina State University College of Veterinary Medicine.

Christopher L. Norkus (2019). *Veterinary Technician's Manual for Small Animal Emergency and Critical Care*(2nd ed), Wiley blackwell.

Elizabeth Mullineaux, Marie Jones & AJ Pearson (2007). *BSAVA Manual of Practical Veterinary Nursing*. British Small Animal Veterinary Association.

Garret Pachtinger (2013). Monitoring of the Emergent Small Animal Patient. *Veterinary Clinics: Small Animal Practice*, *43*(4), 705-720.

Heather Prendergast (2019). *Front Office Management for the Veterinary Team*(3rd ed). Elsevier.

Jamie M. Burkitt Creedon, Harold Davis (2023). *Advanced Monitoring and Procedures for Small Animal Emergency and Critical Care*(2nd ed). Wiley blackwell.

Karen R. (2021). *Fine, Narrative Medicine in Veterinary Practice: Improving Client Communication, Patient Care, and Veterinary Well-Being*. CRC Press.

Kathryn Latimer-Jones (2020). How to detect the subtle changes of early deterioration. *The Veterinary Nurse*. *11*(7), 325-330.

Kenneth J. Drobatz, Kate Hopper, Elizabeth Rozanski, & Deborah C. Silverstein (2019). *Textbook of Small Animal Emergency Medicine*. Wiley blackwel.

Lesley G. King & Amanda Boag (2018). *BSAVA Manual of Canine and Feline Emergency and Critical Care*(3rd ed). British Small Animal Veterinary Association.

Lila K. Sierra CV (ECC) & ESBCV (ECC) (2015). Blood Pressure Monitoring from a Veterinary Nursing Perspective, Part 2: Techniques. Today's Veterinary Practice.

Lisa A. Martini-Johnson 저, 동물보건의약품학 교재연구회 역 (2022). 동물보건의약품학. 서울: 범문에듀케이션.

Lynch A. (2018). Providing Supplemental Oxygen to Patients. (https://todaysveterinarypractice.com/respiratory-medicine/providing-supplemental-oxygen-to-patients/)

Richard Nelson & C. Guillermo Couto 저, 한국수의내과학교수협의회 역 (2015). Nelson 소동물 내과학. 대전: OKVET.

Sarah Shippy (2024). Capnography: Assessing Ventilation During Anesthesia. Today's Veterinary Practice.

Shailen Jasani (2011). *Saunders Solutions in Veterinary Practice: Small Animal Emergency Medicine*. Elsevier Limited.

Signe J. Plunkett 저, 한국수의내과학 교수협의회 역 (2005). 응급수의학(2판). 서울: 범문사.

www.aspca.org ASPCA(American Society for the Prevention of Cruelty to Animals)

www.avma.org AVMA(American Veterinary Medical Association)

www.petmd.com PetMD

저자소개

강민희 장안대학교 바이오동물보건과 교수

박수진 호서대학교 동물보건복지학과 교수

손부용 장안대학교 바이오동물보건과 교수

정수연 한양여자대학교 반려동물보건과 교수

최한솔 신구대학교 반려동물과 교수

한세명 세명대학교 동물보건학과 교수

동물보건응급간호학

초판 1쇄 인쇄 2025년 7월 18일
초판 1쇄 발행 2025년 7월 25일

지 은 이 | 강민희 · 박수진 · 손부용 · 정수연 · 최한솔 · 한세명
펴 낸 이 | 김기섭
편 집 인 | 이혜란
펴 낸 곳 | 창지사 www.changjisa.com
08589 서울시 금천구 가산디지털 1로 83 파트너스타워 1차 9층
전화 (02)719-2211~3
팩스 (02)701-9386
등 록 | 1977년 4월 28일 · 제1-421호

ISBN 978-89-426-1929-0 (93520)

값 22,000원